21 世纪高等学校计算机系列规划教材

网页设计与制作
——HTML5＋CSS＋JavaScript
（第 2 版）

赵　锋　主编

清华大学出版社

北　京

内 容 简 介

本书打破传统的纯粹利用开发工具或讲授代码的教学方法,结合网页辅助开发工具理解网页代码的本质,并通过大量的实例系统性地阐述了网页设计基本原则、HTML 网页设计语言和传统网页设计方法及工具,探讨了经典的 DIV＋CSS 网页布局与美化技巧,详细介绍了代表未来 Web 发展方向的 HTML 5 应用及 CSS 最新规范标准 CSS 3,并针对 Web 应用开发介绍了 JavaScript 语法和应用。

本书内容翔实,架构独特,梯度推进,突出实践。通过本书的学习,既可以入门网页超文本标记及传统网页布局设计技巧,也可以深入运用 HTML＋CSS＋JavaScript 制作网页,还可以掌握最新的 HTML 5＋CSS 3 网页开发知识,使读者循序渐进,适应网页设计技术的发展与变革。

本书可作为高等院校、高职院校及相关培训机构网页设计与制作相关课程的教材,也可作为从事网页设计与制作、网页开发等行业人员的参考教材,同时还适合中高级读者进一步学习和参考。

图书在版编目(CIP)数据

网页设计与制作──HTML5＋CSS＋JavaScript/赵锋主编.—2 版.—北京:清华大学出版社,2013 (2021.8重印)

21 世纪高等学校计算机系列规划教材

ISBN 978-7-302-32344-0

Ⅰ.①网… Ⅱ.①赵… Ⅲ.①超文本标记语言－程序设计－高等学校－教材 ②网页制作工具－程序设计－高等学校－教材 ③JAVA 语言－程序设计－高等学校－教材 Ⅳ.①TP312 ②TP393.092

中国版本图书馆 CIP 数据核字(2013)第 092451 号

责任编辑:魏江江　薛　阳
封面设计:杨　兮
责任校对:梁　毅
责任印制:杨　艳

出版发行:清华大学出版社
　　　　网　　　址:http://www.tup.com.cn,http://www.wqbook.com
　　　　地　　　址:北京清华大学学研大厦 A 座　　　　　　邮　　编:100084
　　　　社 总 机:010-62770175　　　　　　　　　　　　　　邮　　购:010-83470235
　　　　投稿与读者服务:010-62776969, c-service@tup. tsinghua. edu. cn
　　　　质量反馈:010-62772015, zhiliang@tup. tsinghua. edu. cn
　　　　课件下载:http://www.tup.com.cn,010-83470236
印 装 者:北京富博印刷有限公司
经　　销:全国新华书店
开　　本:185mm×260mm　　印　张:22.25　　字　　数:551 千字
版　　次:2010 年 1 月第 1 版　　2013 年 8 月第 2 版　　印　　次:2021 年 8 月第 11 次印刷
印　　数:19001～19800
定　　价:35.00 元

产品编号:047633-01

当今网络应用的不断普及和技术变革使得与网络应用紧密相关的 Web 前端开发和网页设计技术也如火如荼。市面上讲授网页设计的书籍很多,内容有依托 Dreamweaver、Photoshop、Flash 三套软件讲授传统网页设计方法的,有专门讲授 DIV＋CSS 基于 Web 2.0标准的网页布局与美化应用技巧的,也有独立讲授以 HTML 5 和 CSS 3 为代表的新一代网页设计技术的,但这些都只是片面讲授了网页设计在发展和技术应用上的某一个方面,对于网页设计基础知识参差不齐的读者来说,往往感觉有些不够深入,而又难以消化吸收。网页设计是一个循序渐进的过程,必须从整体上把握网页设计与开发涉及的东西,了解网页布局基本方法和设计原则,然后逐一掌握各种技术并赋予实践,才能真正做到学有所获。本书就是基于此信条来讲授网页设计和制作相关知识的。

除了讲授网页设计基本原则、HTML 网页设计语言和传统网页设计方法和工具外,本书由浅入深地引入了基于 Web 标准的网页设计方法,探讨了经典的 DIV＋CSS 网页布局与美化技巧,由易到难,逐层深入,最后详细介绍了 HTML 5 新特性及 CSS 最新规范标准CSS 3,并针对 Web 应用开发介绍了 JavaScript 语法和应用。书中每个章节都穿插了大量的实例进行讲解,引导和帮助读者理解知识点的应用,力求快速完成由理论知识到实战技能的转化。另外,为方便教学,本书每个章节后面都配备了专门的上机实践部分,针对章节知识做一个综合性的实践应用回顾,读者可理论结合实际,快速掌握最新知识和技能。

本书的最大特色在于突出实践性,打破传统的纯粹利用开发工具或讲授代码的教学方法,结合网页辅助开发工具理解网页代码的本质,并通过大量的实例贯穿所有知识点的学习。内容架构独特,每一章探讨一个具体的主题,由浅入深,梯度推进,紧跟网页设计的发展和变革,深入解剖网页设计中的各种技术、方法和技巧,提高读者实战技能。

全书内容共 8 章。第 1 章介绍了网页设计基本概念、布局方法和总的设计原则;第 2 章重点介绍了 HTML 文档标记及其使用;第 3 章介绍了利用辅助设计软件进行网页设计与开发的技巧;第 4 章和第 5 章介绍了 Web 标准和 CSS 基础,重点阐述了 DIV＋CSS 网页布局与美化方法;第 6 章介绍了代表未来 Web 发展方向的 HTML 5 的应用;第 7 章详细讲解了 CSS 规范最新版本 CSS 3 新增选择器及应用;第 8 章介绍了负责网页动态行为的JavaScript 技术。通过本书的学习,读者既可以入门网页超文本标记及传统网页布局设计技巧,也可以深入运用 HTML＋CSS＋JavaScript 制作网页,还可以掌握最新的 HTML 5＋CSS 3 网页开发知识,读者在学习过程中可根据所需,灵活选择。

书中所有实例和实验案例所使用的素材及源代码文件均可以在清华大学出版社的网站(http://www.tup.tsinghua.edu.cn/)下载,素材中还包括整个课程教学所需课件、考核参考要求及 100 套考核实战题目详细清单,基本满足每一位考核学生的网站主题及栏目设置。全书建议学时为 48～64,其中理论学时建议为 30～36,实践学时建议为 18--24。网页设计与制作是一门实践性很强的课程,读者只有多动手实践才能更好地掌握书中内容。书中上机实践部分并没有给出详细的制作步骤或代码,读者可根据所学结合网上下载源文件进行练习,以加深所学内容的理解。

　　由于相关技术规范、标准和技术发展日新月异,加之编写时间和作者水平有限,本书疏漏和不足之处在所难免,很多方面仍然需要进一步提高和改进,敬请广大读者朋友和专家批评指正。

作　者

2013 年 1 月

IV

随着通信技术和网络技术的发展,互联网已经成为一种崭新的信息交流方式,上网成为当今人们一种必不可少的生活习惯。互联网之所以吸引人,在于它是全世界资源共享的平台,通过互联网人们足不出户也可以浏览全世界的信息。网页,作为组成互联网成千上万网站最基础的媒介单元,也逐渐成为各种创意设计和技术革新的发源地和试验田,HTML 不断发展和基于 Web 标准的网页设计技术正引领着互联网设计的方向和潮流。

本章学习要点:
- 网页设计基本概念
- 组成网页的基本元素
- 网页的布局方法及工具
- 网页的设计原则及色彩

1.1　网页设计基本概念

互联网是由无数网站构成的,很多人都想拥有自己的网站,更多的人则希望能设计出个人的独特网页页面,要做到这一点,必须先对网页设计相关概念有一个基本的了解和认识。

1. WWW

WWW(World Wide Web)的中文名字叫万维网,简称 Web,是基于超文本的信息查询和信息发布系统。它将 Internet 上众多 Web 服务器提供的资源连接起来,组成一个庞大的信息网,这些资源通过超文本传输协议传送给使用者,浏览者通过单击链接来获得资源并实现在各个网页中间的跳跃,甚至可以向服务器回传信息互动交流,从而访问所有站点的超文本媒体资源。

WWW 采用的是客户/服务器结构,是以超文本标注语言与超文本传输协议为基础,能够提供面向 Internet 服务的、一致的用户界面的信息浏览系统。其中 WWW 服务器采用超文本链路来连接信息页,这些信息页既可放置在同一台主机上,也可放置在不同地理位置的主机上,链路由统一资源定位符维持,WWW 客户端软件(即浏览器)负责信息显示与向服务器发送请求。

目前,用户利用 WWW 不仅能访问到 Web Server 的信息,而且可以访问到 FTP、Telnet 等网络服务,其核心部分包括统一资源定位符、超文本传输协议、超文本标记语言及网络浏览器构成。

2. URL

URL(Uniform Resource Locator,统一资源定位符)也被称为网页地址,是因特网上标准的资源的地址,是用于完整地描述 Internet 上网页和其他资源的地址的一种标识方法。

在 Internet 上所有资源都有一个独一无二的 URL 地址,这种地址可以是本地磁盘,也可以是局域网上的某一台计算机,更多的是 Internet 上的站点。简单地说,URL 就是 Web 地址,俗称"网址",例如,http://www.china.com。

在互联网中,无论浏览或检索哪种类型的网络资源(如网页、文件、图片或视频等),URL 都是统一的,其一般格式都遵循以下规则:

协议类型://主机域名或 IP 地址[:端口号]/路径/文件名

例如,http://tech.sina.com.cn/focus/wyhbxz/index.shtml,其中 http 为超文本传输协议,tech.sina.com.cn 是服务器名,/focus/wyhbxz/是文件夹,index.shtml 是文件名。

3. HTTP

Internet 的基本协议是 TCP/IP 协议,然而在 TCP/IP 模型最上层的是应用层(Application layer),它包含所有高层的协议。高层协议有:文件传输协议(FTP)、电子邮件传输协议(SMTP)、域名系统服务(DNS)、网络新闻传输协议(NNTP)和超文本传输协议(HTTP)等。

HTTP(HyperText Transfer Protocol,超文本传输协议)通常出现在 URL 最前边,是用于从 WWW 服务器传输超文本到本地浏览器的传送协议,它保证计算机快速准确地在网络上传输超文本文档,这些文档包含了相关信息的链接,浏览者可以单击一个链接来访问其他文档、图像或多媒体对象,并获得关于链接项的附加信息。

例如,网址 http://www.renren.com/中,"http://"用于请求 renren.com 服务器显示 Web 页面,通常由网络浏览器默认输入,访问者输入网址时可以省略。

4. HTML

HTML(HyperText Markup Language,超文本标记语言)是构成 Web 页面的主要工具,是用来表示网上信息的符号标记语言。

在互联网中,如果要向全球范围内出版和发布信息,需要有一种能够被广泛理解的语言,即所有的计算机都能够理解的一种用于出版的"母语",WWW 所使用的出版语言就是 HTML。通过 HTML,将所需要表达的信息按某种规则写成 HTML 文本,通过网络浏览器来识别,并将这些 HTML 翻译成可以识别的信息,就是我们所见到的网页。HTML 之所以称为超文本标记语言,是因为文本中包含了所谓"超级链接"点。所谓超级链接,就是一种 URL 指针,通过激活它,可使浏览器方便地获取新的网页,这也是 HTML 获得广泛应用的最重要原因之一。

HTML 文件的实质是以.htm 或.html 为扩展名的纯文本文件。可以使用记事本、写字板等编辑工具来编写 HTML 文件。HTML 语言使用标记对(标签)的方法来编写文件,既简单又方便。它通常使用<标记名></标记名>来表示标记的开始和结束(例如,<HTML></HTML>标记对),因此在 HTML 文档中这样的标记对都必须是成对使用的。

浏览者打开一个网页后,在页面空白位置右击,选择"查看页面源代码"可以看到网页的 HTML 源代码。如图 1-1 所示,其网页源代码如图 1-2 所示。

5. 浏览器

浏览器是指可以显示网页服务器或者文件系统的 HTML 文件内容,并让用户与这些文件交互的一种软件。网页浏览器主要通过 HTTP 协议与网页服务器交互并获取网页,这

图 1-1　网页浏览效果

图 1-2　网页 HTML 源代码

些网页由 URL 指定,文件格式通常为 HTML,并由 MIME 在 HTTP 协议中指明。一个网页中可以包括多个文档,每个文档都是分别从服务器获取的。大部分的浏览器本身支持除了 HTML 之外的广泛的格式,例如 JPEG、PNG、GIF 等图像格式,并且能够扩展支持众多的插件(Plug-ins)。另外,许多浏览器还支持其他的 URL 类型及其相应的协议,如 FTP、Gopher、HTTPs(HTTP 协议的加密版本)。HTTP 内容类型和 URL 协议规范允许网页设计者在网页中嵌入图像、动画、视频、声音、流媒体等。

现阶段个人计算机上比较流行的网页浏览器包括微软的 IE、Mozilla 的 Firefox、Apple 的 Safari、Opera、Google Chrome、GreenBrowser 浏览器、360 安全浏览器、搜狗高速浏览器、天天浏览器、腾讯 TT、傲游浏览器等,浏览器图标如图 1-3 所示。

图 1-3　流行网页浏览器图标

同一个网页在不同的浏览器环境上可能有不同的显示效果,即便是同一款浏览器也可能因为版本的不同而出现效果偏差,因此,在网页设计和制作的过程中应尽可能考虑在多种浏览器下的显示效果。图 1-4 和图 1-5 即体现出同一个页面在不同浏览器中因为兼容性而导致的显示差异。

图 1-4　HTML 5 页面不兼容效果图

图 1-5 HTML 5 页面兼容效果图

6. 静态网页与动态网页

在网站设计中,纯粹 HTML 格式的网页通常被称为静态网页,每个静态网页都有一个固定的 URL,且网页 URL 以 .htm、.html、.shtml 等常见形式为后缀,而不含有"?"。静态网页一经编写完成,其显示效果就确定了。在 HTML 格式的网页上,也可以出现各种动态的效果,如 .gif 格式的动画、Flash、滚动字母等,这些"动态效果"只是视觉上的,与动态网页是不同的概念。静态网页的内容相对稳定,容易被搜索引擎检索,但由于没有数据库的支持,在网站制作和维护方面工作量较大。图 1-6 就是以 .html 为后缀的静态网页。

动态网页以数据库技术为基础,在网页文件中不仅含有 HTML 标记,而且含有程序代码,实现的技术有 JSP、ASP、PHP、ASP.NET 等。动态网页其实就是建立在 B/S(浏览器/服务器)架构上的服务器脚本程序,浏览器能够根据不同的时间、不同的来访者来显示不同的内容,并能动态地发生变化。区分动态网页与静态网页的基本方法:第一看后缀名,静态网页的后缀是 .htm、.html、.shtml、.xml 等,例如 http://www.2345.com/pic.htm 就是一个以 .htm 为后缀的静态网页,而动态网页的后缀通常是 .asp、.aspx、.jsp、.php 等,并且通常在 URL 中带有"?",例如 http://bbs.dzart.net/forum.php?gid=46 就是一个动态网页,不过现在较多动态网站为了提高加载速度和搜索引擎的收录,采用相关技术将页面静态化,在地址栏也显示为以 .htm 或 .html 作为后缀的页面,因此不能仅看后缀判断一个网页是否为动态的;第二是看网页是否具备交互能力,如图 1-7 所示的交友网站就必须注册登录才可以浏览页面内容。

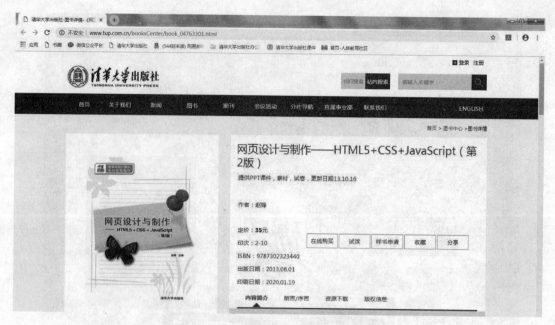

图 1-6　以.html 为后缀的静态网页

图 1-7　动态网页页面

静态网页和动态网页各有特点,网站采用动态网页还是静态网页主要取决于网站的功能需求和网站内容的多少,如果网站功能比较简单,内容更新量不是很大,采用纯静态网页的方式会更简单,反之一般要采用动态网页技术来实现。

　　提示:静态网页是网站建设的基础,静态网页和动态网页之间也并不矛盾,初学者可能会认为学习静态 HTML 网页无用或者过时,那就大错特错了。目前的网站出于搜索引擎检索的需要和减轻服务器负担的目的,即便是采用动态网站技术,也利用专门的程序将动态生成的网页内容转化为静态网页发布。动态网站也可以采用静动结合的原则,适合采用动态网页的地方用动态网页,如果有必要使用静态网页,则可以考虑用静态网页的方法来实现,在同一个网站上,动态网页内容和静态网页内容同时存在也是很常见的事情。

1.2　网页组成元素

　　现在的网页已经不再是简单的文字和图像的组合,而是添加了众多基础设计元素,这使得网页变得更加完整且漂亮。组成网页的最基本设计元素大致可分为"视听元素"和"版式设计"两大类,"视听元素"主要包括 Logo、图像、文本、页头、页脚、背景、按钮、动画、表格、表单、声音和视频等,这些视听元素在浏览器中都可以显示、收听或播放,其综合应用大大丰富了网页的表现力,展现更加完美的视听效果;而"版式设计"能将众多的视听多媒体元素进行有机的排列组合,将理性思维个性化地表现出来,在有效传达信息的同时,使浏览者产生感官上的美感和享受,网页设计中的具体体现即为网站链接结构、导航栏、视觉空间中的点线面和网页版式等。

1. Logo

　　Logo 是标志、徽标的意思,它是网站的象征,是网站特色和内涵的集中体现,是网页中最重要的视觉设计要素,用于传递网站所属企业的定位和经营理念,是网站创意的集中体现。Logo 将抽象的精神理念以可视的图形手法表现出来,在网站的推广和宣传中起到事半功倍的效果,同时通常还是网站用来与其他网站链接的图形按钮。

　　网站 Logo 的设计元素往往来源于网站的域名、代表图形、中文名称或不同字母字体的变形组合等,网站标识应体现网站的特色、内容及其内在的文化内涵和理念,如新浪用字母 SINA 和大眼睛作为标志,追求的是以简洁的符号化的视觉艺术形象把网站的形象和理念长留于人们心中,如图 1-8 所示为网站 Logo 的醒目显示。

2. 文本和图像

　　文本一直是人类最重要的信息载体和交流工具,网页中的信息也以文本为主,从某种意义上说,文本是网页存在的基础,是传达网站信息的最重要的方式。在网页中,虽然文字不如图像那样能够很快地引起浏览者的注意,但却能够准确地表达信息的内容和含义,且文本所需要的存储空间非常小。网页设计与制作者还可以通过设置字体、字号、颜色、底纹和边框等属性来改变文本的视觉效果,通过不同格式的区别,突出显示重要的内容。用户还可以通过网页中设计的各种文本列表来清晰地了解一系列项目。

　　图像能快速引起浏览者注意,提供信息,展示作品,装饰页面,表达个人情调和风格。采用图片可以减少纯文字给人的枯燥感,巧妙的图像组合可以带给浏览者美的享受。通常在网页中使用的图像主要是 GIF、JPEG、PNG 格式。

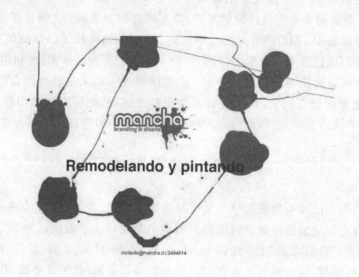

图 1-8　网站 Logo 设计

3. 页头和页脚

页头的作用是定义页面的主题,站点的名称往往显示在页头中。网页页头主题明确,重点文字突出,有时也将网站导航合并其中,使浏览者在浏览站点时能快速地在页面间进行切换。页脚与页头相呼应,是放置作者或公司、版权等相关信息的地方。页头和页脚的巧妙运用,使整个网页构成整体统一的效果,更能体现出一个设计者的创意风格、个性及艺术造诣。头尾呼应的网页版式如图 1-9 所示。

4. 动画

动画是网页构成的重要元素之一,由于网页制作工具往往不具备很强的动画制作功能,所以通常需要使用专门的动画制作工具来制作动画。目前,最常用的网页动画软件是 Flash、ImageReady 和 Gif Animation 等,使用较多的动画格式通常有 GIF 动画和 SWF 动画。动画能提供信息、展示作品、装饰网页、动态交互等,用它可以将音乐、声效、动画以及富有新意的界面融合在一起,以制作出高品质的网页动态效果,甚至有的网站纯粹采用 Flash 制作完成,如图 1-10 所示。

考虑目标客户的需要,从绘图学观点来说,如果希望网站给浏览者留下深刻的印象,使用 Flash 的确是一种好方法。然而,很多事实证明,大部分用户只是利用网站搜索信息,网站中过多地采用 Flash 动画往往导致带宽与下载时间的限制,同时即便像 Google 这样的大型搜索引擎,现在具备了对 Flash 做索引的能力,但搜索内容仍然非常有限,所以 Flash 网站不会在搜索引擎中获得好的排名,解决这个问题的一种方法是:利用 HTML 5 设计网页。

图 1-9　页头与页脚呼应

图 1-10　纯 Flash 页面

5. 表单

表单通常用于填写申请或提交信息的交互页面,如电子邮箱、主页空间、QQ 密码等申请页面以及论坛、留言簿等都是通过表单来实现交互的。

通常表单的用途是:收集联系信息、接收用户要求、获得反馈意见、设置访问者签名、让浏览者输入关键字搜索相关网页、让浏览者注册会员或以会员身份登录等。网站所有者可以通过表单从浏览者那里收集所需要的信息,从而实现网上交流;而浏览者则可以通过表单将填写好的信息反馈给网站管理者。

6. 表格

网页中表格的应用非常广泛,它以简洁明了和高效快捷的方式将图片、文本等网页元素有序地显示在页面上,通过设置表格属性、改变表格的结构和大小以及对空白 GIF 图片的合理应用来定位和排版页面布局。用一句话说,就是用表格和分隔 GIF 可以设计出绚丽迷人的站点,但由于表格布局导致结构和样式杂糅在一起,导致大量混乱代码和属性被随意使用,网页代码条理混乱,不易维护。从 2004 年开始,国内外大多数网站就根据 Web 标准对自己的网站进行了网站重构,不再提倡用表格作布局,只是在需要显示表格数据的时候使用表格标签。

7. 声音和视频

声音是多媒体网页的一个重要组成部分,直到现在,仍然不存在一项旨在网页上播放音频的标准,网络上使用范围最广的音频格式主要有 MP3、OGG 和 WAV 等。设计者在采用音频前需要考虑其用途、格式、文件大小、声音品质和浏览器兼容差别等因素,例如,一般来说,不要使用声音文件作为背景音乐,那样会影响网页下载的速度。可以在网页中添加一个打开声音文件的链接,让播放音乐变得可以控制。大多数音频是通过插件(如 Flash)来播放的。然而,并非所有浏览器都拥有同样的插件,为改变这种局面,HTML 5 规定了一种通过 audio 元素来包含音频的标准方法,audio 元素能够播放声音文件或者音频流。

随着网络带宽的增加,网页制作中应用的视频文件也越来越多。常见的格式有 ASF、WMV、MP4 和 OGG 等。视频文件的采用让网页变得更加精彩且有动感,但截止目前同样仍然不存在一项旨在网页上显示视频的标准,尽管如此,许多优秀的网站还是提供了在线视频,如图 1-11 所示。HTML 5 规定了一种通过 video 元素来包含视频的标准方法,刚好解决了 HTML 4 版本之前所遇到的使用第三方插件显示视频的问题,能够提供优质的视频查询和视频点播服务,但也存在限制,如目前还无法处理直播视频等。

8. 超链接

我们上网用鼠标单击一行文本或一幅图片,就会有一个新的页面被打开,这就是超链接技术。超链接技术是 WWW 流行起来的最主要原因。链接源可以是带下划线的文本,也可以是图像或按钮,甚至可以是一些不可见的程序代码,当链接源被鼠标单击激活后,其链接目的端将会显示在 Web 浏览器上,并根据目的端的类型不同选择以不同的方式打开。

为使浏览者既可以方便快速地到达所需要的页面,又可以清晰地知道自己所在的位置,同时能够通过超链接迅速指引浏览者查阅本网站的其他网页或者转向其他网站,需要对网站进行整体链接结构设计,在每个网页上设置导航栏和返回主页的超链接。最好的办法是,网站首页和一级页面用星状链接结构,一级页面和二级页面之间用树状链接结构。

星状链接结构在每个页面都设置一个共同的链接枢纽,链接枢纽是所有页面的入口,它

图 1-11　网络中的音视频

的优点是浏览方便,随时可以切换到自己想看的页面。凤凰网首页(http://www.ifeng.com)即采用这种链接结构,如图 1-12 所示。

图 1-12　凤凰网首页

内容较少的小型网站结构可以采用树状链接结构,页面在浏览时,一级一级地进入,一级一级地退出,优点是条理清晰,浏览者明确自己所在的位置。缺点是浏览效率低,从一个栏目下的子页面跳转到另一个栏目下的子页面,必须返回首页才可以再进入。

在网站结构设计中,通常将两种结构混合起来使用,可以达到相互补充的目的,使浏览者既可以方便地看到自己需要的页面,又可以清晰地知道自己的位置,使结构清晰的同时又大大地提高了浏览速度。

1.3 网页布局方法及工具

网页制作本质上就是排版,是以浏览器作为阅读平台的电子出版物的图文排版,表面看是一种全新的视觉表现形式,但仔细想想,网页设计与日常所见的传统报刊排版并没有太多不同,只不过在单一静止的图文编辑基础上添加了新的交互元素和多媒体元素,但它们的基本原理是共通的。网页版面布局是一个个性思维的展示,因此没有固定的网页版式模式,设计者可以根据自己的喜好随心所欲地设计。版面布局也是一个创意的问题,它的页面呈现效果是动态的,甚至是有声音的,可以互动参与的,最为惊奇的是无法预知下一秒将呈现出的页面效果,这也是网页设计与平面设计最大的区别。下面就来谈谈版面布局的设计步骤、布局技巧和方法。

1. 设计步骤

1) 草案

新建页面就像一张白纸,没有任何表格、框架和限制创意的东西,可以尽可能地发挥想象力,将想到的"景象"画上去。这属于创意阶段,不讲究细腻工整,不必考虑细节功能,甚至也不必太过在意页面元素的安排,只以粗陋的线条勾画出创意的轮廓即可,主要表达设计者关于"意象"方面的一些思路。因此建议用一张白纸和一支铅笔,当然用设计软件 Photoshop 也可以,尽可能多画几张,最后选定一张满意的作为继续创作的脚本,如图 1-13 所示。

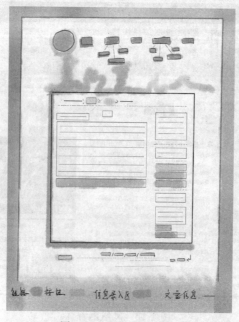

图 1-13 网页设计草案

2）效果图

在草案的基础上，根据策划要求将主要的功能模块安排到页面上，在这个阶段应该完全用设计软件进行绘制。功能模块主要包含网站标志、导航菜单、文章列表区块、搜索框、友情链接、广告条、版权信息等。网页设计中视觉的流动线非常重要，同时又是很容易被忽略的因素，在此环节要依据设计美学和浏览者的阅读心理安排各模块间的主从位置。通常商业网站要遵循突出重点、平衡和谐的原则，将网站标志、主菜单等重要的模块放在最显眼、最突出的位置，然后再考虑次要模块的排放。

3）定稿

按照客户最终意见将效果图布局精细化、具体化。这一步主要是根据上一步的设计效果采用一定的网页布局设计方法进行精加工，仔细调整页面元素位置，特别是图片及色彩部分的效果，为下一步切分并用于 HTML 网页的生成做准备。

2．布局技巧

1）内容决定形式，形式表现内容。网页的形式主要是布局设计，要综合运用对比与调和、对称与平衡、节奏与韵律以及留白等手段，通过空间、文字、图形之间的相互关系建立整体的均衡状态，产生和谐的美感。内容上相互联系，形式上相互呼应，实现视觉上和心理上的连贯，形式表现必须服从内容的要求，各视觉元素连贯融洽，自然有序，一气呵成。优秀的网页设计，必定是形式和内容的有机统一，如图 1-14 所示。

图 1-14   内容与形式统一的页面

2）加强视觉效果，保持新鲜和个性。在浩瀚的网页中浏览页面，要想能够吸引浏览者的视线，增强网站的浏览量，强烈的网页视觉效果是必要的手段。同时，如何保持网站页面的新鲜和个性也是网页设计中的亮点之一，只有充满了趣味且与众不同的个性网页，才能够给人带来赏心悦目的感觉，如图 1-15 所示。

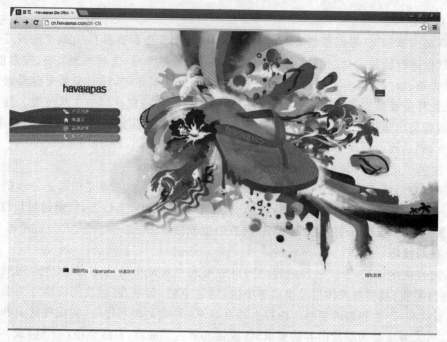

图 1-15　强烈视觉效果页面

3）页面风格的统一协调。网站的统一性在网站推广营销中占重要地位，要想引起浏览者的注意，就需要保持网站页面视觉感受的统一。风格的统一首先是布局结构的统一，特别是网站标志性元素的一致性，即网站 Logo、导航及导航的形式和位置、版权信息及色彩的统一等。用同样的网页布局、同样的表现手法、同样的设计风格来传达统一的网站信息，才能达到更好的传达效果，图 1-16 和图 1-17 为采用统一的布局风格页面效果。

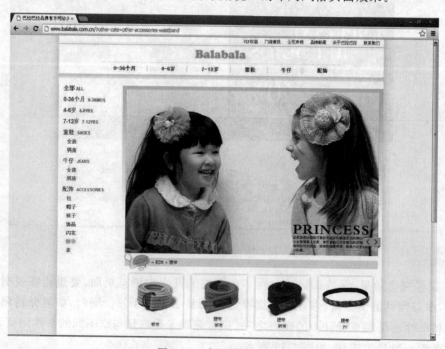

图 1-16　布局统一页面 1

图 1-17　布局统一页面 2

3. 布局方法及工具

1）table 布局

将文本与图像插入页面后，就可以形成简单的网页。在生成的网页中，发现其中的文本或图像会随着浏览器窗口的放大或缩小而发生位置的变换，这使得网页处于不稳定的状态。要想改变这种状况，最简单的方法就是使用 table 布局定位。

表格不仅能够控制网页在浏览器窗口中的位置，还可以控制网页元素在网页中的显示位置，当设计师为了控制网页的视觉效果采用 border＝"0"属性来隐藏表格的边框并将图片和文本放在这无形的网格中时，用隐藏表格来控制布局的方法便开始流行起来。表格布局网页使用的主要布局元素是 table 元素，通过单元格的分区和嵌套来实现定位，再通过诸如 align、valign、cellspacing、cellspadding 等属性控制内容显示，利用分隔 GIF 来进行留白，从而设计出绚丽的网页效果。

table 布局由于代码中结构与表现混杂，不利于页面的维护与更新，现在多数站点都开始向 Web 标准转型。用可视化的网页设计工具软件 Dreamweaver 可以实现 table 布局网页，如图 1-18 所示。

2）DIV＋CSS

按照 W3C 制定的规范来说，表格的目的是用来显示数据的，而不是用来完成布局的。现在我们知道采用 table 布局最大的坏处就是将格式数据混入到了内容中，这使得重新设计或更新现有站点和内容变得极为复杂，后期维护比较麻烦，不利于结构和表现的分离，而使用 DIV＋CSS 能很好地解决这个问题。

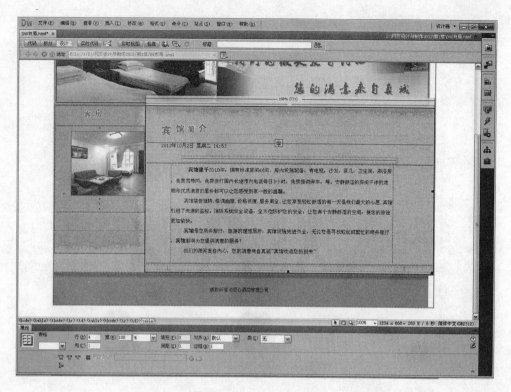

图 1-18　table 布局网页

　　按 W3C(World Wide Web Consortium)规范,网页布局应该使用 XHTML+CSS,具体就是使用 DIV 来布局。DIV 布局最大的好处就是样式由 CSS 来控制,实现网站的结构、布局和行为三者的分离。其优势是多方面的:浏览器完全支持;结构与表现分离,对搜索引擎支持好,网站版面代码都写在独立的 CSS 文件中使得布局修改更加容易。DIV 与 table 本身并不存在什么优缺点,所谓 Web 标准只是推荐正确的使用标签,DIV 用于布局,table 用于显示数据,这是最基本的设计原则。DIV+CSS 定义的页面结构如图 1-19 所示。

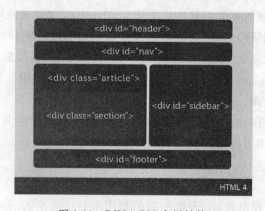

图 1-19　DIV+CSS 布局结构

　　要想深入理解网页设计程序的内部机理及 DIV+CSS 的布局,自己写代码是最好的学习方法,推荐使用 Windows 自带的记事本软件编写代码,也可以采用 EditPlus 或

Dreamweaver 等代码编辑软件。

3）HTML 5+CSS 3

过去的 HTML 已经难以满足现代 Web 应用的需要，事实上这个协议已经有超过 10 年没有更新了，HTML 5 的出现旨在解决 Web 应用中的交互、媒体、本地操作等问题。通过 DIV+CSS 来构建页面结构时，id 是页面的唯一标识，通过它可以对页面的特定区域定义样式，但 id 作为一种原始的伪语义结构，浏览器的解析器将查找标签上的 id 属性，并尝试区分 div 里面内容的级别，但这是一件很困难的事情，因为每个网站的 id 可能都不一样，这导致网页的解析变得极无效率。

HTML 5 解决了近十年来 HTML 4 出现的各种问题，革命性地增加了一些语义标记符，采用比 div 标记符更直接的方式来定义布局，如页面的主要内容在＜article＞元素中，导航栏在＜nav＞元素中等，从概念上讲，这和使用具有 id 属性的＜div＞标签一样，但是标记符本身提供了文本含义。例如，使用＜nav＞标记符替代＜div id＝"topnav"＞标记符。图 1-20 为使用 HTML 5 元素定义的页面结构。

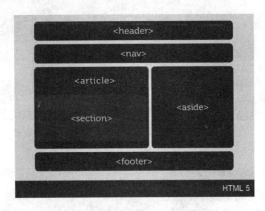

图 1-20　HTML 5 布局结构

与 HTML 5 类似，CSS 3 是 CSS 规范的最新版本，CSS 3 添加了一些新特性，帮助前端设计人员解决以前存在的问题，如更强大的选择器，新增在边框、背景、变形、过渡及动画特效等方面的应用。

4．版式布局基本类型

网页版式布局实际上就是页面构图设计，网络上的布局类型各不相同却又各有特色，我们选择基本的类型包括：骨骼型、满版型、分割型、中轴型、对称型、焦点型、自由型等来做介绍，使读者能基本掌握版式设计的一般法则。

1）骨骼型

骨骼型网页版式是一种规范的、严格的设计形式，类似于报刊的版式，通常分为横向分栏和竖向分栏。一般以竖向分栏为主，多种分栏结合使用，显得网页理性、条理、活泼且富有弹性，如图 1-21 所示。

2）满版型

满版型以大面积的视频或图像为主，将少量的文本信息压置在图像之上，视觉传达效果直观而强烈，给人以强烈的视觉冲击。但美中不足的是，受到当前网络带宽传输速度限制，对页面显示时间有一定影响，且大面积的视觉效果往往容易忽略网站的内容性，常见于艺术性或个性化强烈的网页设计中,如图 1-22 所示。

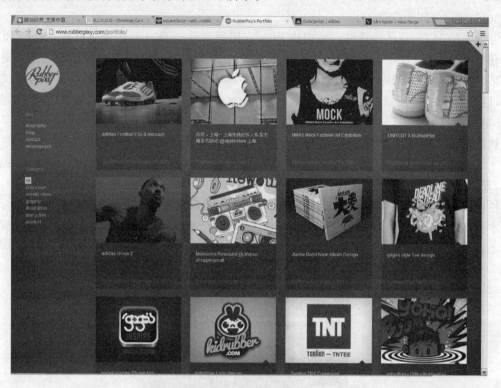

图 1-21　骨骼型版式布局

图 1-22　满版型版式布局

3）分割型

分割型是利用线条、块状面积、渐变色或背景色将整个页面分隔成多个部分,分别安排不同的内容模块,将页面信息分散排列在页面的各个部位,从而达到页面元素间疏密、均衡和视觉流程的协调统一,如图 1-23 所示。

图 1-23　分割型版式布局

4）中轴型

中轴型版式,是沿页面的中轴将页面做水平或垂直方向的排列。水平排列给人稳重、平静、含蓄的感觉;而垂直排列的页面则给人以舒畅、干脆的感觉。如图 1-24 所示,中轴线使页面显得整洁而又活泼。

5）对称型

对称型包括上下对称和左右对称,它的特点是视觉冲击力强,给人以稳重、严谨、理性的感觉,但要想将两部分有机地结合起来却是一个必须考虑的问题,如图 1-25 所示。

6）焦点型

焦点型的网页布局,主要是通过对视线的诱导,引导浏览者视线向页面中心聚拢或者向外辐射,形成一种向心或离心的网页版式,从而使页面具有强烈的视觉效果。一个中心焦点的网页版式设计,如图 1-26 所示。

7）自由型

自由型是一种轻快、活泼的风格,其版式设计动感又不失紊乱,时尚却又不失传统,是一种比较自由的版式,通常在强调网页艺术个性化的站点上用到,如图 1-27 所示。

图 1-24　中轴型版式布局

图 1-25　对称型版式布局

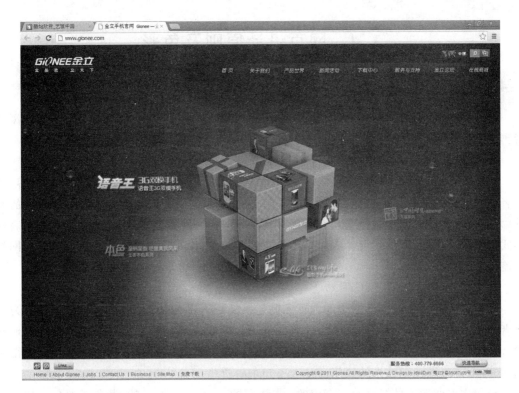

图 1-26　焦点型版式布局

图 1-27　自由型版式布局

21

1.4 网页设计原则及色彩

1.4.1 网页设计原则

尽管网页设计和网站的开发有多种多样的方式和技巧,但要完成一个完美的、既让浏览者喜爱又便于日后维护的网站,在设计时必须要牢记以下网页设计原则。

1. 内容第一、形式第二

牢记内容第一的原则。网站作为一个媒体,提供给浏览者最主要的还是网站的内容,浏览者访问网站的最终目的是为了获取自己想要的知识。内容丰富有价值且外观漂亮的网站,才能获得高的点击率。尽管现在有很多关于如何提高网站艺术效果,提高网页艺术表现形式的技术和技巧,但网站设计者时刻不要忘记这一点,没有人愿意在一个没有内容的网站上流连忘返。

2. 清晰的导航结构

在网页中无法找到自己期望的内容无疑是一件令人不愉快的事情,这往往不是因为浏览者找错了地方,而是开发者没有合理地提供页面导航。所有的超级链接应清晰无误地向读者标识出来,所有导航性质的设置,像图像按钮、文本链接都要有清晰的标识让人看得明白,千万不要只顾视觉效果的热闹而让人不知东南西北。

链接文本的颜色最好用约定俗成的:未访问的,蓝色;点击过的,紫色或栗色。如果一定要别出心裁,链接的文本就要想着以什么方式加以突出,例如说加粗体,或者在鼠标经过的地方立即变换成其他颜色。总之,文本链接一定要和页面的其他文字有所区分,给读者清楚的导向。清晰的导航还要求进入目的页的点击次数不宜超过3次。如果3次以上还看不到想要的内容,访问者可就没有耐心了。

许多设计者把他们的网站地图放在网站上,这种做法却是弊大于利。绝大部分的访问者上网是寻找一些特别的信息,他们对于您的网站是如何工作的并没有兴趣。如果您觉得您的网站需要地图,那很可能是需要改进您的导航结构和工具条的形式。

3. 网页文件的命名原则

网页文件命名的指导思想是:尽可能使自己和工作组的每一个成员都能够方便地理解每一个文件的意义,并且同一种大类的文件能够按名称排列在一起,以便计算机查找、修改或替换操作。网页文件名称建议统一采用小写的英文字母、数字和下划线的组合,每个栏目首页的文件名统一用 index 或 default。

4. 设置合理的网站目录

网站目录建立的好坏对浏览者并没有多大影响,但对于网站本身的后期维护意义重大。如图 1-28 所示为一个比较规则的网站目录结构。

网站目录的设置应遵从以下建议。

(1) 不要将所有文件都放在根目录下,这样不利于文件管理,并且影响网络文件的上传速度。

(2) 按栏目内容建立子文件夹,每个主文件夹下都应建立独立的 images 文件夹存放素材。

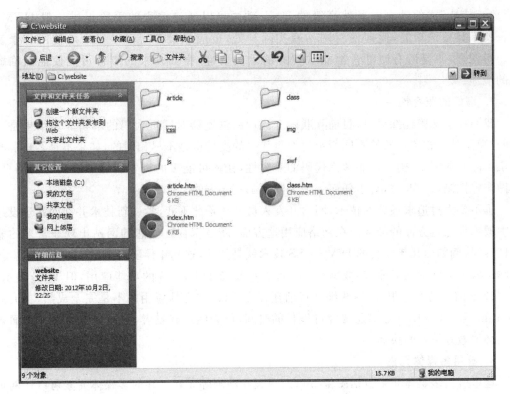

图 1-28　规则网站目录结构

（3）文件夹建议采用字母和数字组合的名称，那样能保证对网页或网页元素的正确显示。目录的层次结构不要太深，要遵循三次点击的原则。

（4）其他需要经常更新的栏目或程序代码、特效脚本文件等一般都存放在特定文件夹中。所有需要下载的内容最好也存放在一个文件夹中。

5. 确保链接的有效性

这个问题看似不起眼，其实却是最影响访问者心情的大问题，除非浏览者自己的网络出现故障，任何网站的网页都打不开，否则他一定会心生不满，并对继续浏览你的网站失去兴趣。

类似地，也不要用些"本页正在建设中，请稍后再来访问"之类的话充塞您的网站，访问者并不会如您所愿地过几天再来看您的建设进度，当他们等待了半天却只打开了一个没有任何内容可看的坏页或"建设中"网页时，几乎所有不相干的人都会选择关闭，并且再也不会回来。为了保证网站在更新或做平移的时候确保链接正确，网站中所有路径建议都采用相对路径。

6. 流利的访问速度

除了服务器的稳定快速外，决定访问速度的主要是网页的大小。在浏览网页时，其实就是将服务器端的网页数据向本地计算机传输的过程，当传输速度一定时，网页数据量越大，下载和显示的速度就会越慢。所以通常在制作网页时，要求页面代码和插图等内容必须经过优化处理，并控制在几十千字节上下。Flash 动画也应该尽量简短，排除那些只作为

"形象宣传片"式的动画。虽然高级的 Flash 动画可以通过编程的手段提供一般 HTML 网页所不具备的功能,但即使对网站有实际利处,也应尽量简短。尽量少地使用背景音乐。很明显,不是所有浏览者都能欣赏您的审美情趣,突如其来的声音可能使他面临尴尬的境地。

7. 良好的兼容性

我们在前文曾经探讨过,目前互联网上流行的浏览器对网页代码的解析显示结果是不同的,即使同一款浏览器的不同版本对网页代码的支持也是不尽相同的,如果不是客户群非常集中的专业网站,则一定要考虑代码的兼容性,让尽可能多的浏览者能够看到您的网页。多做兼容性测试和改进,对于任何一个大网站都是必需的工作。

也不要太过追求最新的技术,网站开发人员往往乐此不疲,尝试新技术并在网站建设过程中锻炼自己这方面的经验。在网络应用这方面,新技术往往使您的网站出现非常多的兼容性麻烦,例如前几年流行的 DIV+CSS 技术就是如此,这几年伴随着 HTML 5 的来临,互联网进入了大洗牌的局面,多数浏览器已经开始支持 HTML 5 的功能应用,但 W3C 表示,HTML 5 前面的路还很长,一些细则目前还存在争议,技术的应用并不是完全成熟,主流的 Web 在转至 HTML 5 之前还要经过很长的时间,作为网站开发者,在网站兼容性和页面效果上必须做好慎重的抉择。

8. 善用多媒体元素

这里所指多媒体元素包括图像、声音、视频和动画等元素。好的多媒体元素可以让网页增色不少,同时也可以活跃界面,增加浏览者的兴趣。但在使用这些多媒体元素的时候一定要考虑传输时间问题。根据经验和统计,如果一个网站在 20 秒以内还没有打开,多数浏览者都会放弃继续浏览,所以,尽量采用一般浏览器都支持的格式和适合大小的元素,保证网页浏览顺畅。

9. 真实有效的客服信息

尽管很多时候我们不能要求访问者提供真实的联络信息,但不论什么时候,写在网页上的联系方式都应该是真实有效的,这直接关系到网站在产品营销时的获利可能,并且代表着比网络更为真实的、现实中您的企业的信誉问题。提供失效了的联系方式和咨询表单(如在线订购表格、在线投稿表格等)都是非常愚蠢的做法,访问者肯定从此对您的网站以致公司丧失信心。

1.4.2 网页色彩设计

色彩是网页设计的重要情感语言之一,在网页设计中占有非常重要的地位,完美的色彩可以使网页充满活力,对网页色彩进行系统规划和设计,可以使整体风格统一,给浏览者完整、有序的视觉印象。

网页中的色彩应用,通常可以按照下面的思路进行思考。

(1)确定网站的风格色彩。因为不同的颜色会给人以不同的心理感受,选择合适网站风格的颜色,其实就是在颜色心理感受与网站风格之间做一道连线题。要确定什么色彩适合什么网站,首先必须弄明白该网站的主题和它的服务对象,以及网站通过色彩希望达到的目的等。例如一个经营饮食的企业网站,它应该引起人们的食欲,并表现出某种高贵的气质，那么与两种要求相配的颜色可以选择黄色和金色，这样一来主色就选好了。

（2）根据网站的风格和选好的主色选择辅助色，这通常用于装修条或者背景之类的地方。对于大面积的背景色彩，一般选用明度高、纯度低、色差小、对比弱的配色，这样会产生明快、舒适、安静和谐的效果。同时，色彩的位置关系确定也是以色彩的心理平衡为主要依据，以黑白色为例：两色远离则对比效果非常弱；靠近一些则对比效果得到加强；当黑白两色呈半包围或被包围状态时，对比效果更加强烈；黑色被白色完全包围，此时对比效果最强烈。如图1-29所示，通过黑白的对比及橙色的应用，使网站主题更加注目。

图1-29　色彩对比应用

（3）在设计的过程中，随着布局的不同感受画面中色块的"轻重关系"，合理运用色相对比、明度对比、纯度对比及冷暖对比，注重色彩的心理学特征，依据行业网站色彩特色需要，应用颜色的近似和对比来完成整个页面的配色方案，使整个网页在视觉上应是一个整体，以达到和谐、悦目的视觉效果。如图1-30所示为一个介绍玉企业的网站，该网站旨在向大众传播玉文化及艺术，透着企业浓郁的文化气息，故在色彩应用上多选择淡雅、朴素的色彩，以显示出典雅的文化氛围。

在网站色彩的编排上，既要根据网站欲传达的内容，又要结合既有的品牌印象来进行色彩的搭配，注重色彩的周期性及色彩数量，力求通过最简单的色彩表达最丰富的含义，使页面具有深刻的艺术内涵。

图 1-30　行业特征色彩应用

1.5　上机实践

1.5.1　利用记事本编写一个简单的 HTML 网页

网页本质上就是 HTML 文件，而 HTML 文档是在普通文本中加上标记(或标签)。标记是 HTML 技术中最基本的单位，也是 HTML 技术最重要的组成部分，用浏览器打开一个 HTML 文档时，会根据标记的含义解析从而达到预期的显示效果。本节通过文本编辑器编写一个 HTML 文档来认识简单的 HTML 标记，理解一个完整的 HTML 文档结构所包含的主要标记符。选择"开始"→"所有程序"→"附件"→"记事本"选项，打开"记事本"程序，如图 1-31 所示。

在记事本中输入以下代码：

```
< html >
< head >
< title >夜雨寄北 - 简单 HTML 网页</title>
</head>
< body >
< p align = center >夜雨寄北</p>
< p align = center >李商隐</p>
< p align = center >君问归期未有期,巴山夜雨涨秋池,</p>
< p align = center >何当共剪西窗烛,却话巴山夜雨时.</p>
</body>
</html>
```

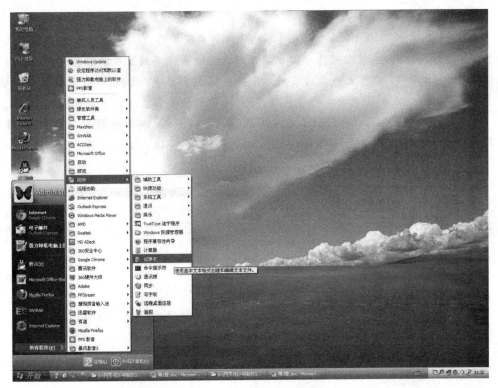

图 1-31　打开"记事本"程序

然后将"记事本"中的代码保存为 HTML 文件。步骤为：选择"文件"→"另存为"选项，文件名为 1_1.html，选择保存类型为"所有文件"，编码为"UTF-8"选项，如图 1-32 所示。

图 1-32　记事本内容保存为 HTML 文件

【注意事项】

(1) 文件后缀必须为.html 或.htm,不要将网页文件保存在系统默认文件夹或桌面上,为方便后期站点管理,应该在硬盘中建立单独的文件夹来保存网页及其配套文件。

(2) 所有文件夹、网页文件名以及网页中所使用到的图片、动画、多媒体等网页元素保存时要注意文件名及扩展名命名的规范性,防止上传到服务器后不能识别而出错。

找到并打开刚才保存的 HTML 文档,浏览器会自动显示刚才编辑的 HTML 文件,如图 1-33 所示。如果需要对保存的 HTML 文档进行修改,可以在文档打开方式中选择"记事本"选项再次编辑。

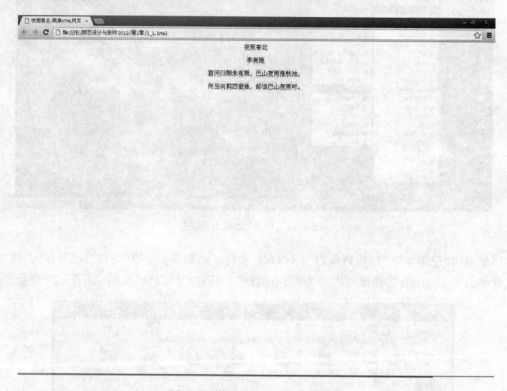

图 1-33 简单 HTML 网页效果图

【注意事项】

通常情况下,系统会隐藏已知文件类型的扩展名。为了方便查看,同时也为了防止保存的文件出现多个后缀名,可以显示所有文件的扩展名,然后再保存 HTML 文件。方法如图 1-34 所示,打开"我的电脑",选择"工具"→"文件夹选项"→"查看"选项,取消高级设置里面的"隐藏已知文件类型的扩展名"选项,然后单击"确定"按钮。

观察 1_1.html 实例的 HTML 代码可以看到,这个网页文件的第一个符号为<html>,类似的还有<head>、<body>、</body>、</html>等,这些标记在使用时必须用"< >"括起来,而且通常情况下都是成对出现的,起始的叫做"开始标记",结尾的就叫做"结束标记"。

<html>标记的作用是告诉浏览器这是 HTML 文件的头,文件的最后一个</html>标记表示 HTML 到此结束。在<head>和</head>之间的内容是 head 信息,用来说明文档的相关信息。在<title>和</title>之间的内容,是这个文档的标题。用户可以在浏览

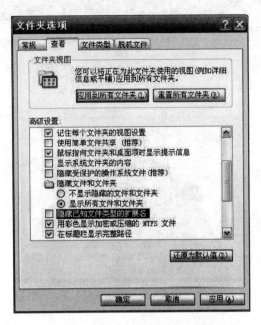

图 1-34　显示已知文件类型的扩展名

器最顶端的标题栏看到这个标题。在＜body＞和＜/body＞之间的信息是正文,正文可以在浏览器中显示。＜p＞和＜/p＞是分段标记,段之间的距离较大,相当于换行后又空一行。

　　标记还可以拥有属性,可以为页面中的 HTML 元素提供附加信息,如＜p＞标记中的align＝center 即为标记属性。属性可以有多个,被放置在标记的起始标签中。属性无先后次序,也可以省略。＜p align＝"center"＞表示该段落内的内容居中对齐。align 属性表示对齐方式,其值可取 left(左对齐,默认值)、center(居中对齐)、right(右对齐)。

【注意事项】

　　(1) 标记属性的值应该用引号括起来,双引号为标准格式,但在一些特殊场合,当属性的内容已经有双引号时,这时候就必须使用单引号。

　　(2) align 属性对描述文档结构并无帮助,在最新版本的 HTML 5 规范中已被推荐弃用,其功能由后续章节中的 CSS 实现,此处仍然介绍是为了网页表示方式的需要。

1.5.2　扩展应用

　　请参考 1.5.1 节中的源代码及 HTML 中图像标记符＜img＞的使用方法,利用记事本实现如图 1-35 和图 1-36 所示的页面效果,并分别保存为 1_2. html 及 1_3. html。

　　＜img＞图像标记符语法规则为：＜img src＝"url"/＞

　　要在页面上显示图像,需要使用 src 源属性,src 指"source",其值是图像的 URL 地址,即存储图像的位置,例如＜img src＝"images/aa. jpg" width＝200 height＝300＞表示引用 images 目录中的 aa. jpg 图像,并按照宽度 200 像素、高度 300 像素大小在浏览器中显示。

图 1-35　实验页面效果图 1

图 1-36　实验页面效果图 2

HTML 是用来描述网页的一种标记语言,也是每一个网页设计人员必须掌握的基础知识。HTML 文档具有标准的文档结构及语法规则,文字和图片是 HTML 文档中最基本的元素,超链接能使多个孤立的网页之间相互联系从而形成有机整体,表格和框架可以精确控制网页各个元素在网页中的位置布局,除此之外,表单及多媒体也是网页中的重要元素,包括动画、声音和视频等,它们能使网页的内容更加丰富多彩。

本章学习要点:

- HTML 文档结构及语法规则
- HTML 基本标记及属性
- 图像、背景、超链接及列表标记符
- 表格、框架、表单及多媒体标记符

2.1　HTML 文档结构及语法规则

2.1.1　HTML 文档基本结构

实例 2_1. html 是一个 HTML 文档的基本结构,通过分析其 HTML 源代码可以看出,一个标准 HTML 文档一般由 html、head 和 body 3 大元素构成,实例 2_1. html 源代码如下。

```
<! DOCTYPE html PUBLIC " - //W3C//DTD XHTML 1. 0 Transitional//EN" "http://www.w3.org/TR/
xhtml1/DTD/xhtml1 - transitional.dtd">
< html xmlns = "http://www.w3.org/1999/xhtml">
< head >
< meta http - equiv = "Content - Type" content = "text/html; charset = utf - 8"/>
< title >HTML 文档结构</title >
</head >
< body >这里显示网页的内容,包括文字、图片、声音、动画、视频等</body >
</html >
```

在代码中,<html>是最外层的元素,表示文档的开始,浏览器从<html>开始解释,到</html>结束,所有网页内容都包含在<html>和</html>之间。

<head>是 HTML 文档头标记符,出现在<html>标记后面,用来说明文档基本信息,包括文档标题、文档搜索关键字、文档生成器等。<head>和</head>标记内的内容不显示在浏览器窗口页面上,但并不表示没有用处,如<title>表示网页的标题,读者可以在浏览器最顶端的标题栏看到标题信息。

<body>与</body>之间是 HTML 文档的主体部分,用来标识 HTML 文档的正文信息,网页浏览窗口中所有内容包括文字、图像、表格、声音和动画等都包含在这对标记对之间,它还可以通过属性设置来调整整个文档的背景色、正文和超链接的显示颜色等基本属性。如<body bgcolor="#008000">,则网页背景颜色将变为绿色。

【注意事项】

(1) 实例 2_1.html 代码中,第一行代码<! DOCTYPE…transitional.dtd">是文档类型声明,定义了正在使用的 HTML 版本(这里默认 XHTML 1.0),而且指向网页中适当的 DTD 文件。这里默认使用过渡型的 Transitional 声明,是一种要求非常宽松的 DTD,允许继续使用 HTML 4.01 标识,但要符合 XHTML 写法,这是目前最常见的用法。DOCTYPE 声明的主要作用是制订一份规则,来保证同一个网页文档在不同内核浏览器中渲染出来的样式是一致的。

(2) 第二行代码<html xmlns="http://www.w3.org/1999/xhtml">代表文档的命名空间,用来区分涉及数据交换文档中可能存在的相同标签,其中 XHTML 是比 HTML 标准要求更严格的一种过渡性语言,在本书第 4 章会详细介绍。

(3) 为了突出学习要点并控制代码篇幅,本书给出的参考代码中均将此前两行作了删减操作,读者在实际创作中需自行添加,特此声明。

2.1.2 网页头部<head>标签

网页在浏览器中的加载顺序是从头部开始的,因此头部对于网页来说至关重要,浏览者可以根据标题来判断是否继续查看该网页。网页头部一般包含<title>标记、<meta>标记、样式表及脚本等。本小节主要介绍<title>和<meta>标记,样式表和脚本将分别在第 4、第 5 和第 8 章详细介绍。

1. <title>标签

编写每个网页时,应该为其指定一个标题。网页标题位于<title>标记元素中。当浏览者打开网页时,从网页中得到的第一条信息便是网页标题。网页标题可以简明地概括网页的内容,点明网页的主题,它位于浏览器窗口的顶部,又作为浏览器中书签的默认名称,同时也是搜索引擎 robots 搜索时的主要依据。在网页设计中常说的 SEO(Search Engine Optimization)技术要求在大量网络信息中快速查找到自己需要的网页,最好的办法就是定义一个实际描述网站内容的标题。

2. <meta>标签

<meta>标签主要用于为搜索引擎 robots 定义页眉主题信息,通过设置关键字来帮助网页能被各大搜索引擎收录,从而提高网站的访问量。同时,它还可以用于定义用户浏览器上的 Cookie、作者、版权信息和关键字,可以设置页眉,使其根据定义的时间间隔刷新自己,以及设置 PICS 网页内容等级分配等。

<meta>标签元素的属性有两种,即 http-equiv 属性和 name 属性。

1) http-equiv 属性

http-equiv 属性类似 HTTP 的头部协议,它回应给浏览器一些有用的信息,以帮助其正确和精确地显示网页内容。常用的 http-equiv 属性包括 Content-Type、Refresh、Page-Enter/Page-Exit 等,各个属性的作用如下。

- Content-Type

用法：<meta http-equiv="Content-Type" content="text/html；charset=utf-8">

作用：设定页面所使用的字符集。上述语句表示网页使用的是 utf-8 编码。

- Refresh

用法：<meta http-equiv="Refresh" content="7；url=http：//www.google.com">

作用：让这个网页在指定的时间内跳转到指定的网页，如果时间后面没有 URL 项目，就起到让页面自动刷新的作用。上述语句设定后，则该网页将在 7 秒内跳转到 URL 为 http：//www.google.com 的地址。

- Page-Enter/Page-Exit

用法：<meta http-equiv="Page-Enter" content="revealTrans(Duration=8.0，Transition=21)">

<meta http-equiv="Page-Exit" content="revealTrans(Duration=8.0，Transition=12)">

作用：设定进入和离开页面时的特殊效果，即"网页过渡"功能。其中，Duration 表示特效的持续时间，以秒为单位。Transition 表示使用哪种特效，取值为 1～23，如实例 metaequiv. html。

2）name 属性

name 属性的作用是在一些搜索引擎中使用 meta 的 name 和 content 属性来索引的页面。常用属性值包括 description、keywords、author 等。

- description

示例：<meta name="description" content="Professional，Zhaofeng">

作用：用来告诉搜索引擎你的网站的主要内容。

- keywords

示例：<meta name="keywords" content="life，universe，赵锋">

作用：用来告诉搜索引擎你的网页的关键字是什么。

- author

示例：<meta name="author" content="frashman@sina.com">

作用：标注网页的作者相关信息。

3．<link>标签

<link> 标签定义文档与外部资源之间的关系，最常用于链接样式表，如<link rel="stylesheet" type="text/css" href="mystyle.css"/>表示链接到 mystyle.css 样式表文件。

4．<style>标签

<style> 标签用于为 HTML 文档定义样式信息，可以在 style 元素内规定 HTML 元素在浏览器中呈现的样式，如：

```
<style type="text/css">
    body {background-color: #808000}
    p {color: #0000FF}
</style>
```

2.1.3　网页主体<body>标签

<body>标签可以设置网页的全局效果,包括为网页设置背景图片或背景色、设置页面内的文本或超链接颜色、设置页面边距等。如果网页没有做任何全局设置,系统默认创建的网页背景色为白色、无背景图像、无标题,页面上的超链接文字 3 种状态设置为不同的颜色以示区分。

【注意事项】

网页的全局效果采用 CSS 样式表设置效果更佳,在网页辅助设计软件如 Dreamweaver 中采用 CSS 控制表现是更为流行的方案,在本书第 5 章中会作详细介绍。如图 2-1 所示 Dreamweaver 将所有<body>属性集中在页面设置的外观(HTML)分类中。本小节重在介绍<body>标签的相关属性,故没有采用 CSS 样式规则,而选择使用 HTML 设置页面效果。

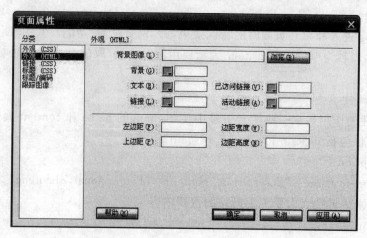

图 2-1　Dreamweaver"页面属性"设置

1. 背景图片

<body>标签中有两个属性可用来指明背景,分别是 background 和 bgcolor,利用图片和颜色来设置背景。下面利用 background 属性设置背景,代码如下:

```
<html>
<head>
<title>背景图像</title>
</head>
<body background = "img/bg.jpg">
<p align = center>文字可以写在背景图像上</p>
</body>
</html>
```

该实例 2_2. html 代码在浏览器中的显示效果如图 2-2 所示。

设置背景图片还可以这样写<body style = "background-image: url(img/bg. jpg) center top no-repeat">,这是利用嵌入 CSS 样式的方式来设置图片背景。通过 left、right、top、bottom、center 分别组合,可以灵活地设置页面背景图片的位置。

图 2-2　设置图片背景

设置 no-repeat 代表背景图片不产生任何重复,如果希望网页背景图片单向重复,使用 style 属性的 background 更加方便,repeat-x 用于设置水平方向的重复,repeat-y 用于设置垂直方向的背景图片重复。

在网站应用中也可以设置背景图片为浮动位置,即不随滚动条位置的变化而变化,可以通过设置<body>标签的 bgproperties 属性来实现,具体代码为:

```
< body background = "img/bg.jpg" bgproperties = "fixed">
```

2. 背景色

显示器等发光设备的颜色是由红、绿、蓝三原色光源按不同比例混合而成的,每种颜色有 256 种亮度的变化,为了表达红色、绿色和蓝色的混合值,颜色被定义成一套十六进制的记号法,即用 RGB 这三个数值的大小来标示颜色。一种颜色的最低值为 0(♯00),最高为 255(♯FF),如十六进制的红色值为♯FF0000,也可用 RGB 表示为 rgb(255,0,0)。

HTML 标准中一共只有 17 种颜色可以用颜色名称表示,分别为 aqua(浅绿色)、black (黑色)、blue(蓝色)、fuchsia(紫红色)、gray(灰色)、green(绿色)、lime(青柠色)、maroon(栗色)、navy(藏青色)、olive(橄榄色)、orange(橙色)、purple(紫色)、red(红色)、silver(银色)、teal(浅灰色)、white(白色)、yellow(黄色),其他的颜色都要用十六进制 RGB 颜色值表示。根据 W3C 标准,设置字体颜色时,尽量使用 CSS 样式的 color 属性。

利用<body>标签设置背景颜色为绿色,可以任选采用如下三种方式之一。

```
< body bgcolor = "♯00FF00">
< body bgcolor = "rgb(0,255,0)">
< body bgcolor = "green">
```

3. 文本及超链接颜色

网页中普通文本颜色默认是黑色,通过设置<body>标签的 text 属性来标示不同文本颜色,从而可以更好地适应网页背景,也可以帮助浏览者更方便、更快捷地浏览网页。如设置文本颜色代码为:text="#99CC00"。

超链接文本有三种状态,分别为"链接"、"活动链接"和"已访问链接"。为了方便浏览者清楚哪些网页自己已经浏览过,通常将超链接文本的三种状态设置为不同的颜色。在默认状态下,"链接"和"活动链接"文本的颜色为蓝色,"已访问链接"文本的颜色为紫色,可以通过<body>标签的 link(对应于链接文本颜色)、vlink(对应于已访问链接文本颜色)、alink(对应于活动链接文本颜色)属性改变超链接不同状态的颜色。如:

link="#0000FF" vlink="#CC00FF" alink="#FF0000"

4. 页面边距

页面边距是指网页中内容与页面四边之间的距离。如果内容布满了整个页面且没有一点空隙,那么网页会显得非常不美观。适当地设置页面边距,会使页面看起来大方得体。代码设置如:

leftmargin="0",表示左边距为0;topmargin="0",表示上边距为0.

至此,<body>标签的完整属性代码可以设置如下(注意:标签之间的多个属性用空格分隔):

< body background = "img/bg. jpg" bgproperties = "fixed" bgcolor = "#00CC00" text = #000000 link = "#0000FF" vlink = "#CC00FF" alink = "#FF0000" leftmargin = "0" topmargin = "0"> </body>

设置后的页面效果如图 2-3 所示。

图 2-3　页面属性设置效果

2.1.4　HTML 的语法规则

HTML 应遵循以下语法规则：

（1）HTML 文档由标识符和属性组成，文档扩展名为 HTML 或 HTM。

（2）HTML 标签分单标签和双标签，双标签往往成对出现，所有标签（包括空标签）都必须关闭，如
、<img/>、<p></p>等。

（3）HTML 标签不区分大小写，即<HTML>和<html>是相同的。

【注意事项】

虽然 HTML 文档中标签大小写通用，市面上也有 HTML 标签大小写混用的教材，但笔者建议使用小写的 HTML 标签，因为 W3C 组织推荐 HTML4 和 XHTML 使用小写标签。

（4）多数 HTML 标记可以嵌套，但不允许交叉。如下面的嵌套写法是错误的，head 的闭合标签和 title 的闭合标签位置颠倒了。

```
<html>
<head><title>这里是网页标题</head></title>
<body>这里是网页内容</body>
</html>
```

（5）HTML 文件一行可以写多个标记，一个标记也可以分多行写，但标记中的一个单词不能分两行写。

（6）HTML 源文件中的换行、回车符和空格在显示效果中是无效的。相应的标记和一些特殊符号的表示方法可参考表 2-1，由于 1 个中文字符占 2 个英文字符的宽度，所以通常在段落的首行开头需加上 4 个" "字符。

表 2-1　HTML 常见特殊符号表示方法

特殊符号	替换符	特殊符号	替换符
换行	 	段落	<p>
空格		&	&amp;
<	&lt;	引号	&quot;
>	&gt;	®	&reg;

2.2　HTML 基本标记及属性

2.2.1　标题标记

HTML 4.01 与 XHTML 标准中提供了 6 个级别的标题，标题标记被定义在<h1>～<h6>的范围内，用来设置正文标题字体的大小，但通常情况下文档的内容显示为 2 或 3 级标记即可。具体可参考实例 2_3.html，代码如下：

```
<html>
<head>
```

38

```
<title>2-3html</title>
</head>
<body>
<h1 align="left">1级标题</h1>
<h2 align="center">2级标题</h2>
<h3 align="right">3级标题</h3>
<h4>4级标题</h4>
<h5>5级标题</h5>
<h6>6级标题</h6>
</body>
</html>
```

观察2_3.html实例的HTML代码可以看出,标题标记都成对出现,自动换行,自动加粗并且默认显示为黑体字。默认情况下标题为左对齐显示,但还可以通过设置align属性设置对齐方式,如图2-4所示。

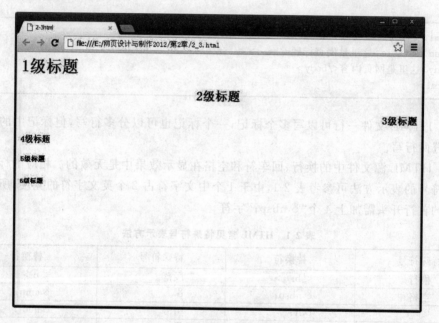

图2-4 标题标记的显示效果

2.2.2 换行标记
和水平线标记<hr>

前面我们提到过<p>标记,它是一个段落标记,效果为新建一个段落并加上一个空行。但如果编辑网页内容只是为了换行,则可以使用
标记。如果想将网页中相同的部分分割成一组,使网页层次更清晰,则可以使用<hr>水平分割线标记。具体可参考实例2_4.html,代码如下。

```
<!-- 下面代码功能是演示br和hr的用法 -->
<html>
<head>
<title>2-4html</title>
```

```
</head>
<body>
<p>这是第一段<br>用到了换行标签<br>请看效果<br>仍然是第一段,但用到了<hr>水平线</p>
<p>这是第二段,用到了一个<hr color = red>红色的水平线</p>
<p>这是第三段,用到了一个<hr size = "5" width = "500" noshade>限制高宽且去掉阴影的水平线</p>
<p>这是第四段</p>
</body>
</html>
```

【注意事项】

为增强 HTML 代码的可读性,需要对代码添加必要的注释,如 2_4.html 源代码的第一行,注释语句用惊叹号"!"和两个"-"开始,结束时也用两个"-"结束。这些注释可以出现在代码中的任何位置,不会在网页浏览时显示出来。

其中<hr>水平线标记的属性包括 width、color、align、size 和 noshade 等,分别用来设置水平线的宽度、颜色、对齐方式、高度和无阴影效果等。颜色属性可以有不同的使用方式。本例中颜色属性使用颜色名,还可以通过设置十六位进制的颜色值(如<hr color = #FF0000>)或将颜色属性值设置为 RGB 混合模式(如<hr color=rgb(255,0,0)>),用这三种设置效果设置均可。该实例代码的显示效果如图 2-5 所示。

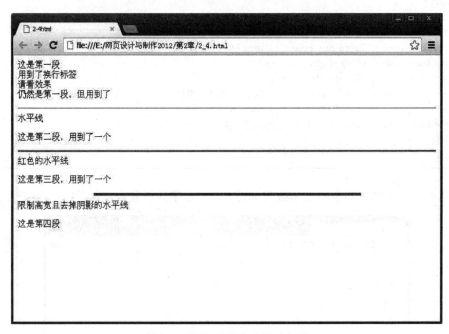

图 2-5　换行、分段与水平线标记

【注意事项】

(1)
和<hr>标记属于 HTML 中的单标记,在使用时不需要结束标签,但在 XHTML 中,
和<hr>标记必须合理地关闭,即在使用时采用
和<hr/>的方式。本书中如果不作特别说明,单标签在 XHTML 中均要合理闭合。

(2) HTML 4.01 中所有的 hr 属性都不再推荐使用,在 XHTML 严密型 DTD 中不支持所有有关 hr 元素的属性。

2.2.3 字体设置

使用过微软 Word 文字处理程序的读者,就会对将文字设置为粗体、斜体或者颜色的功能非常熟悉,对于 HTML 来说,这只是用于网页文字美观选项的一部分。网页文字效果是决定网页是否成功的关键因素。文字在网络上传输速度较快,浏览者可以很方便地查阅和下载文字信息,故文字成为网页主要的信息载体。

网页文字的样式,主要是设置文字的字体、字号、颜色等,可以在<font>标签中添加一些属性来控制外观,如字体大小属性为 size,参数范围为 1~7,数字越大,字体越大;文字颜色属性为 color,参数可以用英文颜色名,也可以使用十六进制颜色代码;字体属性为 face,默认字体为宋体。根据 W3C 标准,已经不建议使用<font>来控制文本的显示,在最新的 HTML 5 中已弃用<font>标记符,CSS 在文本处理方面做得更好。这里给出实例 2_5.html,适当了解一些<font>标签的用法,代码如下:

```
<html>
<head>
<title>2-5html</title>
</head>
<body>
<p><font face="华文行楷">华文行楷</font></p>
<p><font face="Times New Roman">Times New Roman</font></p>
<p><font size="6">字体六</font></p>
<p><font>缺省字体大小</font></p>
<p><font face="黑体" size="+3">缺省字体+3黑体</font></p>
<p><font color="blue">蓝色字体</font></p>
<p><font color="ff0000">十六进制红色字体</font></p>
</body>
</html>
```

该实例代码在浏览器中的显示效果如图 2-6 所示字体设置。

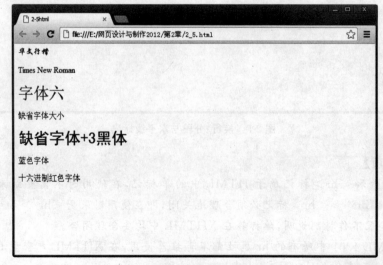

图 2-6 字体设置

还有一些用于文本外观表示或者对所包含的内容进行描述的标签元素，虽然使用 CSS 可以实现大部分的显示效果，但这些元素仍然经常用到，有些甚至在不同的浏览器下解析的效果还不一样。这里用一个综合的实例 2_6.html 来了解文本字体的代码设置，在 Google Chrome 浏览器中显示效果如图 2-7 所示。

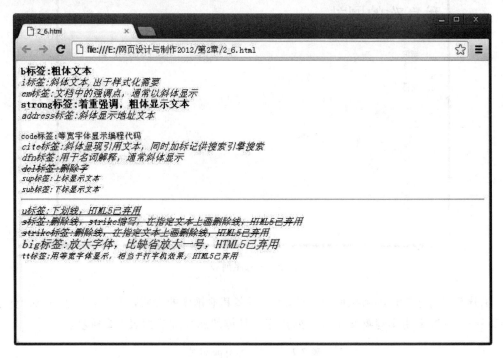

图 2-7　文本设置

2.2.4　列表标记

列表是一种以结构化、易读性的方式提供信息的方法，它不但使用户可以方便地查找到重要的信息，而且使文档结构更加清晰、明确。HTML 中常用列表形式包括有序列表（Ordered List）和无序列表（Unordered List）。

1. 有序列表

有序列表的每个列表项前标有符号标识，表示顺序。当创建一个有序列表时，主要用 HTML 标签的＜ol＞和＜li＞标签来标记。其中，＜ol＞标签标识一个有序列表的开始，＜li＞标签标识一个有序列表项。＜ol＞和＜li＞标签必须相互配合使用。如实例 2_7.html 所示，其核心代码为：

```
< ol type = "1">
    <li>新浪</li>
    <li>雅虎</li>
    <li>百度</li>
    <li>搜狐</li>
</ol>
```

41

该实例代码在浏览器中显示效果如图 2-8 所示。

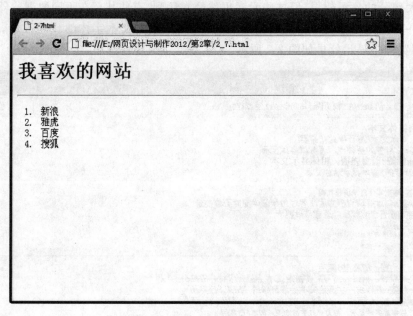

图 2-8 有序列表

有序列表除了默认的阿拉伯数字外,还有很多其他排序的方式,使用方式为:＜ol type＝"a"＞…＜/ol＞采用小写英文字母序列排序。具体的属性细节如表 2-2 所示。

表 2-2 ＜ol＞的 type 属性

属性值	含 义
type＝"1"	阿拉伯数字序列 1,2,3
type＝"a"	小写英文字母序列 a,b,c
type＝"A"	大写英文字母序列 A,B,C
type＝"i"	小写罗马数字序列 i,ii,iii
type＝"I"	大写罗马数字序列 Ⅰ,Ⅱ,Ⅲ

在默认情况下,有序列表是从数字 1 开始计数,这个起始值可以通过 start 属性予以修改,并且不论列表编号的类型是数字、英文字母还是罗马数字,start 的值都是其开始的数字,如属性设置格式为从第 3 个开始＜ol type＝"a" start＝"3"＞,也就是从字母 c 开始。

2. 无序列表

无序列表就是列表中列表项的前导符号没有一定的次序,而是用黑点、圆圈、方框等一些特殊符号标识。无序列表由＜ul＞开始,每个列表项同样由＜li＞开始,＜ul＞和＜li＞标记必须相互配合使用。实例 2_8.html 为一个典型的无序列表,其核心代码为:

```
< ul type = "disc">
        <li>香蕉</li>
        <li>苹果</li>
        <li>桂圆</li>
```

```
    <li>西瓜</li>
</ul>
```

该实例在浏览器中的显示效果如图 2-9 所示。

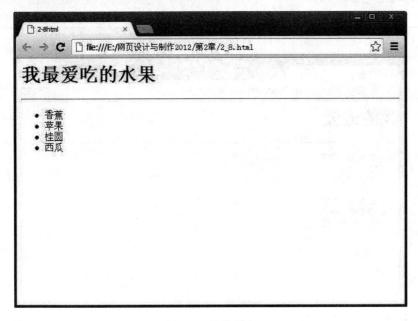

图 2-9　无序列表

无序列表也可以通过<ul>标签的 type 属性来定义前导符号,其属性细节如表 2-3 所示。

表 2-3　<ul>的 type 属性

属 性 值	含 义
type="disc"	实心圆●
type="circle"	空心圆○
type="square"	方框□

3. 列表嵌套

无论是有序列表还是无序列表,在列表内部都可以实现嵌套,有序列表和无序列表也可以互相嵌套。这里给出了实例 2_9.html 的无序列表嵌套有序列表的核心代码,显示效果如图 2-10 所示。

```
<h1>我的最爱</h1>
<hr/>
<ul type="circle">
    <li>最爱做的事情
        <ol type="I" start="3">
            <li>旅游</li>
            <li>摄影</li>
            <li>运动</li>
```

```
        </ol>
      </li>
      <li>最爱看的电影</li>
      <li>最爱看的杂志</li>
      <li>最爱吃的东西</li>
   </ul>
```

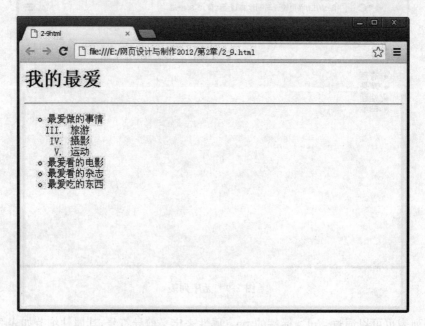

图 2-10　列表混合嵌套

2. 2. 5　<div>和<span>

　　<div>和<span>的作用都是用于定义样式的容器,<div>标记出现在 HTML 4.0 时代,之初并不常用,直到 CSS 的普及和 DIV+CSS 布局的推广才逐步发挥出它的优势。<span>标记是专门针对样式表而设计的标记。<div>和<span>标记本身没有具体的显示效果,由 style 属性或 CSS 来定义,不过两者在使用方法上存在着很大的区别。

　　<div>是一个通用的块状容器标记,它可以容纳各种元素,包括段落、标题、表格、图片乃至章节等,使用时可以将<div>与</div>中的内容视为一个独立的对象,其默认的状态是占据整行。<span>是一个行内元素标记,在<span>与</span>中间同样可以容纳各种 HTML 元素,从而形成独立的对象,但其默认状态是行间的一部分,占据行的长短由内容的多少来决定。我们可以通过实例 2_10. html 来发现<div>和<span>的区别,实例代码如下:

```
<html>
<head>
<title>div 与 span 的区别</title>
</head>
```

```
<body>
    <p>div 标记不同行: </p>
    <div> <img src = "img/pica.png"> </div>
    <div> <img src = "img/pica.png"> </div>
    <div> <img src = "img/pica.png"> </div>
    <p>span 标记同一行: </p>
    <span> <img src = "img/pica.png"> </span>
    <span> <img src = "img/pica.png"> </span>
    <span> <img src = "img/pica.png"> </span>
</body>
</html>
```

该实例在浏览器中的显示效果如图 2-11 所示,<div>包围的三幅图像被自动换行分在不同的三行中,而<span>标记的三幅图像没有换行。

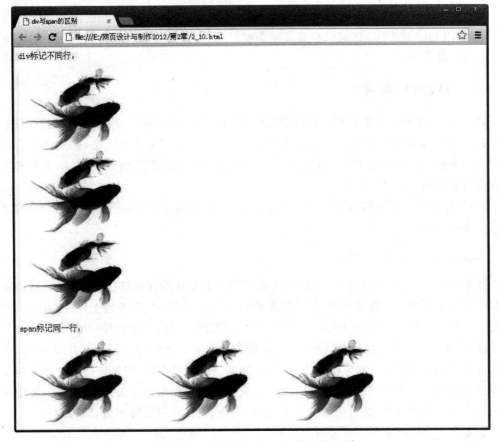

图 2-11　<div>与<span>标记的区别

【注意事项】

(1) <span>标记没有结构上的意义,纯粹是应用样式,当其他行内元素都不合适时,就可以使用<span>元素。

(2) <span>标记可以包含于<div>标记之中,成为它的子元素,而反过来则不成立,即<span>标记不能包含<div>标记。

（3）通常情况下，对于页面中大的区块使用＜div＞标记，而＜span＞标记仅仅用于需要单独设置样式风格的小元素，如一个单词、一幅图像或一个超链接等。

（4）＜div＞标记的 align 属性在 HTML 4.01 中已经不再推荐使用，在 XHTML 1.0 严密型 DTD 中不再支持＜div＞标记的 align 属性。

2.3 图 片

计算机对图片的处理也是以文件的形式进行的，由于图像编码的方法很多，因而形成了许多图像文件格式，目前在网页中使用最广泛的主要是 GIF、JPEG、TIFF、PNG 四种格式，这些格式被混淆地统一命名为位图或 BMP。为网站保存图像时，通常总是希望能够最大程度地压缩图像来保存图像，以求获得最小的文件尺寸，这使得网页能够更快地加载，选择格式的一般经验有如下两点。

- 使用 JPEG 格式保存具有较多细节的图片，或具有细微色调差别的图片，如照片。
- 使用 GIF 或 PNG 格式保存具有单调颜色（而不是纹理颜色）和硬边线的图像，如图表、徽标等。

2.3.1 HTML 图片

HTML 文件能够利用 URL 将不同格式、不同属性和不同路径的图片插入到网页中，图片在网页中具有画龙点睛的作用，它能装饰网页，表达网站的情调和风格，在文档中合理地利用图片会使浏览器显示的网页更活泼。但在网页中加入的图片越多，浏览器下载和解析的速度就会越慢。

HTML 中插入图片用的是＜img/＞标记，它的属性包括图片的路径、宽、高和替代文字等。基本语法格式如下：

```
< img src = "URL" alt = "XXX">
```

其中 src＝"URL"代表图片的路径，也就是网页上图片的存储路径，分为绝对路径和相对路径两种表示方式。通常来说，网站的图像应始终存储在本地服务器上，链接其他网站的图像并不是非常好的做法，存储在本地服务器上的图像调用只需要相对 URL 即可。

alt＝"XXX"代表替换文本说明，在浏览器尚未完全读入图片或图片无法显示时，在图片位置显示的替代文字。如果图片下载完后，则既可以看到图片，当鼠标指向该图片时又可以看到替换文字。有些图像不附加任何信息，只是用于增强网页的布局效果，如网页中仅仅作为装饰元素的图像等，这时仍然需要使用 alt 属性，只是不附带任何值，即为空值。

如实例 2_11. html 中，插入图片的核心代码为＜img src＝"img/picb. jpg" alt＝"梅花"/＞，在浏览器中显示效果如图 2-12 所示。

HTML 初学者往往不明白"img/picb.jpg"路径的含义，因而常常出现无法显示插入的图片的情况，这里要先对路径做一个介绍。

HTML 有两种路径的写法：绝对路径（Absolute Path）和相对路径（Relative Path）。

绝对路径指带域名的文件的完整路径，这种路径的使用往往是在注册了域名并申请了虚拟主机后，如 http://www.w3cn.org/news/index.html 就是 index.html 这个文件的绝

图 2-12　在 HTML 中插入图片

对路径。

　　由于现实中的网页都是在本地计算机上制作完成后再上传到 Web 服务器上的,而本地计算机和服务器的目录结构又不一样,因而相对路径这个概念在网页制作中经常用到,从图片路径、背景音乐、超链接到 CSS 文件、数据库等都要应用到相对路径。什么是相对路径呢?相对路径就是从这个文件所在的位置出发找到其他文件或文件夹的路径关系,也就是自己相对于目标的位置。这个概念比较模糊,下面通过实例 2_12.html 具体说明。如图 2-13 所示,在本地硬盘有这样一个文件结构。

图 2-13　实例文件结构

　　图 2-14 是在页面中插入两幅图片后的显示效果,注意区分代码中两幅图片路径的不同。

　　实例 2_12.html 网页源代码如下:

```html
< html >
< head >
<title>相对路径</title>
</head>
< body >
< img src = "img/picd.jpg" alt = "萝洛娜 & 托托莉 1"/>
< img src = "picc.jpg" alt = "萝洛娜 & 托托莉 2"/>
</body >
</html >
```

47

图 2-14　相对路径方式比较

分析实例代码,我们可以将相对路径分为三种情况。

(1) 同一个目录的文件引用方式:src="*.*"

如果源文件和引用文件在同一个目录里,直接写引用文件名即可,*.*代表文件名。

(2) 当前目录的下级目录:src="/*.*"

引用下级目录的文件,直接写下级目录文件的路径即可。

(3) 当前目录的上一级目录:src="..//*.*"

../表示源文件所在目录的上一级目录,../../表示源文件所在目录的上一级目录再上一级目录,以此类推。

【注意事项】

(1) 在做网页过程中使用到任何资源,建议都要先复制到网页专用的文件夹中,尽量使用相对路径,地址中不要出现本地驱动器的盘符,如"D:\www\img"。

(2) 网页中图片无法显示有多种原因,可能是文件路径不对,或是文件名称不正确(特别要注意扩展名),也有可能在路径中含有中文或非法字符导致服务器无法识别。

(3) 在 XHTML 中,<img>标签必须合理闭合,如<img src="picc.jpg" alt="萝洛娜 & 托托莉 2"/>。

2.3.2　图片属性

在网页中显示的图片需要经过适当的设置才能显得更美观醒目,常用于控制网页中图片显示效果的<img>标签属性包括 width、height、border、align、vspace 和 hspace 等,其功能和可用属性值可参考表 2-4。

表 2-4　<img>标签常用属性

属性	属性说明	可用值（注：px 表像素值）
width	设置图像宽度	px
height	设置图像高度	px
border	设置图像边框（逐步被 CSS 取代）	px
align	设置图像悬浮效果（逐步被 CSS 取代）	left、right、top、middle、bottom
vspace	设置图像上下空白（逐步被 CSS 取代）	px
hspace	设置图像左右空白（逐步被 CSS 取代）	px

【注意事项】

在 HTML 4.01 中，img 元素属性中 border 已不推荐使用，在 XHTML 严密性 DTD 中对于 img 的 border 属性也不再支持。

设置 width 和 height 来调整图像大小，目的是通过指定图像的宽度和高度来加快图像的下载速度，如果不设置图像的 width 和 height 属性，图像会按照原始大小下载完毕后才显示网页，会因此而延缓其他网页元素的显示。如果想要在网页中插入一幅小的图像，使文字环绕在图像的周围，可以通过 align 属性来实现悬浮效果。

实例 2_13.html 是一个修改了图像属性并实现图文混排效果的网页，其在浏览器中的显示效果如图 2-15 所示，源代码如下。

图 2-15　<img>属性控制

```
<html>
<head>
<title>img 属性示例</title>
</head>
<body>
<p><img src="img/pice.jpg" border="2" hspace="50" alt="原始图像"/> 左边是设置了左右
两侧空白并加边框后的原始图像</p>
<p><img src="img/pice.jpg" align="right" width="205" height="154" alt="修改后图像"/>
右边是设置了右对齐并修改了高度和宽度的图像</p>
</body>
</html>
```

2.4 超 链 接

超链接是网页页面中最重要的元素之一,是一个网站的灵魂,是各个网页的连接纽带,各个网页依靠超链接才能确定相互的导航关系,才能真正构成一个网站。超链接是指从一个网页指向一个目标的链接关系,这个目标可以是另一个网页,也可以是相同网页上的不同位置,还可以是一幅图片、一个文件,甚至是一个电子邮件地址,而在一个网页中可以用来创建超链接的对象,可以是一段文本或一幅图片。

创建超链接的格式如下:

```
<a href="url" target="value">网页中被链接的文本或图片</a>
```

其中,<a>标签建立一个超链接,通常<a>又称为锚,鼠标单击<a>和</a>标签之间的文本文字可以实现网页的浏览访问。href 属性用于设置链接的目标。建立链接时,属性 href 定义了这个链接所指的目标地址,也就是路径。属性值为 URL,可以是绝对路径,也可以是相对路径。理解一个网页到要链接的那个文件之间的路径关系是创建链接的根本。如果创建外部链接,则鼠标在单击该链接时就会链接到网站的外部某个指定的目标,该目标可以是一个网页,也可以是发送邮件到一个 Email 地址,或者是访问某个 FTP 资源。如果采用相对路径,则参照本章 2.3.1 节所讲述图片调用相对路径。target 指定打开链接的目标窗口,当 target="_self"时,表示在原窗口显示链接页面;当 target="_blank"时,表示在新开窗口显示链接页面;当 target="_parent"时,表示在上一级窗口中打开,使用分帧的框架会经常使用;当 target="_top"时,表示在浏览器的整个窗口中打开,忽略任何框架。默认在原窗口中打开链接,仅在 href 属性存在时使用。参考实例 2_14.html 的显示效果,如图 2-16 所示。

基本的链接方式通常可以分为两种:外部链接和内部链接。若按照链接目标的不同,超链接还可以分为页面链接、图片链接、Email 链接、下载链接和内部锚记链接。不同的链接目标其设置超链接的方式也不一样,参考实例 2_14.html,代码如下:

```
<html>
<head>
```

图 2-16　各种不同超链接的创建

```
<title>超链接实例</title>
</head>
<body>
<h1 align = "center" >各种不同超链接方式的创建</h1>
<hr/>
<p align = "center"> <a href = "http://www.baidu.com">外部链接</a>|
<a href = "new_page_1.html">本地链接</a>|
<a href = "mailto:frashman@sina.com">邮件链接</a>|
<a href = "linkimg.rar">下载链接</a>|
<a href = "#mj">锚记链接</a> </p>
<p align = "center"> <a href = "http://www.baidu.com"> <img src = "img/baidu_logo.gif" width =
"135" height = "65"/> </a> </p>
<p align = "center"> <a href = "img/picf_big.jpg"> <img src = "img/picf_small.jpg" width =
"425" height = "240"/> </a> </p>
<br/> <br/> <br/> <br/> <br/> <br/> <br/> <br/> <br/> <br/> <br/> <br/> <br/> <br/>
<br/> <br/> <br/> <br/> <br/> <br/> <br/> <br/> <br/> <br/> <br/> <br/> <br/>
<p align = "center"> <a name = "mj">这里是定义锚记点的位置,在下面加张图片内容</a> <br/>
<img src = "img/picg.jpg"/> </p>
</body>
</html>
```

　　分析实例 2_14.html 代码,<a href="http://www.baidu.com">链接的目标是一个网络 URL,这是外部链接,<a href=" new_page_1.html ">链接的是本地的一个网页,是本地链接。本例中要求 new_page_1.html 需要和本实例对应的 html 文件在同一个目录中才能保证路径正确。

邮件超链接的创建如＜a href＝"mailto:frashman@sina.com"＞所示,鼠标单击后直接调用用户计算机上的默认邮件收发工具如 Outlook、Foxmail 等。

图片超链接即在＜a＞和＜/a＞之间包含＜img src＝" *** "＞,鼠标单击即可以链接到 href 所对应的文件。图片既可以链接到一个网页,也可以链接到其他对象。

在一些内容很多的网页中,设计者常常在该网页的开始部分以网页内容的小标题作为超链接。当浏览者单击网页开始部分的小标题时,网页将跳转到对应小标题的内容中,免去浏览者翻阅网页寻找信息的麻烦。其实,这就是在网页中的小标题添加了锚点链接的效果。锚点链接可以在同一个页面内链接,也可以在不同页面间链接。建立锚点链接需要两个步骤:建立锚点和为锚点建立链接。其基本语法是:

(1) 同一个页面内使用锚点链接的格式:＜a href＝"♯锚点名称"＞链接标题＜/a＞

(2) 不同页面之间使用锚点链接的格式:＜a href＝"URL 地址♯锚点名称"＞链接标题＜/a＞

可以看出,不管链接是否发生在同一页面,锚点链接的 href 属性值中锚点名称前都加上了"♯"字符。

链接的目标设置方法为:＜a name＝"锚点名称"＞链接内容＜/a＞,如实例＜a name＝"mj"＞。锚点名称不支持中文,最好是不以数字作为锚点名称的开头,建议采用小写英文字母,且不能含有特殊符号。

如果链接的目标是一个压缩文件如＜a href＝"linkimg.rar"＞,则浏览器则默认为下载,这就是下载链接。

【注意事项】

(1) 外部链接的 URL 应该写完整,如 http://www.baidu.com,不能忽略前面的 http:// 部分,否则容易出现链接错误。

(2) 超链接若不能正确显示,注意检查链接路径是否正确,是否出现链接后文件或文件名更名的情况,以及 HTML 文件的扩展名是否正确等。

(3) 上述超链接若想实现在新窗口中打开链接,直接在＜a＞标签中添加属性 target＝"_blank"即可。

2.5 表　　格

2.5.1　表格基本标签

网页中表格的用途很广泛,表格不仅能够清晰地显示数据,后来又逐渐成为一种备受欢迎的网页设计布局定位技术,在网页布局中发挥着重要作用。掌握与表格相关的 HTML 标签和属性,将有助于在网页设计和制作中充分利用表格的定位功能,实现网页的合理布局。

由于现在网页布局方式向着 W3C 标准发展,CSS 在网页布局方面可以做得比 HTML 更出色,所以本节主要介绍表格显示数据的用途,对利用表格布局只做简单实例说明。创建表格使用的基本标签,如表 2-5 所示。

表 2-5 创建表格使用的基本标签

标　　签	说　　明
table	定义一个表格
tr	定义表格中的行，成对出现
td	定义普通单元格，成对出现
th	定义表头单元格，成对出现，文本黑体居中
caption	定义表格的标题

图 2-17 是通过 HTML 代码实现的一个简单表格实例。实例 2_15.html 源代码如下：

```
< html >
< head >
<title>表格的基本标记</title>
</head>
< body >
< table border = "1">
< caption >表格的标题</caption>
< tr >
    < th >第一行表头名</th>
    < th >第一行表头名</th>
    < th >第一行表头名</th>
</tr>
< tr >
    < td >第二行第一列</td>
    < td >第二行第二列</td>
    < td >第二行第三列</td>
</tr>
< tr >
    < td >第三行第一列</td>
    < td >第三行第二列</td>
    < td >第三行第三列</td>
</tr>
</table>
</body>
</html>
```

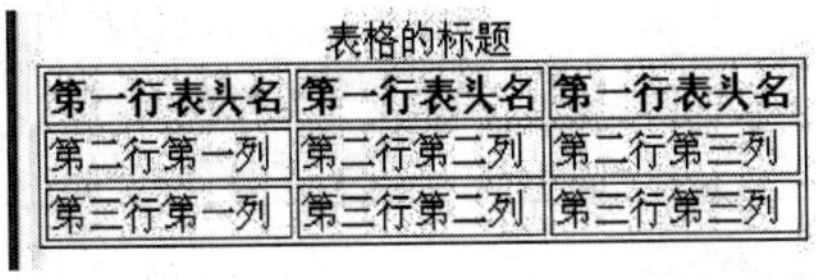

图 2-17　简单表格实例

实例中通过 border＝"1"设置了表格边框粗细为 1 像素大小。从页面效果来看，表格被分成了三行三列共 9 个格子，表格中的这些格子类似于 Excel 中的叫法，称之为单元格。可以将任意网页元素放进表格的单元格中，包括文字、图像、表单、分隔线甚至是另一个表格。浏览器将每个单元格视为一个窗口，让单元格的内容填满空间。这里要注意的是，表格和单元格都有很多属性,且大部分是相同的,只是应用在不同的对象,故页面效果不一样,同时,表格的基本标签都是成对出现的,并且要求严格嵌套,不能交叉,初学者在学习时务必注意。

2.5.2 表格及单元格属性

本节主要介绍表格及单元格标记中常用属性的设置,以控制表格的显示效果。为了能够看到表格的边框,需要使用<table>标签的 border 属性为表格添加边框并设置表格边框宽度。除了 border 属性外,表格还有很多属性,包括宽、高、对齐、背景色和背景图像等。此外,表格中的行和单元格也有宽、高、对齐、间距、背景色和背景图像等属性,如表 2-6~表 2-8 所示。

表 2-6 <table>标记常用属性

属性名	说　明
align	设置表格相对周围元素的水平对齐方式
bgcolor	设置表格的背景颜色
background	设置表格的背景图片
border	设置表格边框的宽度
width	设置表格宽度属性
cellspacing	设置单元格之间的空白间距
cellpadding	设置单元格边缘与其内容之间的空白间距

表 2-7 <tr>标记常用属性

属性名	说　明
align	设置表格行的内容对齐方式
valign	设置表格行中内容的垂直对齐方式
bgcolor	设置表格行的背景颜色

表 2-8 <td>标记常用属性

属性名	说　明
align	设置单元格内容的水平对齐方式
bgcolor	设置单元格的背景颜色
valign	设置单元格内容的垂直对齐方式
colspan	设置单元格可横跨的列数
rowspan	设置单元格可横跨的行数
width	设置单元格的宽度
height	设置单元格的高度

通过实例 2_16.html 来学习表格及单元格标记中常用属性的设置,如图 2-18 所示。

如图 2-18 所示的网页中为黑色边框的一个 3 行 5 列的表格,其中第一行的单元格跨越了 5 列,实现了单元格横向的合并,文本在水平和垂直方向上均居中对齐。第二行 5 个单元格均采用♯fcd880 作为统一的背景色,文本水平居中。第三行同第一行一样跨越了 5 列,水平居中插入两幅图像,并在最底部位置放置了一个命名锚记,其源代码如下:

图 2-18　表格及单元格标记中常用属性

```
< head >
<title>表格及单元格属性设置</title>
</head>
< body >
< table align = "center" border = "1" width = "960" cellspacing = "0" bordercolor = "♯000000" >
< tr >
    < th height = "100" colspan = "5" align = "center" >表格及单元格属性设置</th>
</tr>
< tr bgcolor = "♯fcd880">
    < td align = "center"> < a href = "http://www.baidu.com">外部链接</a></td>
    < td align = "center"> < a href = "new_page_1.html">本地链接</a></td>
    < td align = "center"> < a href = "mailto:frashman@sina.com">邮件链接</a></td>
    < td align = "center"> < a href = "linkimg.rar">下载链接</a></td>
    < td align = "center"> < a href = "♯mj">锚记链接</a></td>
</tr>
< tr >
    < td align = "center" colspan = "5">
    < p align = "center"> < a href = "http://www.baidu.com"> < img src = "img/baidu_logo.gif"
width = "135" height = "65"/> </a></p>
    < p align = "center"> < a href = "img/picf_big.jpg"> < img src = "img/picf_small.jpg" width =
"425" height = "240"/> </a></p>
    < br/> < br/> < br/> < br/> < br/> < br/> < br/> < br/> < br/>
    < p align = "center"> < a name = "mj">这里是定义锚记点的位置</a> < br/> </p>
```

```
</td>
</table>
</body>
</html>
```

分析上述实例可见，表格的边框通过 border 属性来设置，单位为 px。bgcolor 和 background 属性分别用于指定表格或单元格的背景色和背景图像，不同点就在于 bgcolor 设定的值是十六进制颜色值或颜色的英文单词，而 background 后面输入的值是 URL，即背景图像的地址。

表格以及单元格的对齐方式均是通过 align 和 valign 属性来实现的，其中，align 属性指定表格在窗口中的对齐方式，也可以为某一行或某一个单元格内容的水平对齐方式，其值可以是 left、center 或 right，分别代表左对齐、居中对齐和右对齐。valign 属性指定某一行或某一个单元格内容的垂直对齐方式，有 top、middle、bottom 和 baseline 四个值，分别代表顶端对齐、居中对齐、底部对齐和基线对齐。

实例中还有两个属性读者可能疑惑，那就是 cellspacing＝"0" 和 colspan＝"4"。前者 cellspacing 用来设置单元格的间距，即指定表格中单元格之间的距离，与之类似的还有一个 cellpadding 属性，用来设置单元格的边距，即指定单元格里的内容（文本、图像等）距离单元格边框的距离。后者 colspan 属性值表示当前单元格跨越的列数，同样还有一个 rowspan 属性值可用来表示当前单元格跨越的行数。可以通过实例 2_17.html 来体会，如图 2-19 所示为实例在浏览器中的显示效果。

图 2-19　设置了边框、边距和间距的表格效果

其核心代码如下：

```
< table align = "center" bgcolor = " ♯fce880" border = "10" cellspacing = "5" cellpadding = "2">
```

```
< tr > < td > < img src = "img/shoe/shoe1.jpg"/> </td>
< td > < img src = "img/shoe/shoe2.jpg"/> </td>
< td > < img src = "img/shoe/shoe3.jpg"/> </td>
< td > < img src = "img/shoe/shoe4.jpg"/> </td>
< td > < img src = "img/shoe/shoe5.jpg"/> </td> </tr>
< tr >
< td > < img src = "img/shoe/shoe6.jpg"/> </td>
< td > < img src = "img/shoe/shoe7.jpg"/> </td>
< td > < img src = "img/shoe/shoe8.jpg"/> </td>
< td > < img src = "img/shoe/shoe9.jpg"/> </td>
< td > < img src = "img/shoe/shoe10.jpg"/> </td> </tr>
< tr >
< td > < img src = "img/shoe/shoe11.jpg"/> </td>
< td > < img src = "img/shoe/shoe12.jpg"/> </td>
< td > < img src = "img/shoe/shoe13.jpg"/> </td>
< td > < img src = "img/shoe/shoe14.jpg"/> </td>
< td > < img src = "img/shoe/shoe15.jpg"/> </td> </tr>
</table >
```

该实例为一个 3 行 5 列的表格,设置表格的边框为 10px,默认黑色,表格背景色为
#fce880,单元格间距为 5px,图片距离单元格边框的边距为 2px。

2.5.3 表格的嵌套

所谓表格嵌套,就是在一个大的表格的单元格中,再嵌入一个或几个小的表格。通常在
用表格进行网页的布局的时候,要使用表格的嵌套。现在都使用<div>标签和 CSS 来实现
网页的布局,表格嵌套的使用范围就不是那么大了,本节只用一个简单的实例供读者来参考
学习表格嵌套的方法。

表格嵌套时,为了防止表格因为内容尺寸过大而变形(如因宽度变化而导致网页出现水
平滚动条),有一个普遍通用的原则,就是最外围的表格宽度一般要固定,采用像素值的方法
设置属性值,如用 width="960"限定最外围表格宽度像素。内部嵌套表格的宽度一般要用
百分比,如 width="100%"的形式,这样就可以把单元格的内部充满,不会留下空隙。如实
例 2_18.html 的导航区域部分,查看其核心源代码如下:

```
< table width = "960" border = "1" align = "center" cellpadding = "0" cellspacing = "0">
  < tr >
    < td height = "80" colspan = "2" align = "center"> < h1 >灰姑娘与水晶鞋</h1 ></td>
  </tr>
  < tr >
    < td colspan = "2" bgcolor = "#E2ECF8">
    < table width = "100%" border = "1" align = "center" cellpadding = "0" cellspacing = "0">
      < tr >
        < td align = "center"> < a href = "http://www.baidu.com">外部链接</a ></td>
        < td align = "center"> < a href = "new_page_1.html">本地链接</a ></td>
        < td align = "center"> < a href = "mailto:frashman@sina.com">邮件链接</a ></td>
        < td align = "center"> < a href = "linkimg.rar">下载链接</a ></td>
        < td align = "center"> < a href = "#mj">锚记链接</a ></td>
```

```
          </tr>
        </table>
      </td>
   </tr>
   < tr >
      < td width = "206" align = "center" valign = "middle">《水晶鞋》故事< br/>《水晶鞋》歌曲< br/>
《水晶鞋》图片< br/>《水晶鞋》小说</td>
      < td width = "748" align = "left"> < p > < img src = "img/crystalshoes.jpg" width = "424"
height = "326" align = "left">水晶鞋是(因篇幅所限省略部分文本)……</p></td>
   </tr>
</table>
```

通常为了页面效果不会让嵌套表格的边框线显示出来,即将内部嵌套表格的边框线设置为 border="0",本例为了能让读者识别出嵌套表格的位置,故还是设置其显示。网页代码运行效果如图 2-20 所示。

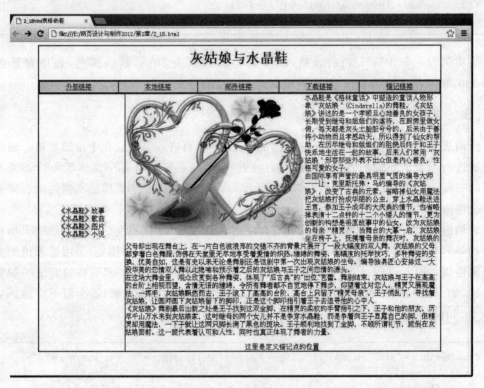

图 2-20 表格嵌套

2.6 框 架

2.6.1 框架集

框架(Frame)能够将浏览器窗口划分为多个独立的部分或窗格,每个窗格包含一个独立的页面,浏览器窗口中的框架集合称为框架集(Frameset)。框架的主要优点是,浏览者利用它可以加载或者重新加载单个窗格,而不需要重新加载浏览器窗口的全部内容。例如,对于一个摄像网站,可以在一个框架页面中包含很多缩略图,而在另一个框架中包含主图片,如果浏览者希望查看新的主图片,则浏览器可以仅加载该主图片,而不需要每次都重新加载缩略图。如图 2-21 所示的天涯论坛就是框架布局结构。

图 2-21　天涯论坛框架

框架主要包括两个部分,一个是框架集<frameset>,另一个就是框架<frame>。在<frameset>标签中并不包含文本、图形等内容,<frameset>标签用来定义一个框架集,框架集的作用是将多个窗口(框架)集成在一起,但每个框架都是一个相对独立的页面,这个页面文件称为框架页面。<frame>标签包含在<frameset>标签内,<frame>标签对应框架设置的每一个独立的部分。为了帮助理解框架,首先看一个简单实例 2_19. html,代码如下:

```
<html>
<head><title>框架结构实例</title></head>
  <frameset rows = "150, * ,100">
      <frame src = "top_frame.html" name = "t">
      <frame src = "main_frame.html" name = "m">
      <frame src = "bottom_frame.html" name = "b">
  </frameset>
  <noframes><body>您的浏览器不支持框架.</body></noframe>
</html>
```

这里使用<frameset>标签替代了<body>标签,该标签通过设置特性 rows 和 cols 的像素值将网页分为几行几列,然后通过使用<frame>标签代表每个框架。这里共有 3 行,第一行有 150px 高,第三行有 100px 高,而第二行占用了窗口的剩余部分。

　　<frame>标签用于设定单个框架页面,也可以通过属性设置控制页面的外观。其中,src 属性用于设定载入框架的页面的路径和文件名。name 设定这个框架的名称,设置了 name 属性后才能指定这个框架作为链接目标。frameborder 用于设定框架边框,其值只有 0 和 1 两种,0 就是不要边框,1 就是要显示边框,边框的粗细是无法调整的。scrolling 用于设定是否要显示滚动条效果,值为 yes 表示显示卷轴,no 表示不显示,auto 表示视情况而定。noresize="noresize"用于设定禁止用户调整框架尺寸,如果没有设定这个参数,用户可以很容易地拖曳框架窗口改变各框架的显示比例。

　　同时,页面中还添加了<noframes>标签,当浏览者的浏览器不支持框架时,该标签向用户提供提示消息。图 2-22 显示了在浏览器中该框架集的显示效果。

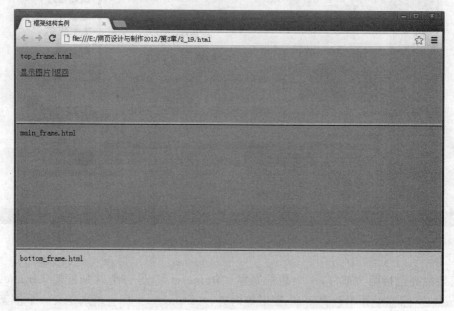

图 2-22　框架结构实例

【注意事项】

　　由于框架具有搜索引擎检索困难、导航容易混乱等缺点,实际上目前大部分网页开发人员很少考虑使用框架,在最新的 HTML 5 标准中已经将<frameset>和<frame>标签推荐删除。

　　在超链接<a>标签的设置中,通过为超链接的 target 属性赋值不同框架窗口的名称,可以让超链接页面随心所欲地在不同的浏览器窗口中打开。如在前面框架集中通过<frame src="main_frame.html" name="m"/>定义了框架名称,在 top_frame.html 中设置"显示图片"超链接的 target="m",则链接将在 m 窗口中打开。如果不设置,链接目标默认为当前窗口。

2.6.2　浮动框架

　　还有一种框架,即所谓的浮动框架 ifame(有时称为嵌入式框架或内联框架),该框架可以在网页中的任何一个区域内插入一个 HTML 文档,就像在 HTML 文档的一部分区域中显示图像一样。浮动框架不需要在单独的网页中创建框架集,也不需要出现在＜frameset＞标签内,而是通过＜iframe＞标签建立。最初的＜iframe＞标签是微软公司提出的,通过＜iframe/＞标记将 frame 窗口置入一个 HTML 文件的任何位置,内容完全由设计者控制宽度和高度,这极大地拓展了浮动框架的应用范围。浮动框架仅在 IE 3.0 以上版本中支持,可以指定出现在窗口中的网页的 URL、窗口的宽度和高度,以及是否具有边框,其周围的任何文本环绕框架的方式与文字环绕图片的方式一样。浮动框架＜iframe＞常用属性如表 2-9 所示。

表 2-9　＜iframe＞标签常用属性

属　　性	说　　明
src	嵌入框架内容的源
name	标记框架名
frameborder	设置和隐藏框架的边界
scrolling	设置框架滚动条,取值 yes、no 或 auto
width	设置浮动框架宽度,单位为像素
height	设置浮动框架高度,单位为像素
marginwidth	设置浮动框架左、右边框和内容之间的距离
marginheight	设置浮动框架顶部、底部边框和内容之间的距离

图 2-23 为一个简单的嵌入式框架实例,当鼠标单击"精品展示"时,在浮动框架中就会出现一只鞋的图片。

图 2-23　简单浮动框架

该实例 2_20.html 的核心代码如下：

```
< body >
< p >< a href = "img/shoe.jpg" target = "a">精品展示</a ></ p >
< iframe height = "500" width = "400" name = "a"/>
</body >
```

利用浮动框架也可以完成嵌入一个页面或者互联网某个功能应用等一些复杂的网页效果，下面就以在某个联系地址网页嵌入一个指向 Google Maps 网站的地图链接为例，具体步骤如下。

（1）创建联系地址网页结构页面，地图将放在"在谷歌地图中查找："后面，参考实例 2_21.html 源代码。

（2）在浏览器中打开 maps.google.com，导航到自己要查找的具体位置，这时将加载一幅地图，单击地图左上角"分享链接"按钮，将会看到包含浮动框架的文本框，如图 2-24 所示。

图 2-24　谷歌地图

（3）复制 Google Maps 网站提供的地址代码，将代码粘贴到本地网页源代码中。这些代码相对前面所使用的代码要长得多，但要注意这些代码使用的浮动框架的特性。参考实例 2_21.html 源代码，代码如下：

```
< html >
< head >
```

```
<title>2_21html 浮动框架</title>
</head>
<body>
<h1 align = "center">联系地址</h1>
<hr>
<p align = "center"> <address>湖北省武汉市武昌区东湖南路</address> </p>
<p align = "center">在谷歌地图中查找: </p>
<iframe width = "640" height = "480" frameborder = "0" scrolling = "no" marginheight = "0"
marginwidth = "0" src = "http://maps.google.com/maps?f = q&amp; source = s_q&amp;h1 = zh-
CN&amp;geocode = &amp;q = China&amp;aq = 0&amp;oq = china&amp;sll = 37.0625, -
95.677068&amp;sspn = 52.815565,79.013672&amp;ie = UTF8&amp;hq = &amp;hnear = % E4 % B8 % AD %
E5 % 9B %
BD&amp;t = m&amp;ll = 30.559157,114.361496&amp;spn = 0.070953,0.109863&amp;z = 13&amp;iwloc
 = lyrftr:m,17491577202424165
376,30.543339,114.370594&amp;output = embed">
</iframe> <br/>
<small>
<a href = "http://maps.google.com/maps?f = q&amp;source = embed&amp;hl = zh-
CN&amp;geocode = &amp;q = China&amp;aq = 0&amp;oq = china&amp;sll = 37.0625, -
95.677068&amp;sspn = 52.815565,79.01367&amp;ie = UTF8&amp;hq - &amp;lnear = % E4 % D0 % AD %
E5 % 9B %
BD&amp;t = m&amp;ll = 30.559157,114.361496&amp;spn = 0.070953,0.109863&amp;z = 13&amp;iwloc
 = lyrftr:m,17491577202424165
376,30.543339,114.370594"style = "color:#0000FF;text - align:left">查看大图</a>
</small>
</body>
</html>
```

联系地址网页最终效果图如图 2-25 所示。

图 2-25 嵌入谷歌地图浮动框架

2.7 表　　单

　　表单(Form)是 HTML 的一个重要组成部分，可以用来收集浏览者的信息，并将信息提交给服务器进行处理。＜form＞是表单的标记，可以看作是一个包含很多表单控件的容器，通过表单的各种控件，浏览者可以输入信息或在选项中进行选择、提交操作，从而与服务器进行交互，但这需要服务器端程序的支持。常用的表单控件包括：单行文本输入框、多行文本输入框、下拉框、单选框、复选框、提交和重置按钮等，所有的控件在使用时必须放在＜form 和＜/form＞之间，不能单独存在。

　　本节通过下面实例 2_22.html 来学习各种表单控件的应用技巧，参考图 2-26 所示网页效果。

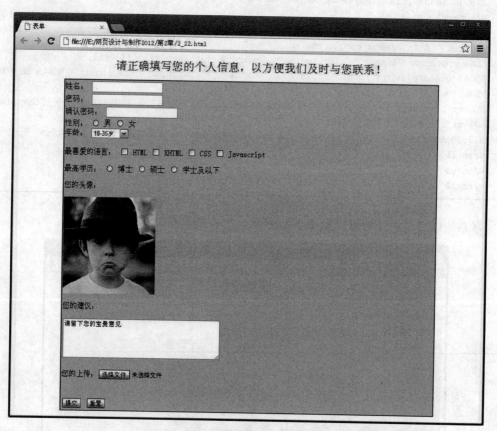

图 2-26　表单控件实例

　　表单的布局设计中，除表单的各个控件外，还经常需要使用表格帮助排版。表单和表格的正确嵌套顺序是：＜form＞＜table＞…＜/table＞＜/form＞。上述实例的参考代码如下：

```
＜html＞
＜head＞
```

```
< meta http - equiv = "Content - Type" content = "text/html; charset = utf - 8"/>
< title >表单</title >
</head >
< body >
< p align = "center" > < font size = "5">请正确填写您的个人信息,以方便我们及时与您联系!</font >
</p >
< form id = "form1" name = "form1" method = "post" >
  < table width = "800" height = "336" border = "1" align = "center" cellspacing = "0" bgcolor =
" #FFCC99">
    < tr >
      < td width = "800" height = "334" colspan = "2" align = "left">
    姓名:< label > < input type = "text" name = "username" id = "username"/> < br/> </label >
    密码:< label > < input type = "password" name = "pass" id = "pass"/> < br/> </label >
    确认密码:< label > < input type = "password" name = "pass2" id = "pass2"/> < br/> </label >
    性别:< label > < input type = "radio" name = "sex" id = "radio" value = "radio"/>男
        < input type = "radio" name = "sex" id = "radio2" value = "radio2"/> 女< br/> </label >
    年龄:< label >
      < select name = "select" id = "select">
        < option > 0 - 17 岁</option >
        < option selected = "selected">18 - 35 岁</option >
        < option > 36 - 50 岁</option >
        < option > 50 岁以上</option >
        </select > </label >
      < p >最喜爱的语言:
      < label > < input type = "checkbox" name = "checkbox" id = "checkbox"/> </label > HTML
      < label > < input type = "checkbox" name = "checkbox3" id = "checkbox3"/> </label > CSS
       < label > < input type = "checkbox" name = "checkbox4" id = "checkbox4"/> </label >
Javascript </p >
      < p >最高学历:
        < label > < input type = "radio" name = "radio3" id = "radio3" value = "radio3"/> </label >博士
        < label > < input type = "radio" name = "radio3" id = "radio4" value = "radio4"/> </label >硕士
        < label > < input type = "radio" name = "radio3" id = "radio5" value = "radio5"/> </label >
学士及以下 </p >
        < p >您的头像:</p >
    < input type = "image" src = "img/pich1.jpg" name = "imgae1" alt = "您的头像"/>
        < p >您的建议:</p >
        < label >
        < textarea name = "textarea" id = "textarea" cols = "45" rows = "5">请留下您的宝贵意
见</textarea >
        </label >        < label >
        < br/>
        < p >您的上传:< input type = "file" name = "fileup" size = "20" maxlength = "500"/>
</p >
    < br/>
        < input type = "submit" name = "button" id = "button" value = "提交"/>
        < input type = "reset" name = "button2" id = "button2" value = "重置"/>
        </label > </td >
    </tr >
  </table >
</form > </body > </html >
```

分析实例 2_22. html 可知,<input>标签用来提示浏览器等待用户输入文本,利用 type="text"指定了该文本框的输入类型为文本型;type="password"设定密码框控件,当用户输入时会用 * 替代文字显示,提高安全性;type="radio"会产生单选按钮控件,通常是罗列好几个选项供用户选择,每次只能从中选一个;type="checkbox"会产生复选按钮控件,通常也是罗列好几个选项供用户选择,每次可以同时选多个;type="image"插入一个图像域,其属性和<img>标签一样;type="file"可以通过输入上传的文件路径或者单击"浏览"按钮选择需要上传的文件,将客户端的文件上传;type="submit"和 type="reset"分别设定确认和清除按钮,用于提交表单信息或清除用户信息,回到初始状态。

所有控件的 name 属性没有视觉显示,只在服务器端调用表单信息的时候应用。这里要注意的是,上例中两个密码框的 name 不同,一个是 pass,另一个是 pass2,这是为了后面表单校验的方便,可以通过对比这两个值是否一致来判断用户两次输入的密码值是否相同。另外,同一组的单选按钮控件,要保持 name 属性值一致,否则就不能保证是"单选"项了。同样,同一组的多选按钮控件,要保持 name 属性值一致。

对于诸如留言等需要输入大量文字的相关功能,可以利用文本域控件<textarea></textarea>来产生一个多行文本控件,两个标记之间的文字可作为预设文字出现在文本框中。

应用<select>标签可以产生一个下拉菜单,但还需要<option>标签来产生选项,selected="selected"表示默认选择的选项。

表单的应用往往和后台数据库联系紧密,本书主要以讲网站前台制作为主,设计的后台的数据连接、管理和存储的相关知识读者可在后续课程中参考其他相关书籍。

2.8 多 媒 体

在网页中应用的多媒体主要包括特效文字、音频、视频和 Flash 等。对于多媒体元素的应用,除需要考虑文件大小是否影响网络传输速度外,还要考虑在多种浏览器中的显示效果,因为不同浏览器对多媒体元素标签的支持和处理过程有所不同,从而导致显示效果也有所不同。目前市面上主要使用的浏览器包括 Google Chrome、Mozilla FireFox 和 IE 三种,虽然各自的市场份额此消彼长,但三者市场份额之和一直维持在较高水平,所以本节主要考虑这三种浏览器中的显示效果。

2.8.1 滚动字幕

通过 HTML 的<marquee>可以使文字在网页中移动,<marquee>并不是标准标签,但目前几乎所有浏览器都开始支持<marquee>标签及其属性。

滚动字幕<marquee>标记的语法结构为<marquee>…</marquee>,其基本属性设置如表 2-10 所示。

表 2-10　＜marquee＞的基本属性

属　　性	描　　述	可　取　值
direction	移动方向	left,right,up,down
behavior	移动方式	scroll,slide,alternate
loop	循环次数	−1,2,…
scrollamount	移动速度	px
align	对齐方式	top,middle,bottom
bgcolor	背景颜色	♯RGB
width	字幕区域宽度	px
height	字幕区域高度	px

具体的应用可以通过实例 2_23.html 分析,该实例的代码如下:

```
< html >
< head > < title >滚动字幕实例</title > </head >
< body >
< p align = "center"> < marquee bgcolor = " ♯ cc9933" width = "600">哈哈哈,看我在移动哦</marquee >
</p> < br/>
< marquee behavior = "alternate" > < img src = " img/dog.jpg" align = "middle"/>图像也可以移动
</marquee >
< p > < marquee behavior = "alternate" direction = "right" scrollamount = "15">看我看我,我移动
很快哦</marquee > </p >
</body >
</html >
```

该实例代码在 Chrome 浏览器中的显示效果如图 2-27 所示。首行滚动字幕添加了背景底色,默认滚动方向为从右向左,且限定了滚动字幕区域宽度为 600px。如果在＜marquee＞</marquee＞之间嵌入了＜img＞图像标签,图像也可以设置滚动效果。第三行字幕设置了快速向右滚动,到达另一边后文字反向回滚。所有滚动效果均没有限制滚动次数,即滚动次数为无限次。

2.8.2　背景音乐

Web 中嵌入背景音乐,是目前常用的网页效果,音乐会在浏览网页的过程中同时存在,使浏览者可以轻松、愉快地浏览网页而又给网页增色不少。IE 浏览器自带有一个内置音频解码器,支持特殊的标签＜bgsound＞,该标签可以将声音在后台作为背景音乐播放。参考实例 2_24.html 代码如下:

```
< html >
< head >
< title > IE 背景音乐</title >
</head >
< body >
< bgsound src = "bgsong.mp3" loop = " − 1"/>
</body >
</html >
```

图 2-27　滚动字幕效果

loop="−1"表示无限循环播放,也可以设定一个具体值,则声音在循环播放几次后停止。

<bgsound>标签有一个缺点,它只能用在 IE 浏览器中,在 Chrome 和 FireFox 浏览器中则不能起作用。可以采用<embed>标签代替 bgsound 播放背景声音,如实例 2_25. html,其核心代码如下:

```
< embed src = "bgsong.mp3" width = "0" height = "0" autostart = "true" loop = "true"/>
```

通过<embed>标签嵌入声音后,网页中会出现播放音频控制的声音控制器。浏览者可以通过在网页中控制声音的播放和停止。有时浏览者不希望看到音频控制器,那么可以通过<embed>标签的 hidden 属性将其隐藏,但在隐藏了音频播放控制器后,应该将 autostart 属性值设置为 true,以便浏览器自动播放所设置的背景音乐。上例中通过将控件的宽和高设置为 0,从而在浏览器中屏蔽了控件,也是通过对<embed>标签的技巧性应用,实现在 IE、FireFox、Chrome 浏览器中都能正常播放背景声音。

<embed>标签在三种主要浏览器中都可以正常应用,其常用属性说明如表 2-11 所示。

表 2-11　<embed>常用属性及其含义

属　性	含　义	属　性	含　义
quality	质量	mode(wmode)	取值 transparent 背景透明
width	宽	autostart	自动播放控制
height	高	loop	循环播放控制
allowScriptAccess	允许脚本	src	多媒体资源

在网页中应用背景音乐虽然能为网页增色不少,但如果处理不当,对于那些开着音响浏览网页的用户来说,很快就会因厌烦那周而复始的背景音乐而对浏览的网页失去兴趣,因此,为网页添加背景音乐要注意以下事项。

(1) 尽量使用网上常用的音频格式,其中最常用的格式有 OGG、MP3、WAV 等,千万不要为了浏览你的网页而要求浏览者安装或升级一个播放器来播放背景音乐。

(2) 一个网站最多只有一个网页使用背景音乐,不同的页面都加背景音乐会让浏览者在单击链接到新的页面时,有一种声音中断重新开始的"异样"感觉。如果一定要整个网站使用一个背景音乐,可以采用上下结构框架完成,要求背景音乐在下框架且下框架高度为1px,同时还要注意上框架超链接的打开目标设置,但这并不是一种推荐做法。

(3) 背景音乐不能影响到网页的下载和浏览,且一定要和网站的内容相呼应。

2.8.3 视频和动画

在网页中创建视频与创建音频的方法基本相同,通过<embed>标签可以直接在网页中播放视频。常用的视频格式有 OGG、MP4、WebM 和 FLV 等,网络中播放的视频多为流媒体视频,即边下载边播放,不需要在整个文件下载完成后再播放。实例 2_26.html 通过<embed>标签在网页中插入视频,其代码如下:

```
< html >
< head >
< title >网页视频实例</ title >
</ head >
< body >
< div align = "center">
< embed src = "Draw_With_Me.wmv" width = "600" height = "450" autostart = "true" loop = "true"/>
</ div >
</ body >
</ html >
```

网页中的播放器还可以通过<object>标签添加。<object>标签以 ActiveX 的方式在浏览器中嵌入播放器,实现对媒体更高品质的播放和控制。这种方式也有不足之处,它要求浏览器安装相应的 ActiveX 控件,但 FireFox 和 Chrome 这两款浏览器对<object>标签支持不完全。

实例 2_27.html 给出了网页中播放 Flash 的典型代码。Flash 是流行的网络动画,在网页设计过程中有着广泛的应用,它体积较小,可边下载边播放。现在很多网站甚至将视频转化成体积较小的 Flash 动画在线播放。在网页中应用的 Flash 动画文件的格式要求为SWF。在本实例中,Flash 动画的背景被设置成透明的,但 Flash 动画本身是黑色背景,设置后动画显示效果如图 2-28 所示。

实例 2_27.html 源代码如下:

```
< html >
< head >
```

图 2-28　网页动画

```
<title>flash</title>
</head>
<body>
<object classid="clsid:D27CDB6E-AE6D-11cf-96B8-444553540000" codebase="http://
download.macromedia.com/pub/shockwave/cabs/flash/swflash.cab#version=9,0,28,0" width=
"736" height="451">
    <param name="movie" value="obj.swf"/>
    <param name="quality" value="high"/>
    <param name="wmode" value="transparent"/>
    <embed src="obj.swf" quality="high" pluginspage="http://www.adobe.com/shockwave/
download/download.cgi?P1_Prod_Version=ShockwaveFlash" type="application/x-shockwave-
flash" width="736" height="451" wmode="transparent"></embed>
</object>
</body>
</html>
```

　　<object>标签中 param 给出了参数名称,value 给出了参数的值,从而实现了对多媒体的播放进行复杂的控制。本例中透明背景增加了额外的属性,即在<object>中增加了参数<param name="wmode" value="transparent"/>,在<embed>中也添加了设置代码 wmode="transparent"。

2.9 上机实践

2.9.1 制作文字网页

利用记事本程序创建如图 2-29 所示的网页效果,网页内容包括标题、水平线及列表等。

图 2-29 利用记事本程序创建的网页效果

2.9.2 制作图文混排网页

利用给定的水晶图片,制作一个图文混排的网页效果,并调整图片的位置变化,如图 2-30 所示。

图 2-30 图文混排的网页效果

2.9.3 制作超链接网页

为 2.9.2 节中创建的网页添加超链接，包括外部链接、本地链接、图片链接、下载链接、邮件链接及锚记链接等各类链接，如图 2-31 所示。

图 2-31　超链接网页效果

2.9.4 制作多媒体网页

练习制作一个多媒体网页，练习滚动文字、音视频和 Flash 动画（SWF 格式）在网页中的应用，并合理布局。

2.9.5 网页表格应用

练习制作如图 2-19 所示的页面表格效果，注意设置表格的边框、边距和间距属性。

网页制作需要多种素材,同时也需要用到很多技术,包括图像设计和处理、网页动画的制作和网页版面布局等。熟练掌握网页制作工具,可以大大提升网页制作的效率,美化网页素材,丰富网页制作的方法和手段,灵活快捷地创建丰富多彩的网页效果,因此,一个出色的网页设计与网站建设人员,了解和掌握多种网页制作工具是必不可少的技能。Adobe 旗下的 Dreamweaver、Photoshop 和 Flash 等相关设计软件,无论从外观、功能和易用性上都很出色,相互配合得也是非常融洽和高效,无论是对设计师还是初学者,都备受青睐。

本章学习要点:
* Dreamweaver 本地站点
* Dreamweaver 网页布局
* Dreamweaver 高级应用
* Photoshop 网页切片

3.1 Dreamweaver

Dreamweaver 是 Adobe 推出的一款非常优秀的网页设计的专业软件,是集网站管理和网页创建于一体的可视化网页编辑工具,其界面友好、人性化且易于操作,可视化的功能能帮助一些对 HTML 不熟、畏惧程序代码的人员实现网页设计的梦想。它既可以在可视化编辑环境下制作网页,又可以通过它提供的 HTML 代码编辑器手工编写代码。Dreamweaver 支持开发 HTML、XHTML、CSS、JavaScript、XML 以及 Flash 的动作脚本等类型文档,还可以开发如 ASP、ASP. NET、JSP 和 PHP 等动态网页程序,同时能够实现与其他 Adobe 工具智能集成,增加了适合于 Ajax 的 Spry 框架及其窗口组件,集成了 CMS 的支持,加快了网站开发的速度和减少开发成本,提供了 CSS 代码检查及站点特定的代码提示,更有利于设计、开发和维护网站。

3.1.1 Dreamweaver 基础

在使用 Dreamweaver 制作网页前,最好先定义一个站点,这样可以使网站内的一系列文档通过各种链接以目录树的形式将网站结构清晰地显示出来,使网站管理和网页设计人员能更好地利用站点对文档进行管理,便于以后的结构调整和更新,并尽可能地减少链接和路径错误。

Dreamweaver 中创建本地站点的具体操作步骤如下:选择"站点"→"管理站点"选项,在弹出的"管理站点"对话框中,单击"新建"按钮,如图 3-1 所示。

图 3-1 "管理站点"对话框

在弹出的"站点设置对象"对话框中的"站点"选项卡中输入"站点名称"和"本地站点文件夹",也可以单击"本地站点文件夹"文本框右边的浏览文件夹按钮选择设置站点文件夹,如图 3-2 所示。

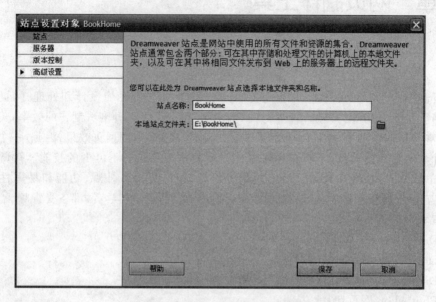

图 3-2 "站点设置对象"对话框

选择后单击"保存"按钮,更新站点缓存,在出现的"管理站点"对话框中单击"完成"按钮,此时在 Dreamweaver"文件"面板中可以看到创建的站点文件,如图 3-3 所示。

图 3-3 "文件"面板

还可以在"站点设置对象"对话框中选择"高级设置"选项卡,快速设置"本地信息"、"遮盖"、"设计备注"、"文件试图列"、Contribute、"模板"和 Spry 选项中的参数来创建本地站点。创建站点之后,建议将所需要的文件和素材文件复制到站点相应的文件夹中,以方便网页设计使用并能防止链接错误。

站点创建完成后，就可以利用文字、图片及超链接来创建简单的静态网页了。选择"新建"命令，页面类型选择 HTML 选项，单击"创建"按钮新建一个网页文档。在编辑文档前，需要对页面的属性进行必要的设置，设定一些影响到整个网页的参数。单击"属性"面板中的"页面属性"按钮，弹出如图 3-4 所示的对话框。页面属性设置的内容包括外观、链接、标题、标题/编码和跟踪图像等。

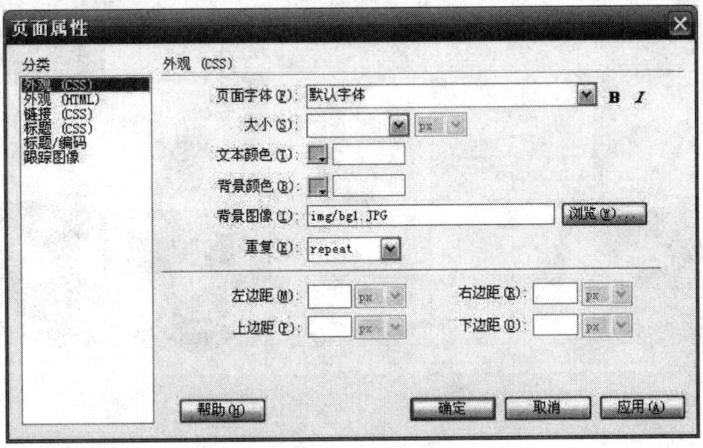

图 3-4 "页面属性"设置

通过设置页面属性可以控制页面的背景颜色、背景图像、文本及链接样式等，其中外观可以设置页面字体大小、背景图像及颜色、文本颜色、左边距和上边距等。其中"重复"选项用来设置背景图像的重复方式，包括不重复、重复、横向重复和纵向重复。链接用来设置页面的超链接效果，包括链接字体及字号、链接文本颜色、变换图像链接颜色、已访问链接和活动链接的颜色。下划线样式可以用来修改添加超链接后下划线的显示效果。因为这些属性设置大部分为页面表现，本着结构与表现分离的原则，故通常采用 CSS 方法进行设置。

标题/编码可以设置网页的标题和文字编码。文档类型(DTD)用来说明你用的 HTML或 XHTML 是什么版本，浏览器会根据你定义的 DTD 来解释你页面的标识并展现出来，从Dreamweaver 8.0 开始，默认页面的文档类型即为 XHTML 1.0 Transitional，表示比较宽松的过渡型文档类型。编码默认状态为 Unicode(UTF-8)。跟踪图像就是设计网页的草图，作为背景铺在编辑网页的下面，用来引导网页的设计。拖动"透明度"滑块可以指定草图的透明度，透明度越高，草图显示越明显。

完成页面设置后，保存页面并命名为 3_1.html，就可以开始制作网页了。实例中设置背景图像为 img/bg1.JPG，重复，文字颜色为♯6600FF，超链接始终无下划线。在网页中添加相应的水平线及填充图像的表格，并设置表格 border="1" cellpadding="0" cellspacing="0"，水平居中对齐，效果如图 3-5 所示。

超链接是网站的灵魂，是网页中最重要、最根本的网页元素之一。网站中的网页就是通过超链接的形式相互关联在一起的。Dreamweaver 中可以创建文本、图像、下载、电子邮件及命名锚记等多种链接形式，创建的方式也是灵活多样，本节为表格中的第一幅图像创建了一个页面链接 3_2.html 进行示例。

向实例 3_2.html 中插入图像并输入文本，此时发现文本只能沿图像最底一行对齐，而

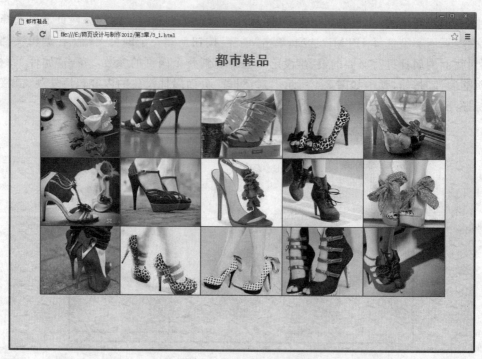

图 3-5　实例 3_1.html 效果图

不能如我们所想和图像顶端对齐。这是为什么呢？这里要引入图文混排的概念。图文混排指网页中图像和文字及其他对象的对齐方式。在 Dreamweaver 插入图像后，选中图像，在"图像属性"面板中单击"对齐"右侧的下三角按钮，弹出的下拉菜单中包括"默认值"、"基线"、"顶端"、"居中"、"底部"、"文本上方"、"绝对居中"、"绝对底部"、"左对齐"和"右对齐"共10 种对齐方式。本例选择"左对齐"选项，设置后效果如图 3-6 所示。

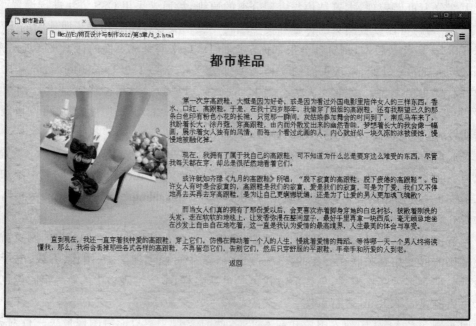

图 3-6　实例 3_2.html 效果图

【注意事项】

（1）Dreamweaver 中文本段落通常是自动换行的，可以用 Enter 键进行换行另起一段，它对应的 HTML 标签为＜p＞，产生的上下段落行间距为一行。也可以用 Shift＋Enter 组合键进行强制换行，对应 HTML 标签为＜br/＞，文本不会另起一段，换行的间距比较小。

（2）由于 HTML 对于多于一个的空格都被忽略不计，因而在 Dreamweaver 中直接输入空格是无效的。可以通过以下方式：在代码中使用 ，表示空格；也可以选择"编辑"菜单，选择"首选参数"命令，将"常规"选项中的"允许多个连续的空格"打钩，以后就可以直接输入空格了。

（3）在网页中插入图像前，要确保图像文件被保存在当前站点文件夹中，并且要保证 HTML 页面对该图像文件的相对引用路径不再改变，否则站点位置一旦发生变化，图像浏览时可能无法正常显示。

在 Dreamweaver 中创建超链接的方法很简单，首先在页面中选中要创建超链接的文本或图像，在选中对象的"属性"面板中的"链接"文本框中输入链接对象的路径，或单击文本框后面的"浏览文件"按钮，选择要链接的对象即可。如果设置了站点，也可以通过"链接"文本框右边的指向文件图标拖动鼠标来创建超链接，如图 3-7 所示。

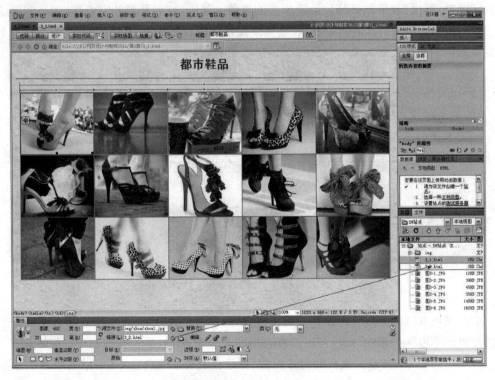

图 3-7　利用指向文件图标创建超链接

如果链接目标是一个压缩文件包，或者是一个浏览器无法识别的文件，浏览器将会提示浏览者下载或保存。如果要创建电子邮件链接，只需要选中要创建链接的文本地址，然后在"属性"面板的"链接"文本框内输入"mailto：xxx@xxx.com"类似的 Email 地址即可。该类链接可以自动打开操作系统默认的邮件发送程序，例如 Windows 系统的 Outlook Express

邮件发送程序。创建锚记链接首先要创建并命名锚记，然后在"链接"文本框中输入"♯"和锚记名称。如果要链接的锚记不在同一个页面中，则必须先输入要链接的页面名称后再输入"♯"和锚记名称。如在 3_2.html 中创建命名锚记名称为"mj"，在 3_1.html 中要链接到该页面锚记处，在"属性"面板中的超链接文本框中输入为"3_2.html♯mj"即可。

3.1.2　Dreamweaver 布局

网页布局就是整体上对网页进行设计，把复杂的网页细化成多个部分，再通过简单的技术即可实现每个部分的网页效果。网页布局设计的过程，首先考虑页面的区域划分和内容组织，然后对布局后的每一个具体区域进行详细的设计。网页的布局设计是版式设计的一种体现。网页有一个好的布局，会令网站浏览者耳目一新，有利于网站的推广和提高网页的关注度。

1. 表格对象

在 Dreamweaver 中，常常使用表格来定位页面元素和排列网页材料，表格还可以用于安排网页文档的整体布局。利用表格设计页面布局，可以不受分辨率的限制。在 Dreamweaver 中插入表格很简单，将光标放置在要插入表格的位置，选择菜单中的"插入"→"表格"选项，弹出"表格"对话框，设置相应的参数。其中，如果是最外围表格，表格宽度建议使用像素值；如果是嵌套内部表格，表格宽度建议使用百分比，这样可以使表格宽度在不同浏览器窗口中变化适应。单击"确定"按钮插入表格，如图 3-8 所示。

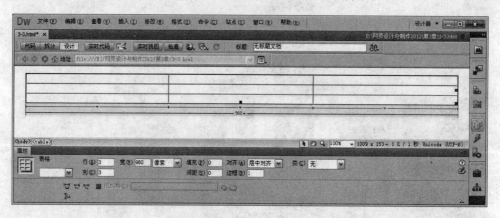

图 3-8　插入表格

单击插入表格左上角或者任意一条边框线，选中整个表格，此时表格周围会出现一个带黑色控制点的边框，"属性"面板可以设置表格的相应参数，包括表格的宽度、填充、间距、对齐、边框等，如图 3-8 所示。表格的背景图像、背景色及边框颜色在 CS 5 以上版本中已不建议在此设置，推荐使用 CSS 进行美化。

单击选择一个单元格或按住鼠标左键拖曳选中若干单元格，可以选择"修改"→"表格"菜单中的选项对单元格进行拆分或合并操作，也可以在"属性"面板中设置相关单元格的参数，如图 3-9 所示。

在加工好的表格中，可以插入任何网页元素，包括文本、图像、动画等，也可以在单元格中嵌入一个新的表格。外部表格负责总体布局排版，嵌套表格负责各子栏目的排版，还可以

图 3-9　单元格属性

独立设置嵌套表格的边框、间距、对齐等属性。以 3_3. html 为例，对一个 4 行 3 列表格第 1 行进行了合并，对 2、3 两行的前后两列合并单元格并分别嵌套了一个新表格，嵌套表格的宽度设置为 100％，边框、填充及间距均为 0，如图 3-10 所示。

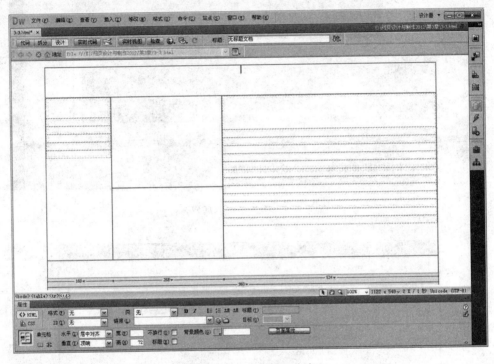

图 3-10　表格合并及嵌套

所有单元格均设置垂直顶端对齐、水平居中对齐，插入相关素材，取消表格边框后页面效果如图 3-11 所示。

2. Div 标签

在 Dreamweaver 中选择"插入"→"布局对象"→"Div 标签"选项，或者单击"插入"面板中的"插入 Div 标签"按钮，在弹出的对话框中单击"确定"按钮，即可完成插入 Div 标签。

Div 标签又称为区隔标记，它的主要作用是可将页面分割成不同区域，用来设定文字、图像或表格等的排列位置，并对它们进行精确定位。Div 标签最大的优点在于它是一种结构元素，在网页运行时，通过浏览器浏览的时候不会显示出来，而设计时则是另外一回事。设计师通常需要能够看到底层结构来对布局进行操作，当他们在进行设计时，同时还需要能够随时隐藏结构以便能够看到类似浏览器的视图。

使用 Div 标签对象时，需要同时创建所需要的 CSS 规则，如图 3-12 所示为设置 ID 样式

图 3-11　填充素材页面效果

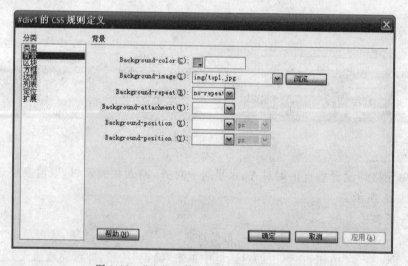

图 3-12　"♯div1 的 CSS 规则定义"对话框

♯div1 的 CSS 规则定义对话框。

选择左侧的"分类"列表框分别进行设置,设置完成后选中页面上的 Div 标签,在其"属性"面板中的 Div ID 选项中选择刚刚定义的 ID 规则,即"♯div1",则 CSS 规则就可以作用于 Div 标签上,如实例 3_4.html,效果图如图 3-13 所示。

定义好 Div 标签属性后,就可以直接在 Div 中插入内容了。Div 中插入对象和直接在

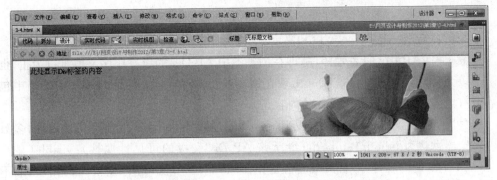

图 3-13　应用 CSS 规则的 Div 标签

网页中插入对象一样，任何 HTML 元素包括文字、图像、表格等都可以插入进来。现在比较流行的做法是结合 Div 和 CSS 来完成网页的定位，本书在后续章节会做详细介绍，在此就不做赘述。

3. AP Div 对象

AP Div 是绝对定位（Absolute Position）元素，是指绝对定位的 HTML 页面元素。在 Dreamweaver 中文本、图像及表格等元素只能固定其位置，不能相互叠加在一起，使用 AP Div 功能，可以从二维空间向三维空间的延伸，更加灵活地放置内容。AP Div 与行为的结合，还可以创作出动画效果，而不使用任何的 JavaScript 或 HTML 编码。

设计者可以将 AP Div 理解为一个小窗口，窗口内可以放置包括文字、图像、动画、影像、声音、表格等一切网页元素，利用 AP Div 可重叠排放网页元素，可以对 AP Div 进行拖动定位，通过视觉判断放置位置或者改变它的大小，也可以在"属性"面板中输入精确的数值坐标进行定位，这都取决于设计者的选择。利用 AP Div 面板还可以显示和隐藏 AP Div，如图 3-14 所示，当面板中的 AP Div 名称前显示的是闭合眼睛图标，表示 AP Div 被隐藏；当 AP Div 名称前显示是睁开眼睛图标，表示 AP Div 被显示。

图 3-14　"AP 元素"面板

【注意事项】

如果"AP 元素"面板中启用了"防止重叠"选项，那么在移动 AP Div 时将无法使其相互重叠。

选择"插入"→"布局对象"→AP Div 选项可以在页面中创建一个 AP Div。创建完成后，在 AP Div 边框的左上方会显示它的"回"字形标志图标，单击它可以选择激活 AP Div 和查看它的属性，在"属性"面板中就可以设置该 AP Div 的各个参数，如图 3-15 所示。

图 3-15　AP Div"属性"面板

在"属性"面板中各个参数的含义如下：

- "CSS-P 元素"：AP Div 的名称，用于识别不同的 AP Div。

- "左"、"上"：分别表示 AP Div 距离页面左边距和上边距的距离，单位为像素。
- "宽"、"高"：AP Div 的宽度和高度，单位为像素。
- "Z 轴"：AP Div 的 Z 轴顺序，即在浏览器中 AP Div 的层叠顺序。值可以为正，也可以为负，编号较大的 AP Div 出现在编号较小的 AP Div 前面，如果 AP Div 中包含有内容，则前者会覆盖后者的内容。
- "可见性"：设置 AP Div 的显示状态，其值包括 default(不指定可见性属性，多数浏览器默认为 inherit)、inherit(继承该 AP Div 父级的可见性属性)、visible(显示该 AP Div 的内容，而不管父级的值是什么)和 hidden(隐藏该 AP Div 的内容，而不管父级的值是什么)4 个选项。
- "背景图像"：为 AP Div 设置一个背景图像，单击其文件夹图标可浏览到一个图像文件并将其选定。
- "背景颜色"：设置 AP Div 的背景颜色，如果将此选项留为空白，则表示指令透明的背景。
- "类"：选择在页面中对 AP Div 进行的样式设置选项。
- "溢出"：指定当 AP Div 的内容超出了 AP Div 的范围时，AP Div 将如何反应。它包括 4 个选项：visible(可视)表示增大 AP Div 的范围显示超出的内容，AP Div 向右和向下扩展；hidden(隐藏)表示保持 AP Div 的大小，超出的部分隐藏并且不会出现滚动条；scroll(卷轴)表示不管内容是否超出范围，AP Div 都显示滚动条；auto(自动)表示当 AP Div 的内容超出 AP Div 范围时，AP Div 的大小不变，但在其右端或下端出现滚动条，超出范围的内容能够通过拖动滚动条来显示，如图 3-16 所示。

图 3-16 "溢出"选项值为 scroll 效果图

- "剪辑"：定义 AP Div 的显示区域，可以指定以像素为单位的相对于该 AP Div 边框的距离，一般从 AP Div 的左上角开始计算。

AP Div 是允许嵌套的，嵌套通常用于将 AP Div 组织在一起的情况。嵌套的 AP Div 可以随其父级 AP Div 一起移动，并且可以继承其父级的相关属性。将插入点放置在一个现有的 AP Div 中，选择"插入"→"布局对象"→AP Div 选项，即可创建一个嵌套 AP Div。

【注意事项】

（1）嵌套 AP Div 并不意味着嵌套 AP Div 必须要在父级 AP Div 的内部，也就是说不能根据物理位置来判断两个 AP Div 是否嵌套。嵌套的 AP Div 可以在父级 AP Div 的内部，也可以在父级 AP Div 的外部，甚至可以比父级 AP Div 大。

（2）如果在"首选参数"选项中关闭了"嵌套"功能，在创建时通过按住 Alt 键并拖动鼠标，可以在现有 AP Div 中嵌套一个 AP Div。

（3）不同浏览器对嵌套 AP Div 的处理机制不同，故在创建 AP Div 时，需要在设计过程中检查它们在不同浏览器中的显示效果。

AP Div 还可以用来完成网页布局，本节以实例 3_6.html 为例来介绍利用 AP Div 布局网页的技巧，效果图如图 3-17 所示。

图 3-17　AP Div 布局的网页

本例中还使用了嵌套 AP Div 技术，所有的嵌套 AP Div 都被放置在一个 apDiv1 中。为了使页面在任何分辨率和浏览器中都能居中显示，需要对 apDiv1 及其所在页面的 body

标签做适当的 CSS 布局控制。单击文档工具栏中的"代码"视图按钮,切换到"代码"视图状态,找到<style type="text/css"></style>样式定义代码中的#apDiv1 定义代码,修改其 position 属性,并增加 margin 和 text-align 属性控制。修改后的#apDiv1 定义代码如下:

```css
#apDiv1 {
    position:relative;
    margin:0 auto;
    width:778px;
    height:700px;
    z－index:1;
    background－image: url(img/main3.jpg);
    text－align:left;
}
```

完成后,在<style type="text/css"></style>代码中增加对 body 标签的控制代码,这是整个页面布局关键语句,用于将所有元素都设置为居中对齐,代码如下:

```css
body {
    text－align:center;
}
```

最后,将准备的素材依次插入到嵌套的 APDiv 中,调整嵌套 APDiv 的相对位置,使网页元素排列相对固定。

至此,整个页面的布局基本完成。关于 CSS 布局的问题将在后续的课程中详细介绍,此处不再赘述。

4. Spry 布局对象

Spry 构件是一个页面元素,是 Spry 框架支持的一组用标准 HTML、CSS 和 JavaScript 编写的可重用构件,通过启用用户交互来提供更丰富的用户体验。在 Dreamweaver 中可以方便地插入这些构件(采用最简单的 HTML 和 CSS 代码),然后设置构件的样式。

Spry 构件由以下几个部分组成:
- 构件结构:用来定义构件结构组成的 HTML 代码块。
- 构件行为:用来控制构件如何响应用户启动事件的 JavaScript。
- 构件样式:用来指定构件外观的 CSS。

Spry 框架中的每个构件都与唯一的 CSS 和 JavaScript 文件相关联。CSS 文件中包含设置构件样式所需的全部信息,而 JavaScript 文件则赋予构件功能。当使用 Dreamweaver 界面插入构件时,Dreamweaver 会自动将这些文件链接到您的页面,以便构件中包含该页面的功能和样式。与给定构件相关联的 CSS 和 JavaScript 文件根据该构件命名,因此,很容易判断哪些文件对应于哪些构件。例如,与折叠构件关联的文件称为 SpryAccordion. css 和 SpryAccordion. js。若在已保存的页面中插入构件时,Dreamweaver 会在站点中创建一个 SpryAssets 目录,并将相应的 JavaScript 和 CSS 文件保存到其中。

选择"插入"→"布局对象"选项,从中选择要插入的 Spry 构件命令,就可以在 Dreamweaver 中创建所需 Spry 构件。常用 Spry 构件包括 Spry 菜单栏、Spry 选项卡式面板、Spry 折叠式、Spry 可折叠面板。

1）Spry 菜单栏

菜单栏构件是一组可导航的菜单按钮，当浏览者将鼠标悬停在其中的某个按钮上时，将显示相应的子菜单。使用菜单栏可在紧凑的空间中显示大量可导航信息，并使浏览者无须深入浏览站点即可了解站点上提供的内容。

Dreamweaver 允许插入两种菜单栏构件：垂直构件和水平构件，Spry 框架集成的 SpryMenuBar.js 脚本文件无须设计者编写菜单弹出代码，同时，菜单栏目均采用基于 Web 标准的 HTML 结构形式，编辑方便。菜单栏构件的 HTML 中包含一个外部 ul 标签，该标签中对于每个顶级菜单项都包含一个 li 标签，而顶级菜单项（li 标签）又包含用来为每个菜单项定义子菜单的 ul 和 li 标签，子菜单中同样可以包含子菜单。顶级菜单和子菜单可以包含任意多个子菜单项。

选择"插入"→"布局对象"→"Spry 菜单栏"选项，在弹出的"Spry 菜单栏"中选择"水平"或"垂直"布局，这里本节选择"垂直"布局后单击"确定"按钮，实例 3_7.html 的页面效果如图 3-18 所示。

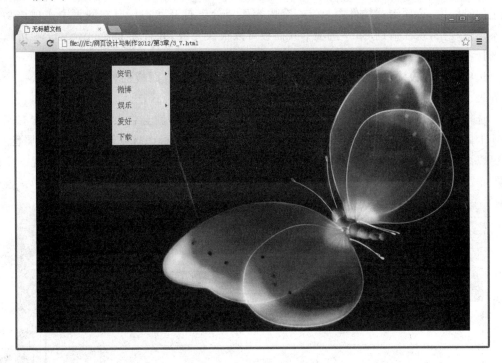

图 3-18　Spry 菜单栏效果图

编辑或修改菜单及子菜单，可以通过"属性"面板完成。单击 Spry 菜单栏左上角的菜单栏标志选中该菜单栏，其"属性"面板如图 3-19 所示。

图 3-19　Spry 菜单栏"属性"面板

其中,第一列和第二列上方的加号按钮可以分别添加主菜单项及子菜单项,如果要向子菜单中添加子菜单,选择要向其中添加另一个子菜单项的子菜单项的名称,然后在"属性"面板中单击第三列上方的加号按钮。"文本"和"链接"文本框可以用来修改菜单项的名称及设置超链接。

Spry 菜单栏的样式也可以自定义,但在"属性"面板中并不能直接编辑样式,读者可以修改菜单栏构件的 CSS 规则,并根据自己的喜好设置样式。

【注意事项】

Spry 菜单栏构件使用 DHTML 层来将 HTML 部分显示在其他部分的上方。如果页面中包含 Flash 内容,可能出现问题,因为 Flash 影片总是显示在所有其他 DHTML 层的上方,因此,Flash 内容可能会显示在子菜单的上方。此问题的解决方法是,更改 Flash 影片的参数,让其使用 wmode="transparent"。

2) Spry 选项卡式面板

选项卡功能在互联网上随处可见,用户只要单击要浏览的面板上的选项卡,就可以显示存储在选项卡式面板中的内容。当用户单击不同的选项卡时,构件的面板会相应地打开,在给定的时间内,选项卡式构件中只有一个内容面板处于打开状态。要在网页中实现该功能却不是很轻松,现在借助 Spry 选项卡式面板可以很快完成,并且在 Dreamweaver 中可以直接选择各个主选项卡内的内容进行编辑。

选项卡式面板构件的 HTML 代码中包含一个含有所有面板的外部 div 标签、一个标签列表、一个用来包含内容面板的 div 以及和各面板对应的 div。

选择"插入"→"布局对象"→"Spry 选项卡式面板"选项,就会在页面上添加包含有两个选项卡面板的默认构件。单击 Spry 选项卡式面板左上角的标识选中该构件,通过"属性"面板可以添加或删除选项卡。当鼠标停留在某一个选项卡上时,在该选项卡上会出现一个眼睛的小图像,如图 3-20 所示。单击该眼睛图像,即可修改该选项卡的属性。

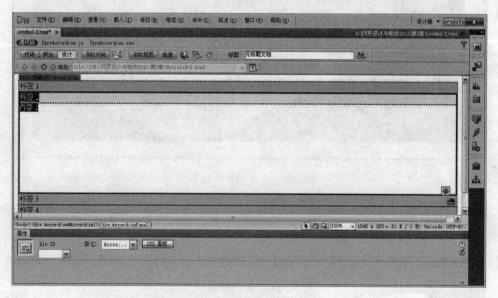

图 3-20 Spry 选项卡式面板

也可以通过修改相关的 CSS 样式设置来优化该构件。如图 3-21 所示即为修改了选项卡内容和样式,设置了网页布局,并添加了背景图片的网页效果图。

图 3-21　自定义 Spry 选项卡式面板

3）Spry 折叠式

我们都使用过 QQ 聊天软件,当选择"QQ 好友"、"QQ 群"或"最近联系人"选项卡时,单击该名称就可上下自由滑开所选择的内容而整个窗口不会发生变化。同样,在网页应用中,我们曾经为这些的 QQ 菜单而绞尽脑汁,现在,使用 Spry 折叠构件可以轻松搞定。

折叠构件是一组可折叠的面板,可以将大量内容存储在一个紧凑的空间中。浏览者可通过单击该面板上的选项卡来隐藏或显示存储在折叠构件中的内容。当浏览者单击不同的选项卡时,折叠构件的面板会相应地展开或收缩。在折叠构件中,每次只能有一个内容面板处于打开且可见的状态。

折叠构件的默认 HTML 中包含一个含有所有面板的外部 Div 标签以及各面板对应的 Div 标签,各面板的标签中还有一个标题 Div 和内容 Div。折叠构件可以包含任意数量的单独面板。

选择"插入"→"布局对象"→"Spry 折叠式"选项,即可在页面中插入一个包含两个面板的折叠构件。单击构件左上角的标识选中该构件,在其"属性"面板中单击面板后面的加号(＋)按钮可以增加面板数目,面板的名称和内容可直接在编辑区修改,如图 3-22 所示。

将鼠标指针移到要在"设计"视图中打开的面板的选项卡上,然后单击出现在该选项卡右侧的眼睛图标,或者选中折叠构件,然后在"属性"面板中单击要编辑的面板的名称即可打开面板进行编辑。如图 3-23 所示即为插入一个编辑过的 Spry 折叠构件网页效果图。

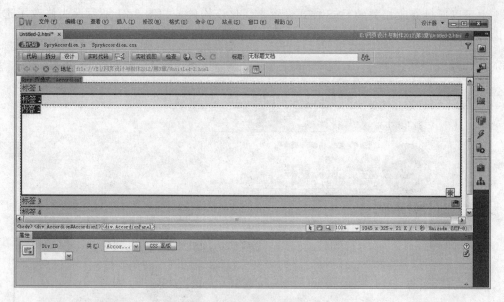

图 3-22　插入 Spry 折叠式

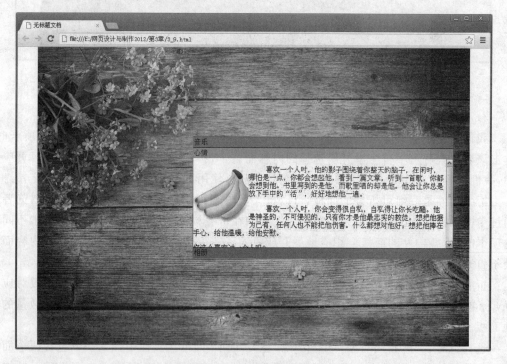

图 3-23　Spry 折叠式效果

4）Spry 可折叠面板

Spry 可折叠面板可隐藏或显示存储在可折叠面板中的内容。单击"插入"→"布局对象"→"Spry 可折叠面板"即可创建一个 Spry 可折叠构件，如图 3-24 所示。

单击左上角的标识选中该构件，在"属性"面板中可以设置 Spry 可折叠构件的默认状态，其中"显示"菜单用于控制可折叠面板的打开或关闭，"默认状态"选项用于设置当系统在

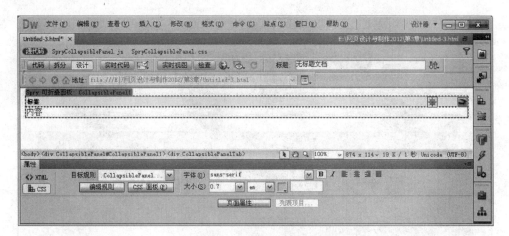

图 3-24　Spry 可折叠面板

浏览器中加载 Web 页时，Spry 可折叠面板构件的打开或已关闭默认状态。

直接在编辑区可以修改并添加 Spry 可折叠面板的内容，如图 3-25 和图 3-26 所示即为实例 3_10. html 可折叠面板展开和折叠状态的效果图。

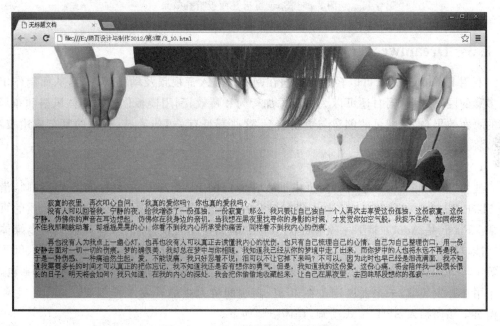

图 3-25　Spry 可折叠面板展开效果

在"属性"面板中还可以设置动画状态。默认情况下，如果启用某个可折叠面板构件的动画，浏览者单击该面板的选项卡时，该面板将缓缓地平滑打开和关闭。如果禁用动画，则可折叠面板会迅速打开和关闭。和其他 Spry 构件类似，Spry 可折叠面板构件"属性"面板同样不支持自定义的样式设置任务，设计者可以修改可折叠面板构件的 CSS，并根据自己的喜好设置样式，但这都需要设计者掌握一定的 CSS 技巧，我们在后续章节中将逐步加深。

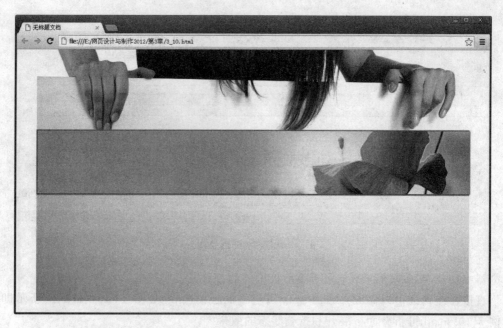

图 3-26　Spry 可折叠面板折叠效果

3.1.3　Dreamweaver 高级应用

利用 Dreamweaver 可以轻松自如地在网页中插入音视频及动画等内容,从而制作出丰富多彩的网页效果,同时还可以为网页添加行为和特效,利用模板创建出整体风格和布局统一的页面效果,提高网页的创建与更新效率,这些都是有关 Dreamweaver 的复杂应用技巧,本节将主要介绍这几点知识。

1. 网页中的多媒体

使用 Dreamweaver 可以在网页中插入在专门的 Flash 软件中创作的 SWF 动画,借助于 Flash Player 网页可以将动画和富有新意的界面融合在一起,从而制造出高品质的页面效果。Flash 是 Adobe 旗下一款非常优秀的二维矢量动画设计软件,具有强大的多媒体编辑功能,尽管 HTML 5 和 CSS 3 技术进步明显,甚至可以取代 Flash 进行视频播放、网页动画等工作,但都局限在浏览器前端,Flash 逐步放弃受众较广的播放(浏览器插件)平台,转而集中在开发领域,未来发展定位在以 3D 高端网游为主的开发工作领域。本节中主要介绍网页中如何插入 SWF 格式动画,具体步骤如下。

将光标置于要插入 Flash 动画的位置,选择“插入”→“媒体”→SWF 选项,弹出“选择文件”对话框,在对话框中选择所需要的 SWF 文件。单击“确定”按钮,即可完成插入 SWF 动画效果,如图 3-27 所示。

单击 Dreamweaver 设计视图中带有 Flash 标识的灰色动画框,将会显示如图 3-28 所示的“属性”面板,面板中主要参数如下。

- 名称:用于设置 SWF 动画的名称。
- “宽”、“高”:以像素为单位设置 SWF 动画区域的宽度和高度。
- “文件”:指定 SWF 动画文件的路径及文件名。

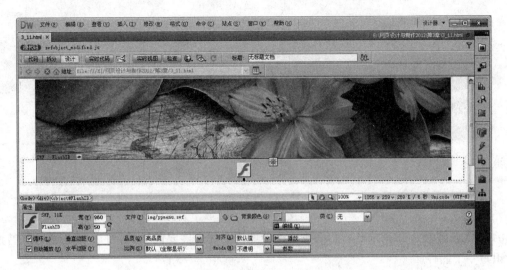

图 3-27　插入 SWF 动画

图 3-28　SWF 动画的"属性"面板

- "背景颜色"：指定 SWF 动画区域的背景颜色，在加载时或播放后显示此颜色。
- "循环"：勾选此复选框，发布网页后，动画循环播放，否则只播放一次。
- "自动播放"：勾选此复选框，在打开网页时动画自动播放。
- "垂直边距"、"水平边距"：指定 SWF 动画与其周围其他对象间的空白距离。
- "品质"：在影片播放期间控制失真，设置越高，影片效果越好。
- "比例"：用来设置显示比例，确定影片如何适应在宽度和高度文本框中设置的尺寸。
- "对齐"：设置 SWF 动画在网页中的对齐方式。
- Wmode：为 SWF 文件设置 Wmode 参数以避免与 DHTML 元素（如 Spry 构件）相冲突。默认值为"不透明"，DHTML 元素显示在 SWF 文件的上面；如果设置"透明"，则 DHTML 显示在其后面；选择"窗口"选项可从代码中删除 Wmode 参数并允许 SWF 动画显示在 DHTML 上面。
- "播放"：在文档编辑窗口中播放影片。
- "参数"：单击此按钮可添加使该 SWF 顺利运行的附加参数。

　　在网页中设置 SWF 动画 Wmode 值为"透明"，可以将 SWF 动画放置在一个 Div 元素中，将图片设置为 Div 元素的背景，如图 3-29 所示，即在顶部 Div 中添加了透明 SWF 文件及背景图像效果。

　　现在已经学习了如何在网页中插入 SWF 动画，接下来将学习如何在网页中添加视频。视频在网页中应用比较复杂，当在网页中插入视频时，需要考虑两件事情：一是视频文件的格式，不同的格式画面质量和文件大小都会不一样，可以通过<object>元素中使用 type 特

图 3-29　SWF 动画背景透明

性的 MIME 类型告知浏览器；二是播放这种类型文件所需要的插件，可以使用 classid 特性标识每一个插件。

　　选择使用何种格式视频取决于有多少人安装了播放这种格式的文件所需要的插件，不能期望浏览者会为了观看网页上的一个视频而下载安装一个插件，且不同的系统所附带安装的插件也会不一样。网页中出现的常用视频格式包括 FLV、MPG、WMV、MOV、MP4 和 AVI 等，选择"插入"→"媒体"→"插件"选项，选择所需要插入的视频文件即可插入视频，但多数视频格式在不同浏览器中播放都需要安装不同插件，如图 3-30 所示为分别插入了 WMV 和 MPG 格式的视频插件提醒。

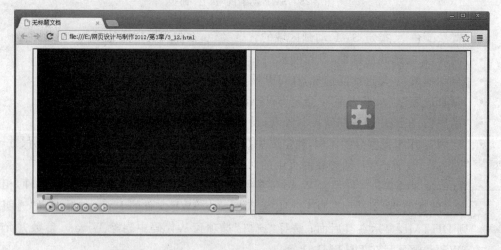

图 3-30　不同格式视频插件差异

　　Flash Video 是现有网站中最流行的视频播放格式，一方面是由于多数浏览网页的计算机都安装了 Flash player 插件能够浏览 FLV 文件，另一方面是由于 FLV 文件压缩比例大且画面质量高。插入 Flash Video 的方法也很简单，选择"插入"→"媒体"→FLV 选项，弹出如图 3-31 所示的"插入 FLV"对话框，选择"视频类型"和 URL 地址文件，设置好视频播放的外观及高宽比，单击"确定"按钮即可。如图 3-32 所示为 FLV 视频文件在浏览器中的播放效果。

　　和插入视频差不多，在网页中添加音频之前，也需要考虑两个问题：一是文件格式，不

图 3-31 "插入 FLV"对话框

图 3-32 插入 FLV 视频

同的音频格式采用不同的压缩技术,从而产生不同的质量和文件大小;二是播放该格式音频所需要的插件。目前比较流行的 MP3、WAV 等格式都能够在大部分计算机上播放,因此,播放网页上的音频所需的播放器插件问题并不突出。

网页可以通过使用＜object＞标签将音频包含在其中,也可以在 Dreamweaver 中通过选择"插入"→"媒体"→Shockwave 选项插入音频。浏览器会通过检查 type 特性自动播放该文件所需要的插件类型,但不同版本的浏览器在＜object＞标签的用法上有所差别,用户的浏览器设置也会影响到音频插件播放的效果,所以,为满足绝大多数浏览器的需求,一般在＜object＞标签中嵌入＜embed＞标签。如实例 3_14. html 所示,为网页中插入一个 MP3 音乐,代码如下:

```
< object width = "400" height = "79" type = "audio/mpeg" data = "loveyou.mp3">
    < param name = "src" value = "loveyou.mp3"/>
    < embed src = "loveyou.mp3" width = "400" height = "79"> </embed>
</object>
```

在不同的浏览器上会得到不同的结果,如图 3-33 所示为 Google Chrome 中的效果,在 IE 中默认为 Windows Media 播放,而在 Mozilla Firefox 则需要安装插件才可以正常工作。

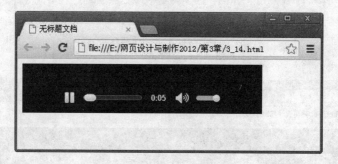

图 3-33　插入音频效果

也可以通过修改 width 和 height 属性控制播放器外观的大小,也可以使用 CSS 隐藏＜object＞标签,但这都不是一种好的做法,应当为用户提供一个能关闭网页上播放的任何音频的选项。＜embed＞标签现在已经推荐弃用,在＜object＞标签引入到 HTML 之后仍然使用该标签,主要是确保在不同的浏览器中能够实现插件。

2. 行为和特效

行为是 Dreamweaver 内置的 JavaScript 程序库,通过这些程序的运行,可以实现用户同网页的交互,即使用户不熟悉书写 JavaScript 代码,也可以实现丰富的动态页面效果。行为是由 Event 事件和由该事件触发的 Action 动作的组合。通常,动作是一段 JavaScript 代码,利用这些代码可以完成相应的任务;而事件则由浏览器定义、产生和执行,它可以被附加到各种页面元素上,也可以被附加到 HTML 标记中。通常在"行为"面板中先指定一个动作,然后指定触发该动作的事件,从而将行为添加到页面中。

事件通常用于指明触发某项动作的条件,如当浏览者鼠标指针经过选定元素上方时,浏览器为该元素生成一个 onMouseOver 事件,然后浏览器查看是否存在相应的 JavaScript 代码需要执行。其他如 onMouseOut(鼠标离开标签)、onMouseUp(单击鼠标右键释放)、onClick(鼠标单击标签)等都是事件,一般都用于与某个具体标签关联,而 onLoad(下载文档或播放影片等对象时)事件则一般用于与图片及文档的 body 关联。在将行为附加到对象上之后,只要对该元素发生了所指定的事件,浏览器就会调用与该事件关联的动作。

选择"窗口"→"行为"选项可以打开"行为"面板,利用"行为"面板可以为选定对象设置和编辑行为、删除行为、调整行为的顺序等,如图 3-34 所示。

在页面中添加行为的一般步骤如下:在编辑窗口中选择对象元素或者单击底部标签选择器中页面元素标签,然后单击"行为"面板中的添加行为按钮 ✚,选择一种行为,根据需要设置参数对话框即可。如果要设置其他触发事件,可以单击事件列表右边的下拉箭头、打开级联菜单进行选择。本节中以添加"增大/收缩"效果和"显示/隐藏"元素作实例介绍。

为某个元素添加"增大/收缩"效果,则该元素当前必须处于选定状态。选择"窗口"→"行为"选项,打开"行为"面板,打开"效果"→"增大/收缩"选项,弹出如图 3-35 所示的对话框。

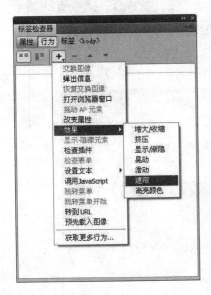

图 3-34 "行为"面板

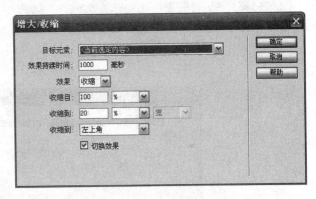

图 3-35 "增大/收缩"对话框

设置相应参数,这里勾选"切换效果"复选框,则效果是可逆的。保存网页,在浏览器中预览效果,用鼠标单击图像时,图像由大到小收缩到原来的 20% 大小,如图 3-36 所示。

【注意事项】

当使用"效果"选项时,系统会在代码视图中将不同的代码行添加到文件中。其中的一行代码用来标识 SpryEffects.js 文件,该文件是包括这些效果所必需的。请不要从代码中删除该行,否则这些效果将不起作用。

"显示/隐藏元素"动作可以根据触发事件改变一个或多个 AP 元素的可见性状态,通常用于网页交互时显示信息。打开上述 3_15.html 实例,选择"插入"→"布局对象"→AP Div 选项插入 AP 元素。选择插入的 AP Div,输入相应的网页元素并设置"可见性"属性初始值为 hidden,这里在 AP Div 插入了一张图片。选中实例导航中"秋日丰收"前的树叶图片,选择"行为"面板中的"显示/隐藏元素"行为动作,弹出如图 3-37 所示对话框,在"元素"文本框中选择 Div 元素,并设置为"显示"后单击"确定"按钮,添加行为,将"显示/隐藏元素"行为的触发事件修改为 onMouseOver。

95

图 3-36 "增大/收缩"效果页面

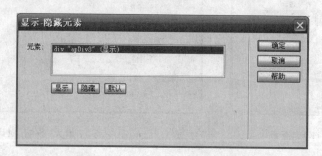

图 3-37 "显示-隐藏元素"对话框

再次添加"显示/隐藏元素"行为,设置 Div 元素为"隐藏",修改该行为的触发事件为 onMouseOut,最后"行为"面板结果如图 3-38 所示。

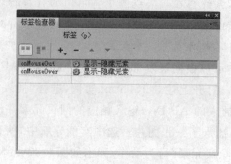

图 3-38 添加行为

保存网页,在浏览器中预览效果。当鼠标滑过导航中"秋日丰收"前的树叶图片时,所插入的 AP Div 将会显示,如图 3-39 所示。

图 3-39 "显示-隐藏元素"效果

3. 网页模板

当需要制作大量布局基本一致的网页时,使用模板是最好的办法,对网站日后的升级与维护也会带来很大的方便。可以使用 Dreamweaver 提供的模板和库功能,将具有相同版面结构的页面制作成模板,将相同的元素(如版权信息)制作成库项目,存放在站点中供随时调用,这样可以帮助读者通过模板批量制作页面来提高效率,并能够方便地修改和更新应用了模板和库项目的所有网页。

模板一般保存在本地站点根文件夹中一个特殊的 Templates 文件夹中,该文件夹在创建模板时自动创建。可以从空白文档创建新模板,更多的时候则是利用现有的文档创建模板。打开一个已经制作完成的网页,删除网页中不必要的部分,只保留网页布局共同需要的区域。选择"文件"→"另存模板"选项即可将网页另存为模板,如图 3-40 所示,保存模板文件为 muban.dwt。

模板中有两种类型的区域:可编辑区域和不可编辑区域。可编辑区域能改变以模板为基础的文档内容,只有在可编辑区域里,才可以编辑网页内容。模板文件保存在自动创建的 Templates 文件夹中,其后缀名为.dwt,如果模板中没有定义任何可编辑区域,在关闭时会显示警告信息。在文档窗口中,选中需要设置为可编辑区域的部分,选择"插入"→"模板对象"→"可编辑区域"选项,在弹出的"新建可编辑区域"对话框中给选定区域命名,如图 3-41 所示。

图 3-40 网页另存为模板

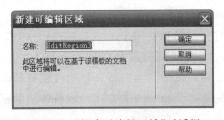

图 3-41 "新建可编辑区域"对话框

新添加的可编辑区域有蓝色标签,标签上是可编辑区域的名称。如果要删除可编辑区域,只要将光标置于要删除的可编辑区域内,选择"修改"→"模板"→"删除模板标记"选项,光标所在区域的可编辑区即被删除。其他类型的区域,包括"可选区域"、"重复区域"、"可编辑可选区域"、"重复表格"等,都可以通过类似方法获得。本节新建实例 3_17. html 为例介绍模板的应用。在 Dreamweaver 中通过"文件"→"新建"菜单命令,在弹出的"新建文档"对话框中选择"模板中的页"选项,即可利用站点中的模板创建新文档。也可以新建空白HTML 文档,打开"资源"面板,单击"资源"面板中的"模板"按钮,在"资源"面板中可以看到前文创建的 muban. dwt 文件。选中 muban. dwt 并按住鼠标左键直接拖曳到实例 3_17. html空白页面窗口中,在可编辑区修改网页内容并保存,即可快速制作出一个如图 3-42 所示的网页效果。

图 3-42　利用模板创建网页

3.2　Photoshop 切片

在浏览器中任意打开一个网页,细心的读者就会发现,网页都是可以被分成若干不同功能区域的。通过单击不同功能区域中隐藏在按钮、文字及图片中的超链接,浏览者可以打开链接的子页面,并进行浏览、查询、注册等操作。本节通过 Photoshop 的切片工具来划分得到网页的不同功能区域,同时介绍如何将 Photoshop 创建的网页构图导入到 Dreamweaver中进行编辑和使用。

1. 设计网页基本构图

网页设计的第一步先要完成素材的收集、整理及页面布局的构思与描绘。页面布局可以先通过手绘草图的方式完成各版块的定位设置,然后再通过 Photoshop 软件结合相关素材来实现。在 Photoshop 中完成一个页面基本构图步骤如下。

启动 Photoshop 软件,新建一个空白文档,在弹出的"新建"对话框中设置文档名为index,宽为 1000px,高为 1000px,分辨率为 72 像素/英寸,8 位 RGB 颜色图像模式,背景内容为白色。单击"确定"按钮建立新文档。选择"渐变"工具,设置前景色为♯e7b3c8,背景色为♯ffffff,对画布从上到下设置为由前景色到背景色的渐变。

将素材 picx.jpg 导入到画布中,选择椭圆选框工具,设置羽化值为 32 px,在图片上方绘制一个椭圆形选区,如图 3-43 所示。

图 3-43　绘制椭圆选区

选择"选择"→"反向"选项,按 Delete 键删除图片下半部分,按 Ctrl+D 键取消选区,效果如图 3-44 所示。

图 3-44　删除多余部分后效果

新建图层 2,使用矩形选框工具在画布右侧绘制一个灰色矩形,并填充颜色值为 #fcf5f7,在"图层"面板中调整图层 2 到图层 1 的下方,如图 3-45 所示。

图 3-45 绘制矩形区域并调整层顺序

新建图层 3,选中矩形选框工具在画布左上角绘制一个矩形,并填充颜色为白色,在"图层"面板中设置图层 3 的透明度为 60%。用文本工具在矩形区域输入网站名称"春华秋实",黑体,大小为 60,效果如图 3-46 所示,这样就基本完成了网页构图。

图 3-46 设置网站名称

2. 切割网页图形

完成网页构图后，接下来需要利用 Photoshop 的切片工具来进行切割，将网页拆分为不同的功能区，如图 3-47 所示。

图 3-47　切片拆分

利用切片工具将网页划分为不同的功能区后，还可以通过"切片选项"面板对切片的超链接进行设置和编辑。选择工具箱中的切片选择工具，在切片上右击，在弹出菜单中选择"切片选项"选项，弹出如图 3-48 所示对话框。

在"切片选项"对话框的 URL 文本框中输入完整的超链接地址，在"目标"文本框中输入_blank 或_self，用来设置链接文件窗口的打开方式，在"Alt 标记"文本框中输入有关该链接的提示说明。虽然这样具备为切片设置超链接的功能，但并不推荐读者在这里设置，一般情况下还是将其发布为网页后在 Dreamweaver 中编辑完成后设置超链接。单击"确定"按钮并将当前文件存储为 PSD 格式。

网页制作完成后就可以对其发布为网页文件，以供他人浏览，这只需要将其编辑完成的文件存储格式为 HTM 或 HTML 的网页文件即可。另外，如果网页在编辑过程中使用大量图片，可能会导致浏览速度减慢，所以在存储前应对其进行优化处理，以减小其大小。选

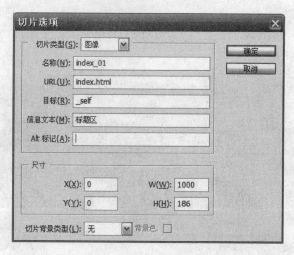

图 3-48 "切片选项"对话框

择"文件"→"存储为 Web 所用格式"命令,打开"存储为 Web 所用格式"对话框,如图 3-49 所示。

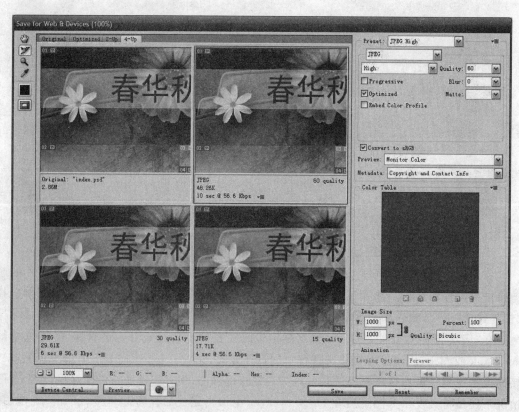

图 3-49 图像优化处理

选择 Optimizal 选项卡,系统自动进行低级别优化处理。选择 2-Up 选项卡,对图像进行进一步优化处理,左右两个子窗口底部会显示优化前后的文件大小。选择 4-Up 选项卡,对图像做最大的优化处理。单击 Save 按钮，在打开的对话框中设置保存文件的格式类型为 HTML，保存文件名为 3_18.html。

3. 导入 Dreamweaver 编辑

利用 Dreamweaver 打开上文保存的 3_18.html 网页文档。在 Photoshop 中输出的 HTML 文件已经按照切割图片的布局自动生成了表格。默认情况下，网页主体位于窗口的左侧，如果不希望访问者看到这样的效果，可以将它设置为居中。全部选中网页表格，在"属性"面板中单击"对齐"下拉列表框，选择"居中对齐"选项，效果如图 3-50 所示。

图 3-50 "居中对齐"效果

单击某个切片发现，此时所有的切片图片占满了网页表格及单元格，如果需要在网页中插入其他网页元素及文本，则需要在对切片进行编辑或者将切片转化为单元格背景图才可以。单击需要转化的切片，在其"属性"面板的"源文件"选项中查看并复制切片名称及路径，然后切换到"拆分"编辑状态，在对应的源代码＜td＞标签中添加 background 属性，如图 3-51 所示。

最后再删除选择的切片图像源文件，在其单元格中插入所需要的网页元素即可。这里我们插入了一个导航 SWF 文件，Wmode 值设为透明，并设置其大小与切片相同，即刚好占满整个单元格，同时插入了一幅图像，保存后网页效果如图 3-52 所示，其他功能区域读者可自由安排。

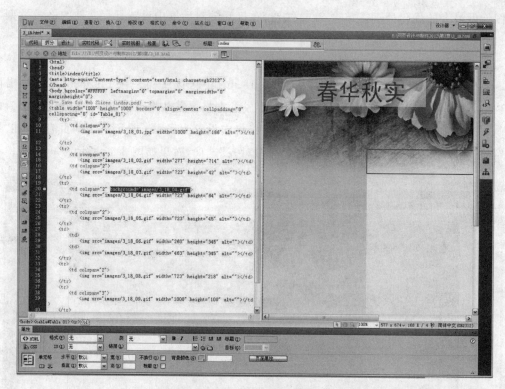

图 3-51　切片转化为背景图

图 3-52　Dreamweaver 编辑效果

3.3 上机实践

3.3.1 表格布局网页

利用给定的网页素材,在 Dreamweaver 中利用表格布局完成如图 3-53 所示的网页效果。

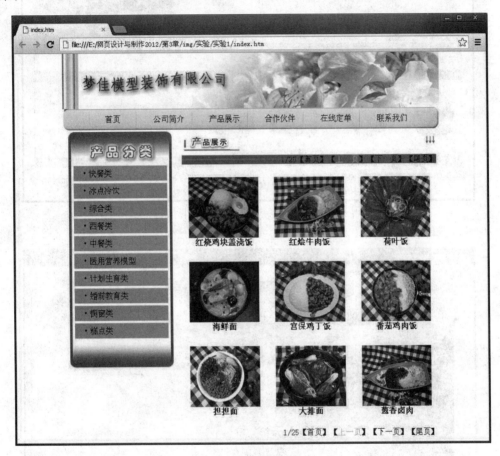

图 3-53 表格布局实验图

3.3.2 Spry 布局对象

利用给定的素材图像,在 Dreamweaver 中利用 Spry 布局对象完成如图 3-54 所示的网页效果。

3.3.3 PS 切片导出

利用给定的素材图像,在 Photoshop 中利用切片工具对图像进行切割并保存为网页HTML 文档,在 Dreamweaver 中编辑为如图 3-55 所示网页效果。

图 3-54　Spry 布局对象

图 3-55　PS 切片构图

3.3.4　网页中插入多媒体

自行下载一个 MP3 格式的音频文件和一个 FLV 格式视频文件,练习在网页中插入多媒体素材的方法。

3.3.5　网页模板

根据 3.1 小节中所学知识,利用网页模板创建 4 个相同风格的页面,并通过超链接浏览所有页面效果。

自 2005 年以来,Web 2.0 的提出和应用给网页前端开发带来了新的技术革新,越来越多的主流网站开始抛弃传统的基于 Table 的表格布局方法,转而采用基于 Web 标准的 DIV+CSS 的设计方法对网站进行重构,仿佛一夜之间,国内的网页设计师都接受了 Web 标准这一理念,各大网站都逐步改版成了 DIV+CSS 布局。那到底什么是 Web 标准? 什么是 DIV+CSS 布局呢? 本章将引导读者逐步了解和掌握基于 Web 标准的网页设计方法和技巧,并实际应用到网页设计中。

本章学习要点:

- Web 标准
- 网站重构
- CSS 样式表的应用方式
- CSS 选择器

4.1 Web 标准

首先先搞清楚一个问题: 什么是标准? 各行各业都有一些共同的标准,如国际上的火车标准轨距是 1435mm,我们的个人计算机零件规格标准统一,简单组合就可以完成一台兼容计算机等。有了这些严谨合理的标准,才有利于各行业的沟通和协同工作,也有利于降低成本。若没有一个统一的标准,如各个品牌的汽车配件互不兼容,维修就相对麻烦得多。

Web 标准是互联网领域的标准。Web 标准,即网站标准。目前通常所说的 Web 标准一般指网站建设采用基于 XHTML 语言的网站设计语言,Web 标准中典型的应用模式是 DIV+CSS。实际上,Web 标准并不只是某一个标准,而是一系列标准的集合。Web 标准是由 W3C 和其他标准化组织制定的一套规范集合,Web 标准的目的在于创建一个统一的用于 Web 表现层的技术标准,以便于通过不同浏览器或终端设备向最终用户展示信息内容。

建立 Web 标准的目的是解决网站中由于浏览器升级、网站代码冗余及臃肿等带来的问题,建立 Web 标准可以得到以下几个好处:

- 简化代码,组件用得更少,所以维护也更加容易,从而可以降低成本。
- 实现结构和表现分离,确保所有网站文档的长期有效性。
- 调用不同的样式文件,可以使用户更加容易地选择自己喜欢的风格。
- 向后兼容,内容也能够被更多设备访问,包括手机、打印机等。

网页主要由三部分组成:结构(Structure)、表现(Presentation)和行为(Behavior)。对

应的网站标准也分三方面：结构化标准语言，主要包括 HTML 和 XHTML；表现标准语言，主要包括 CSS；行为标准，主要包括对象模型（如 W3C DOM）、ECMAScript 等，主要应用为 JavaScript。这些标准大部分由 W3C 起草和发布，也有一些是其他标准组织制定的标准，例如 ECMA（European Computer Manufacturers Association）的 ECMAScript 标准。

如何理解网页的三个组成部分呢？用一本书来比喻，一本书的章、节和段落构成了这本书的"结构"，而每部分采用什么字体、字号和颜色等，就称为这本书的"表现"，当然，书本一旦印刷成册就固定不变，因此它不存在"行为"。但网页就不一样，网页的各级标题和列表结构构成网页的"结构"，每部分的字体、字号和颜色等属性构成它的"表现"，网页可以和读者交互，可以随时改变，因此如何交互和变化就称为它的"行为"。简单地说，"结构"决定网页"是什么"，"表现"决定网页"是什么样子"，而"行为"决定网页"做什么"。

4.1.1 内容与表现的分离

内容、结构和表现是一个网页必不可少的组成部分。其中，内容是页面传达信息的基础，表现使得内容的传达变得更加明晰和方便，而结构则是内容和表现之间的纽带。下面通过实例详细说明三者的区别和联系。

1. 内容

内容就是网页实际要传达的信息，包括文本、图片、音乐、视频、数据、文档等。这里的实际信息为纯粹的数据信息本身，不包括修饰的图片、背景音乐等。例如实例 4_1.html，下面一段文本就是页面要表现的内容信息。

我愿做一颗流星，消逝在天空，虽然再现的只是几秒钟的时间，但如果有你的欣赏、许愿，便也足够。恒星虽然恒久不变，但不及流星的平淡，辉煌的只有一瞬。所以，我选择做流星，转瞬即逝。就像在你短暂的生命中，我只是过客而已。我不奢望有轰轰烈烈的爱情，也害怕信誓旦旦，我曾说过，我爱你，这时，我是希望做一颗恒星的，那朦胧的话语里，正如你的眼神，带有一丝惊慌，虽然我没能亲眼所见，但我可以去感觉。那一刻，我知道，我只能做一颗流星，别无选择……

你离开我，从第一眼见到你，我就知道，最终的结局会是如此，毕竟这是一个只会开花不会结果的季节。我不敢说你无情，因为我没有资格。我也无情，从表面看至少如此，我觉得自己很了不起，对过去的一切可以一笑置之，然而，从一见到你起，就有了一种情愫，今天，我知道了，那是爱！我可以撕掉写给你的一切，却撕不了对你的思念，于是，我故做冷漠。

我有一个梦，梦中有你，有你幸福的微笑，却没有我。于是，我便成了局外人，我不知你有没有一个梦，梦中是否有一个飞逝的流星，我知道，这梦永远是梦，不会有成真的一刻，所以我选择逃避，想要忘了你的一切一切……

2. 结构

虽然在文本信息中已经包括了页面要传达的信息，但是这些信息简单地堆砌在一起，难于理解和阅读，内容的信息也不能很清晰地传达给浏览者。将上述的文本信息格式化，把段落文本分成标题和列表等部分，条理清晰，页面结构说明了内容各个部分之间的逻辑关系，使内容更便于理解，如图 4-1 所示。

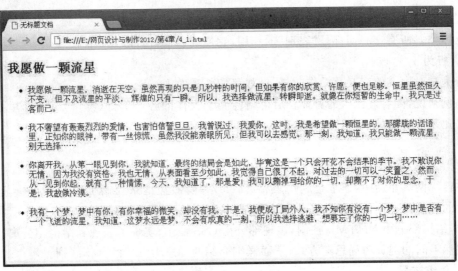

图 4-1 结构化后的文本效果

3. 表现

以上虽然在结构上对页面内容进行了区分,但是页面内容的外观并没有改变。表现就是对结构化的信息进行样式上的控制,如对字体、颜色、大小和背景灯外观进行控制。所有这些外观的效果就称之为表现。

用于表现的 Web 标准语言主要指 CSS。和 HTML 类似,CSS 也是由 W3C 组织负责制定和发布的。1996 年 12 月,发布了 CSS 1.0 规范;1998 年 5 月,发布了 CSS 2.0 规范。目前有两个新版本正处于工作状态,即 2.1 版和 3.0 版。对上例中的内容进行 CSS 样式定义后,效果如图 4-2 所示。

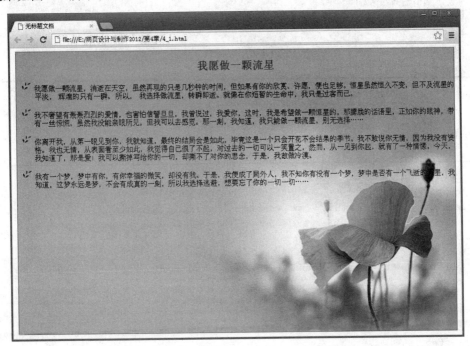

图 4-2 添加表现效果

可以看出,标题颜色改变了,而且居中对齐,增加了背景图像,每一个段落前面都换成了一个小图像。所有这一切都是"表现"的作用,它使内容变得赏心悦目。

4. 行为

行为是对内容的交互及操作效果,例如我们熟悉的 JavaScript。

举例来说,内容好比人的身体;结构则标明了身体的各个部分(哪里是头,哪里是脚);表现好比装扮身体的衣服;行为就是走、跑、跳等动作。

4.1.2 布局思考方式

在传统网页布局中,通常是利用表格(table)并隐藏边框来控制页面元素布局,这种方法最大的坏处就是页面的结构部分和表现部分混杂在一起,后期维护比较麻烦。而在标准布局中,结构部分由 XHTML 控制,表现部分由 CSS 控制,实现了表现和结构相分离。这是两种截然不同的网页布局思考方式,下面详细介绍两种思考方式的具体区别。

1. 传统布局

在传统布局中使用的主要布局元素是 table 元素。一般用 table 元素的单元格将页面分区,然后在单元格中嵌套其他表格定位内容。通常使用 table 元素的 align、valign、cellspacing、cellspadding 等属性(关于 table 元素的属性具体请参考第 2 章)控制内容的位置,用 border=0 来隐藏表格的边框显示。下面是用 table 元素进行布局的简单示例,对单元格网页浏览效果如图 4-3 所示。

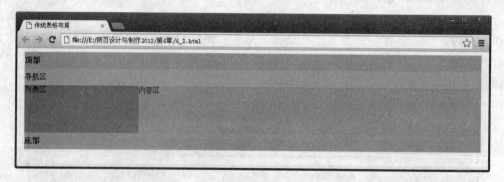

图 4-3　传统表格布局效果

该布局的代码如下:

```
< html >
< head >
< meta http - equiv = "Content - Type" content = "text/html; charset = utf - 8"/>
< title >传统表格布局</ title >
</ head >
< body >
< table width = "1000" border = "0" align = "center" cellpadding = "0" cellspacing = "0">
  < tr >
    < td height = "35" bgcolor = "♯9DD8FF"> < font color = "♯FF0000"> < strong >顶部</ strong >
</ font > </ td >
  </ tr >
    < tr >
```

```
      < td height = "35" bgcolor = "♯FFCC66">导航区</td>
    </tr>
    <tr>
    < td > < table width = "100 %" height = "100" border = "0" cellpadding = "0" cellspacing = "0">
      <tr>
        < td width = "25 %" valign = "top" bgcolor = "♯9EBC76">列表区</td>
        < td width = "75 %" valign = "top" bgcolor = "♯CCCC99">内容区</td>
      </tr>
    </table > </td>
  </tr>
  <tr>
    < td height = "35" bgcolor = "♯9DD8FF"> < font color = "♯FF0000"> < strong >底部</strong>
</font> </td>
  </tr>
</table>
</body>
</html>
```

在代码中使用了 font 和 strong 元素来控制顶部和底部文本的显示效果,这就是典型的表现和结构混杂的用法。当制作了数目繁多的类似页面之后,修改页面表现就显得尤为困难。例如要修改文本颜色为 blue,则就需要更改页面中所有的 font 元素的 color 属性值,这样的操作会花费大量的时间且很容易遗漏。

2. Web 标准布局

在 Web 标准布局中,结构部分和表现部分是各自独立的。结构部分是页面的 XHTML部分,表现部分是调用的 CSS 文件。XHTML 只用来定义内容的结构,所有表现的部分放到单独的 CSS 文件中。对于初次使用 XHTML+CSS 进行网页设计的新手,推荐采用遵循标准的编辑工具,例如 Dreamweaver,它是目前支持 CSS 标准最完善的工具。

在 Dreamweaver 中选择"编辑"→"首选参数"选项,在弹出的对话框中选择"新建文档"分类,如图 4-4 所示。

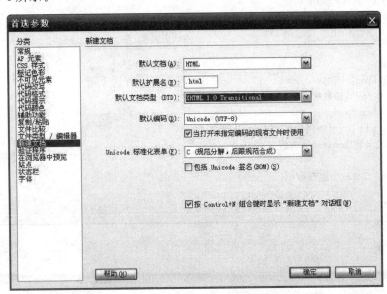

图 4-4 Dreamweaver"首选参数"对话框

可以看出,Dreamweaver 将 XHTML 1.0 Transitional 作为"默认文档类型",Dreamweaver 将 XHTML 过渡型标准作为目前网页设计的标准语言,同时还支持 XHTML 1.1 和 HTML 5 在内的所有文档类型。利用 Web 标准对上例进行改善,采用 DIV＋CSS 布局格式代码如下:

```
<! DOCTYPE html PUBLIC " - //W3C//DTD XHTML 1.0 Transitional//EN" "http://www. w3. org/TR/
xhtml1/DTD/xhtml1 - transitional.dtd">
< html xmlns = "http://www.w3.org/1999/xhtml">
< head >
< meta http - equiv = "Content - Type" content = "text/html; charset = utf - 8"/>
< title > DIV + CSS 典型布局</title >
< style type = "text/css">
body{margin: 10px;
    padding: 0px; }
# top, # nav, # mid, # footer{
    width:1000px;
    margin:0 auto; }
# top, # footer{ height: 35px;
    background - color: # 9DD8FF;
    color: # F00;
    font - weight: bold; }
# nav{ height: 35px;
    background - color: # FC6; }
# mid{ height: 100px; }
# list{ width: 25 % ;
    height: 100px;
    background - color: # 9EBC76;
        float: left; }
# content{ width:75 % ;
    float:right;
    height: 100px;
    background - color: # CCCC99; }
</style >
</head >
< body >
< div id = "top">顶部</div >
< div id = "nav">导航区</div >
< div id = "mid">
    < div id = "list">列表区</div >
    < div id = "content">内容区</div >
</div >
< div id = "footer">底部</div >
</body >
</html >
```

其中,代码

```
<! DOCTYPE html PUBLIC " - //W3C//DTD XHTML 1.0 Transitional//EN" "http://www. w3. org/TR/
xhtml1/DTD/xhtml1 - transitional.dtd">
```

```
< html xmlns = "http://www.w3.org/1999/xhtml">
< meta http - equiv = "Content - Type" content = "text/html; charset = utf - 8"/>
```

用于制作符合标准站点时的 DOCTYPE 声明、名字空间声明及定义语言编码,这样做的目的是为了能被浏览器正确解释和通过 W3C 代码校验。但为了突出要点并控制代码篇幅,本章之后的标准代码中暂将这些代码作了删减,读者在实际创作中需要添加上去,特此声明。通过 Dreamweaver 编辑器创建的页面会自动添加。

通过分析以上两列的代码可见,在布局效果一致的情况下,表格布局导致结构与样式混杂,条理混乱,不易维护,而 XHTML+CSS 布局将内容与样式分离,代码的重用性较高,如果网站中所有的页面调用相同的 CSS 文件,那么更改网站中同一表现只需要更改一句代码即可。语义清楚的 XHTML 和合理的 CSS,使得网站的改版相对变得非常容易。页面的结构和表现相分离后,带来的好处主要体现在以下几个方面:

- 文件下载与页面显示速度更快;
- 内容能被更多的用户所访问(包括失明、视弱、色盲等残障人士);
- 内容能被更广泛的设备所访问(包括屏幕阅读机、手持设备、搜索机器人等);
- 用户能够通过样式选择定制自己的表现界面。

【注意事项】

(1) 使用 Web 标准布局,并不是简单地用 div 元素代替 table 元素,而是要从根本上改变对页面的理解方式,达到结构和表现相分离。

(2) 表格虽然不提倡用作布局,但并不代表 XHTML 排斥表格的使用,只是在需要显示表格数据的时候使用表格标签,把表格用在合适的地方,以保持结构的清晰。

4.2 网站重构

4.2.1 什么是网站重构

网站重构是把未采用 CSS,大量使用 HTML 定位、布局,或者虽然已经采用 CSS,但是未遵循 HTML 结构化标准的站点进行改善,让标签回归标签的原本意义。通过在 HTML 文档中使用结构化的标签以及用 CSS 控制页面表现,使页面的实际内容与它们所呈现的格式相分离的站点的过程就是网站重构。

网站重构的目的是让网站符合 Web 标准,简单地说就是不用 HTML+table 标签来设计页面,改用 XHTML+CSS 来实现。

网站重构是一种思想,是一种理念,真正的网站重构理应包含结构、表现和行为 3 个层次的分离以及优化,行内分工优化,以及以技术与数据、人文为主导的交互优化等。重构不仅仅追求技术,还追求还原设计稿、浏览器的兼容性,重要的是基础和理念。

关键是要在不断的实践中找到一种如何与网站本身的内容结构体系进行结合的方式。Web 标准中,目前使用"XHTML+CSS"设计的网站,目的是使结构和表现彻底分离。也就是说,XHTML 标签只负责定义文档结构,所有涉及表现的内容都剥离放在一个单独的 CSS 文件中。

113

4.2.2 什么是 XHTML

XHTML 是由国际 W3C 组织制定并公布发行的基于 XML 的语言,XHTML 是扮演着类似 HTML 角色的 XML。因此,XHTML 只是一种过渡技术,它结合了 XML 的强大功能及 HTML 的简单特性。与 HTML 相比,XHTML 有以下特点。

(1) 解决了因 HTML 语言缺点所导致的严重制约。HTML 5 之前版本存在的主要缺点包括:越来越多的信息设备(如 PDA、信息家电等)不能直接显示 HTML;代码不规范、臃肿;表现和数据混杂,页面改版困难。

(2) XML 是 Web 发展的趋势,但就目前的网络情况一下子过渡到 XML 还不可能。使用 XHTML 只要遵守一些简单规则,就可以设计出既适合 XML 系统,又适合当前大部分 HTML 浏览器的页面。

(3) XHTML 非常严密,能与其他基于 XML 标记语言、应用程序和协议进行良好的交互工作,并有助于读者改掉表现与数据混杂的习惯,在代码中逐步实现网页的内容和表现相分离。

4.2.3 利用 XHTML 改善现有网站

学习使用 XHTML+CSS 的方法需要一个过程,使现有网站符合网站标准也不可能一步到位,最好的方法是循序渐进,分阶段来逐步达到完全符合网站标准的目标,最好采用一些遵循标准的编辑工具,如 Dreamweaver 等,在设计网页的过程中,要符合以下 Web 标准的设计规则。

• 为页面添加正确的 DOCTYPE

DOCTYPE 是 Document Type 的简写。用来说明 XHTML 或者 HTML 是什么版本。浏览器根据 DOCTYPE 定义的 DTD(Document Type Definition,文档类型定义)来解释页面代码。

初次学习 Web 标准的读者推荐使用 XHTML 1.0 过渡式的 DTD,它依然可以兼容你的表格布局、表现标识等,不至于让你觉得变化太大,代码如下:

```
<! DOCTYPE html PUBLIC " - //W3C//DTD XHTML 1. 0 Transitional//EN" "http://www. w3. org/TR/
xhtml1/DTD/xhtml1 - transitional.dtd">
```

• 设定一个名字空间

直接在 DOCTYPE 声明后面添加如下代码:

```
< html XMLns = "http://www.w3.org/1999/xhtml" >
```

• 声明编码语言

为了被浏览器正确解释和通过标识校验,所有的 XHTML 文档都必须声明它们所使用的编码语言,代码如下:

```
<meta http-equiv="Content-Type" content="text/html; charset=GB2312"/>
```

这里声明的编码语言是简体中文 GB2312。

- 用小写字母书写所有的标签

XML 对大小写是敏感的,所以,XHTML 也是大小写有区别的。所有 XHTML 元素和属性的名字都必须使用小写。否则文档将被 W3C 校验认为是无效的。例如下面的代码是不正确的:

```
<Title>用小写字母书写标签</Title>
```

正确的写法是:

```
<title>用小写字母书写标签</title>
```

- 为图片添加 alt 属性

为所有图片添加 alt 属性。alt 属性指定了当图片不能显示的时候就显示供替换文本,这样做对正常用户可有可无,但对纯文本浏览器和使用屏幕阅读机的用户来说是至关重要的。只有添加了 alt 属性,代码才会被 W3C 正确校验通过,代码如下:

```
<img src="logo.gif" alt="网站标志,首页">
```

- 给所有属性值加引号

在 HTML 中,可以不需要给属性值加引号,但是在 XHTML 中,属性值必须加引号。例 height="100"是正确的,而 height=100 就是错误的。

- 关闭所有的标签

在 XHTML 中,每一个打开的标签都必须关闭,这个规则可以避免 HTML 的混乱和麻烦,代码如下:

```
<p>每一个打开的标签都必须关闭.</p>
```

需要说明的是:空标签也要关闭,在标签尾部使用一个正斜杠(/)来关闭它们。例如:$<$br/$>$ $<$img src="webstandards.gif"/$>$

- 用 id 属性代替 name 属性

HTML 中为 a、applet、frame、iframe、img、map 等元素定义了 name 属性,在 XHTML 里 name 属性不能使用,应该用 id 来替换它。

- 避免使用已被废弃的 HTML 元素,如果$<$font$>$、$<$center$>$、$<$frame$>$等,使用列表元素来标记列表。类似地,使用$<$strong$>$来代替$<$b$>$,使用$<$em$>$代替$<$i$>$等。
- 如果没有适当的 HTML 标签,可以使用$<$div$>$和$<$span$>$标签。

上述规则都是关于网页内容的标准设计规则,有关表现的标准化设计主要是观念上的转变以及对 CSS 技术的学习和运用。本书将在下一章详细探讨关于 CSS 表现的标准设计。

115

4.3 CSS 样式表应用

CSS 即通常所说的层叠样式表。所谓 CSS 样式,就是告诉浏览器要如何格式化网页中某个内容的一个规则,如给网页中一段文件改变颜色、设置字体等。CSS 是为了简化 Web 页面的更新工作而诞生的,它通过对网页中的每个元素进行美化,将网页变得更加美观,维护更加方便。合理有效地使用 CSS,可以减少网页编辑和后期维护的工作量,加快网页的下载速度。

CSS 通过定义规则并将其应用到文档中同一类型的元素,这样就可以减少网页设计者的工作。每个样式表都是由一系列规则组成,每条规则有两部分:选择器和声明。每条声明又是属性和值的组合,如图 4-5 所示。选择器告诉浏览器网页中的哪个元素或哪些元素要设置样式,可以有多种形式,声明块用来设置具体的属性和值。

图 4-5 CSS 规则语法

【注意事项】

为了提高代码的可读性,建议选择器和后面的左大括号({)之间保留一个空格,并放在第一行,右大括号(})放在最后一行。每个声明占一行,用分号结束,声明中冒号和值之间留一个空格。样式与样式之间用空行分隔。如:

```
p {
    text - align: center;
}

#div1{
    color: #FF0000;
}
```

一个个 CSS 样式组成样式表。样式表按照其在网页中使用位置和方式的不同,可以分为内部(Intenal Style Sheet)、外部(Extenal Style Sheet)及内嵌(Inline Style Sheet)三种类型,下面来看看样式表的三种不同使用方式。

4.3.1 CSS 的使用方式

1. 外部样式表

外部样式表可以集中控制和管理多个网页的格式和布局,省去了对这些网页的每个标签都要进行格式化的麻烦。一般情况下,网站选择外部样式表比较好,有助于使网页打开速度更快。网页只包含基本的 HTML 代码,浏览器的缓存中会保存外部样式表文件,当浏览者链接跳转到使用同一个样式表的其他网页时,浏览器就不必再次下载样式表,只要从缓存中把这个外部样式表调出来就可以了,可以节省网页打开的时间。这种方式下,外部样式表将 CSS 规则写成一个文本文件,它不包含任何 HTML 代码,以 .css 作为文件扩展名,在HTML 文档头中通过链接或导入的方式引用该文件进行样式控制。

调用外部样式表一般是在＜head＞标签内使用＜link＞标签将样式表文件链接到 HTML 文件内,如:

```
< link href = "4_1.css" rel = "stylesheet" type = "text/css">
```

这里需要三个属性,href 指向外部样式表的位置及名称,rel＝"stylesheet"表示链接的类型是样式表,type＝"text/css"表示包含 CSS 的文本。这一段代码必须放在＜head＞和＜/head＞之间。

读者也可以使用 CSS 语言自身的@import 指令来链接样式表,如:

```
< style type = "text/css">
@import url(4_1.css);
</style >
```

这里要注意路径使用的 url,而不是 href。但在使用中,某些浏览器不支持这种外部样式表的@import 声明,因此这种方法不推荐使用。

2. 内部样式表

内部样式表使用＜style＞和＜/style＞标签把样式表的内容直接放到 HTML 页面的 head 区域内定义样式,内部样式表只对所在的网页一次性有效,可针对具体页面进行具体调整,代码如下:

```
< style type = "text/css">
<! --
    p {
        text - align: left;
        color: #FF0000;
    }
-->
</style>
```

其中,＜style＞标签用来说明所要定义的样式,type＝"text/css"说明这是一段 CSS 样式表代码,＜! －－与－－＞标记是为了防止一些低版本的浏览器不支持 CSS,不能识别＜style＞标签而将＜style＞与＜/style＞之间的 CSS 代码当作普通的字符串显示在网页中。

【注意事项】

内部样式表和外部样式表可以相互转换,只需要将内容样式表中＜style＞与＜/style＞之间的代码剪切,保存在一个以.css 为后缀名的文本文件中即可。同理反向操作,也可以实现外部样式表向内部样式表的转换。

3. 行内样式表

内部样式表定义的样式对网页中所有同名的 HTML 标签都有效,如上例中＜p＞标签中的所有文字全部都是左对齐效果其字体为红色。如果只想控制网页中某一个标签,可以采用行内样式表的方式。行内样式定义在＜html＞标签内,只对所在的标签有效。行内样式直接对 HTML 的标记使用 style 属性,然后将 CSS 代码直接写在其中。

例如,如果只想控制一段文字为红色居中显示,行内样式表代码如下:

```
< p style = "text - align: center; color: #FF0000">行内样式表的用法</p>
```

又如给一个图像添加模糊滤镜特效,代码如下:

```
< img src = "img/img2.jpg" style = "filter: Blur(Strength = 50)">
```

行内样式是最为简单的 CSS 使用方法,优势在于可以灵活地改变元素样式,但由于需要为每一个标记设置 style 属性,后期维护成本依然很高,而且网页容易过于臃肿,失去了样式表的优势,将内容和形式相混淆了,一般这种方法只是在个别元素需要改变样式时使用。

综合以上各 CSS 的插入方法,在使用中各有长短,推荐读者采用第一种外部样式表的方法,这样可以使网页的内容与表现真正实现分离。在多个页面共同调用同一个 CSS 文档时,每个页面独立的样式部分还是使用内部样式表,内部样式表的优先级高于外部样式表,而行内样式表的优先级又高于内部样式表。当出现多种插入 CSS 的方式时,浏览器会遵循“最近优先”的原则,即最靠近标签对象的样式优先级别最高。

4.3.2 CSS 样式面板

CSS 和 HTML 一样,也是以代码的形式存在的,要想真正掌握 CSS,需要从代码学起。在基于 Web 标准的网页设计过程中,很多时候都是直接编写和修改 CSS 代码。但在具体学习过程中,为了降低初学者的学习难度,本节推荐结合 Dreamweaver 辅助设计 CSS,首先在了解 CSS 的基础上使用 Dreamweaver 工具,然后在能够应用 Dreamweaver 创建 CSS 实例的基础上进一步学习 CSS 代码。

选择“窗口”→“CSS 样式”选项,将弹出“CSS 样式”面板。在“CSS 样式”面板中提供了两种基本的显示模式:全部模式和当前模式,全部模式用来显示当前文档的所有 CSS 规则,当前模式用来显示当前所选元素的规则,如图 4-6 所示。

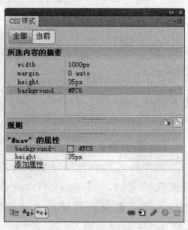

在“CSS 样式”面板右下方提供了附加样式表按钮 、新建 CSS 规则按钮 、编辑样式 、删除 CSS 规则按钮 。左下方提供了三个按钮用于样式属性视图的切换。其中按钮 用于显示类别视图,也就是默认视图。在类别视图下,属性窗口将样式分为字体、背景、区块、边框、方框、列表、定位、扩展、表、内容和引用几个类别,在每个类别下显示属于该类别的样式。按钮 用于切换到列表视图,按照字母顺序从 A～Z 进行排列。按钮 用于设置属性,在该视图下只显示当前选择符所用到的样式。

图 4-6 “CSS 样式”面板

要创建 CSS,选择“文本”→“CSS 样式”→“新建”选项,或单击“CSS 样式”面板中的新建 CSS 规则按钮,也可以在“CSS 样式”面板上右击,从弹出的菜单中选择“新建”选项,弹出

"新建 CSS 规则"对话框,如图 4-7 所示。

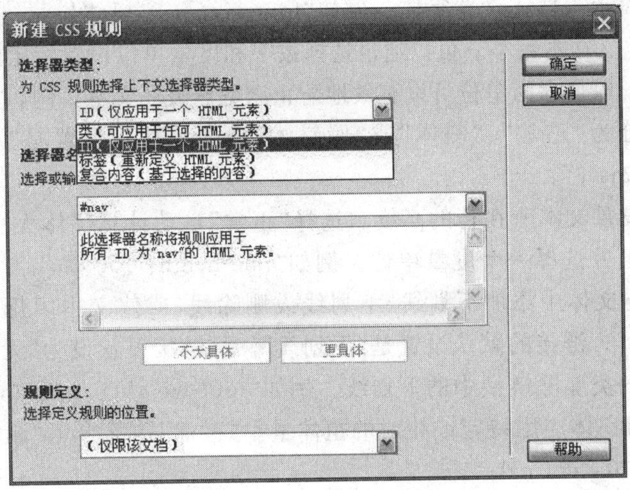

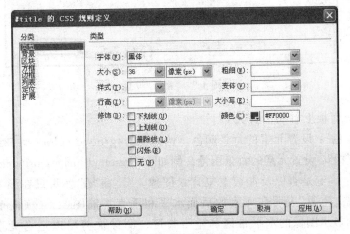

图 4-7　"新建 CSS 规则"对话框

"选择器类型"主要包括 4 个选项:"类(可用于任何 HTML 元素)"、"标签(重新定义 HTML 元素)"、"ID(仅应用于一个 HTML 元素)"和"复合内容(基于选择的内容)",我们在后面章节将详细介绍。"选择器名称"用于选择或输入 CSS 样式的名称,针对不同的选择器类型,名称的定义方式有所不同。"规则定义"用于选择定义规则的位置,包括"仅限该文档"(内部样式表)和"新建样式表文件"(外部样式表)两个选项。

确定 CSS 样式的类型、名称及位置后,单击"确定"按钮,弹出"CSS 规则定义"对话框。在"CSS 规则定义"对话框中可以按照类型、背景、区块、方框、边框、列表、定位及扩展分类进行 CSS 规则设置,同时在样式表文件中会自动添加相应的 CSS 代码。本节就以"CSS 规则定义"对话框分类为基础,逐一向读者讲解 Dreamweaver 中 CSS 规则的定义。

1. 类型

打开"CSS 规则定义"对话框后,看到的第一个分类就是"类型"分类,"类型"分类用于设置文字属性。在"CSS 规则定义"对话框中,左边是 8 种分类的列表框,右边是具体的属性设置,如图 4-8 所示。

图 4-8　"类型"设置

119

第4章　Web标准与CSS基础

"类型"分类面板中各属性的含义如下。

- "字体":表示为样式设置字体。例如"font-family：'黑体'；"。
- "大小":定义文本大小。可以通过选择数字和度量单位设置特定的大小,也可以选择相对大小。以像素为单位可以有效地防止浏览器破坏文本。例如"font-size：36px；"。
- "样式":分为"正常"、"斜体"或"偏斜体"样式。默认设置是"正常"。例如"font-style：normal；"。
- "行高":设置文本所在行的高度。选择"正常"自动计算字体大小的行高,或输入一个确切的值并选择一个度量单位。例如"line-heigh：150％；"。
- "修饰":向文体中添加下划线、上划线或删除线,或使文本闪烁。常规文本的默认设置是"无"。链接的默认设置是"下划线"。将链接设置设为"无"时,可以通过定义一个特殊的类删除链接中的下划线。例如"font-weight：underline；"。
- "粗细":对字体应用特定或相对的粗体量。"正常"等于400,"粗体"等于700。例如"font-weight：normal；"。
- "变体":设置文本是否为小型的大写字母变量。例如"font-variant：normal；"。
- "大小写":将所选内容中的每个单词的首字母大写或将文本设置为全部大写或小写。例如"text-transform：uppercase；"。
- "颜色":设置文本颜色。例如"color：♯FF0000；"。

2. 背景

"背景":类别可以定义 CSS 样式的背景,可以对 Web 页面中的任何元素应用背景属性,如图 4-9 所示。

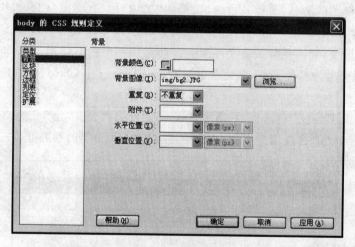

图 4-9 "背景"设置

"背景"分类面板上各属性含义如下。

- "背景颜色":设置元素的背景颜色。例如"background-color：♯33FF99；"。
- "背景图像":设置元素的背景图像。例如"background-image：url(img/bg2.jpg)；"。
- "重复":确定是否以及如何重复背景图像。"不重复"表明只在元素开始处显示一次图像。"重复"表明在元素的后面水平和垂直平铺图像。"横向重复"和"纵向重复"分别显示图像的水平带区和垂直带区。图像被剪辑以适合元素的边界。例如

"background-repeat：repeat-x；"。

- "附件"：确定背景图像是固定在它的原始位置还是随内容一起滚动,但某些浏览器可能将"固定"选项视为"滚动"。Internet Explorer 支持该选项,但 Netscape Navigator 不支持。例如"background-attachment：fixed；"。
- "水平位置"和"垂直位置"：指定背景图像相对于元素的初始位置。该选项可用于将背景图像与页面中心垂直和水平对齐。如果"附件"属性设置为"固定",则位置将相对于文档而不是元素。Internet Explorer 支持该属性,但 Netscape Navigator 不支持。例如"background-position：center bottom；"。

3. 区块

"区块"类别可以定义标签和属性的间距和对齐方式,如图 4-10 所示。

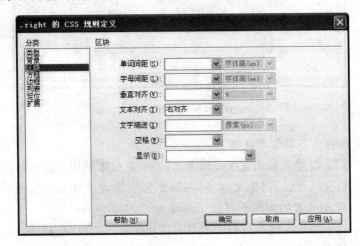

图 4-10 "区块"设置

"区块"分类面板上各属性含义如下。

- "单词间距"：设置单词的间距。若要设置特定的值,可在下拉菜单中选择"值",然后输入一个具体数值。在后一个下拉菜单中,选择度量单位(例如像素、点等)。例如"word-spacing：normal；"。
- "字母间距"：增加或减小字母或字符的间距。若要减小字符间距,可指定一个负值(例如-4)。字母间距设置覆盖对齐的文本设置。例如"letter-spacing：normal；"。
- "垂直对齐"：指定应用它的元素的垂直对齐方式。仅当应用于<img>标签时,Dreamweaver 才在文档窗口中显示该属性。例如"vertical-align：top；"。
- "文本对齐"：设置元素中的文本对齐方式。例如"text-align：center；"。
- "文字缩进"：指定第一行文本缩进的程度。可以使用负值创建凸出样式,但显示效果会随浏览器的不同而有所不同。仅当标签应用于块级元素时,Dreamweaver 才在文档窗口中显示该属性。例如"text-indent：24px；"。
- "空格"：确定如何处理元素中的空白。有三个选项供选择："正常"收缩空白;"保留"原样保留所有空白;"不换行"指定仅当遇到 br 标签时文本才换行。Dreamweaver 不在文档窗口中显示该属性。例如"white-spacing：normal；"。
- "显示"：指定是否显示以及如何显示元素。若选择"无"选项,则关闭应用此属性的

121

元素的显示。例如"display：block；"。

4. 方框

"方框"分类可以定义元素的高度、宽度、浮动、清除、边界和填充，如图 4-11 所示。

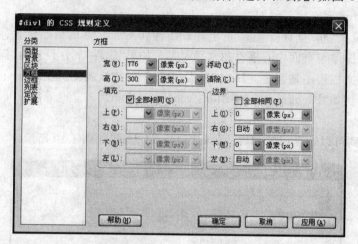

图 4-11 "方框"设置

"方框"分类面板上各属性含义如下。

- "宽"和"高"：设置元素的宽度和高度，后一个下拉菜单用于选择单位。
- "浮动"：设置其他元素（如文本等）用哪个边围绕元素浮动。其他元素按通常的方式环绕在浮动元素的周围。例如"float：left"。
- "清除"：用于消除在定位过程中的左右浮动影响。例如"clear：right；"。
- "填充"：指定元素内容与元素边框之间的间距（如果没有边框，则为边距）。取消"全部相同"复选框可设置元素各个边的填充。例如"padding：20px"。
- "边界"：指定一个元素的边框与另一个元素之间的间距（如果没有边框，则为填充）。例如"margin-top：50px；"。

5. 边框

"边框"分类用于定义元素周围的边框设置，如宽度、颜色和样式等，如图 4-12 所示。

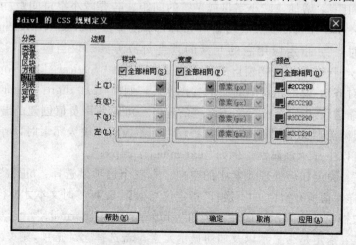

图 4-12 "边框"设置

"边框"分类面板上各属性含义如下。

- "样式"：设置边框的样式外观。Dreamweaver 在文档窗口中将所有样式呈现为实线。样式的显示方式取决于浏览器。取消选择"全部相同"复选框可以设置元素各个边的边框样式。例如"border-top-style：solid；"。
- "宽度"：设置元素边框的粗细。例如"border-top-width：1px；"。
- "颜色"：设置元素边框的颜色。可以设置每条边的颜色，但显示方式取决于浏览器。例如"border-top-color：♯FF0000；"。

6. 列表

"列表"分类为列表标签定义列表设置，如图 4-13 所示。

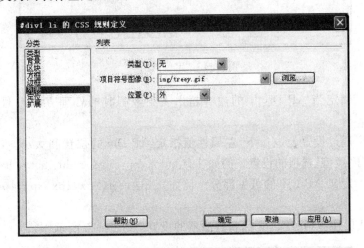

图 4-13　"列表"设置

"列表"分类面板上各属性含义如下。

- "类型"：设置项目符号或编号的外观。例如"list-style-type：none；"。
- "项目符号图像"：可以为项目符号指定自定义图像。单击"浏览"按钮可以选择图像。例如"list-style-image：url(img/treey.gif)；"。
- "位置"：设置列表项文本是否换行和缩进（外部）以及文本是否换行到左边距（内部）。例如"list-style-position：outside；"。

7. 定位

"定位"样式属性同浮动一样是实现 Div 对象布局的手段之一，如图 4-14 所示。

"定位"分类面板上各属性含义如下。

- "类型"：确定浏览器是如何定位网页元素的。"绝对"表示使用"定位"区域中输入的坐标相对于页面左上角来放置元素；"相对"表示使用"定位"区域中输入的坐标相对于对象在文档的文本流中的位置来放置元素；"静态"表示将元素放在它位于文本流中的位置。例如"position：absolute；"。
- "宽"和"高"：确定网页元素的大小。
- "显示"：确定网页对象的初始显示条件。例如"visibility：visible；"。
- "Z轴"：确定 AP Div 的堆叠顺序。编号较大的显示在上面。值可以为正，也可以为负。例如"z-index：3；"。

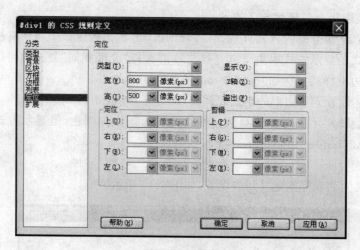

图 4-14 "定位"设置

- "溢出"：确定当 AP Div 中的内容超出大小限制时的处理方式。例如"overflow：scroll"。
- "定位"：通过设置上、右、下、左属性值指定 AP Div 的位置和大小。浏览器如何显示取决于"类型"选项的设置。例如"left：auto；top：5px；right：auto；bottom：5px；"。
- "剪辑"：定义 AP Div 的可见部分。例如"clip：rect(2px,2px,3px,4px)；"。

8. 扩展

"扩展"样式属性包括分页、光标和过滤器的设置，如图 4-15 所示。

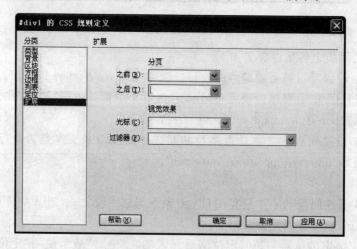

图 4-15 "扩展"设置

"扩展"分类面板上各属性含义如下。

- "分页"：用来设置在打印的时候强迫在样式控制的对象前后换页。选择"总是"选项时，将始终在对象之前或之后出现页分割符。
- "光标"：设置当鼠标经过样式控制的对象的时候改变鼠标的形状，其中包括如下几项：crosshair(十字型)、text(I 型)、wait(等待)、default(默认)、help(帮助)、e-resize(东箭头)、ne-resize(东北箭头)、n-resize(北箭头)、nw-resize(西北箭头)、w-resize

（西箭头）、sw-resize（西南箭头）、s-resize（南箭头）、se-resize（东南箭头）、auto（自动）。
- "过滤器"：设置滤镜特效。例如"Alpha(Opacity＝100,FinishOpacity＝20,Style＝2)"。

4.4 CSS 选择器

学习 CSS 首先要学习选择器，选择器是 CSS 中最基础的部分，它指明了文档中要应用样式的元素。现在几乎所有的浏览器都在最大程度上支持最新版本 CSS 3.0 中规定的选择器，本节主要介绍 CSS 2.1 版本中规定的选择器，CSS 3.0 新增选择器将在后续章节详细介绍。

4.4.1 标签选择器

一个 HTML 页面由很多不同的标签组成，标签选择器可以声明哪些标签采用哪种 CSS 样式，本质上是对 HTML 元素进行重新定义。如 p 选择器，就是声明文档中所有 <p>标记的样式风格。HTML 中所有标签都可以作为标签选择符，因此，在"新建 CSS 规则"对话框的"选择器名称"下拉列表框中正是 HTML 标签，如图 4-16 所示。

图 4-16　新建标签类型选择器

实例 4_5.html 网页的核心代码如下：

```
< html >
< head >
< title >CSS 选择器</title>
< style type = "text/css">
body {
```

```
        background - image: url(img/bg2.jpg);
        background - repeat: no - repeat;
        background - position: center top;
}
p {
        font - family: "华文行楷";
        font - size: 28px;
        color: ♯383;
        text - align: center;
}
</style>
</head>
< body >
<p>人一生的价值不是取决于他一生获得了多少</p>
<p>而是取决于一生付出了多少</p>
<p>而付出的多少取决于你在青春的努力.</p>
</body>
</html>
```

CSS 代码中对 body 设置了背景图像及其位置,同时还声明了页面中所有的<p>标记,文本被设置为华文行楷,居中对齐,大小都为 28px,颜色采用♯383(即♯338833)。网页代码运行效果如图 4-17 所示。网页中传统的格式化文本标签<font>已被推荐不再使用。

图 4-17　标签选择器的使用

在网站后期维护中,如果修改 CSS 规则中的<p>标签属性 color 值为♯F00,则网页中所有的<p>标签内容文本都将变化为红色。这就带来一个问题,如果有一个<p>标签内容要求不是红色,而是绿色,那该怎么办呢?显然继续使用一个<p>标签选择器是不够的,这种情况可以采用类(class)选择器。

4.4.2 类选择器

类选择器能够把相同的元素分类定义成不同的样式,对 XHTML 标签均可以使用 class=" " 的形式对类属性进行名称指派,且允许重复使用。与标签选择器不同的是,类选择器的名称可以由用户自定义,在定义类选择器时,名称前面需要加一个点号(.)。如实例 4_6.html 中定义了两个不同的类.left 和.right,属性分别设置为文本左对齐、红色和文本右对齐、蓝色。显示效果如图 4-18 所示。

图 4-18　类选择器的使用

在实例 4_6.html 中同时出现了三个<p>标签,对后两个应用了不同的 class 选择器规则,因此呈现出不同的颜色和对齐方式效果。其代码如下:

```
< body >
<p>人一生的价值不是取决于他一生获得了多少</p>
< p class = "left">而是取决于一生付出了多少</p>
< p class = "right">而付出的多少取决于你在青春的努力.</p>
</body >
```

分析代码可以发现,同一个 HTML 标签可以调用不同的类选择器,调用的方式是在标签中添加 class="类名" 的方式。类选择器也可以被不同的 HTML 标签重复调用。类选择器在定义时,名称必须以一个英文的圆点开头,圆点之后始终必须以字母开头,区分大小写。

类选择器虽然可以应用于网页中的任何标签,但在用 CSS 设计网页布局时,ID 选择器则显得更为恰当。

4.4.3 ID选择器

ID选择器的使用方法和类选择器基本相同,不同之处在于ID选择器只能在HTML页面中使用一次,因此其针对性更强,只用来对单一元素定义单独的样式。ID选择器使用时只需要将类选择器的class换成id即可。对于一个网页而言,其中的每一个标签均可以使用id=""的形式对id属性进行名称的指派。

在定义ID选择器时,要在ID名称前面加一个"♯"号。例如,要定义一段文本的字体大小和颜色属性,可以建立ID名为"♯title"的样式。在实例4_5.html代码中添加一个文本标签<p>,设置其id="title"属性,添加的代码为<p id="title">人生的价值</p>,其中♯title规则定义代码如下:

```
♯title {
    font - family:"黑体";
    font - size:32px;
    color:♯F00;
}
```

将添加代码后的网页另存为实例4_7.html,效果如图4-19所示。

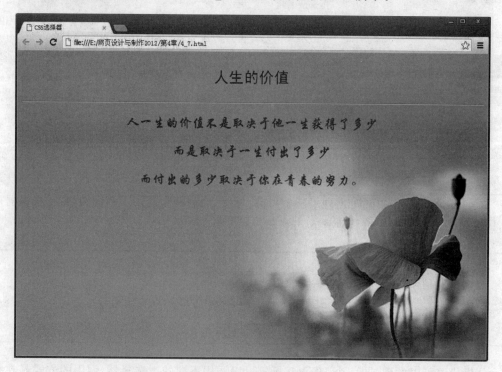

图4-19　ID选择器的使用

当类选择器与ID选择器同时作用时,ID选择器的优先权要高于类选择器。

在使用标签选择符时如果同时定义id或class选择符,则可以对标签选择符进行分类。

例如：

```
p.word1{font - size:18px;color:#FC56A9;}
```

表示针对所有 class 为 word1 的 p 标签设置样式。例如：

```
ul#tabnav{
    list - style - type:none;
    padding - left:0px;
}
```

表示针对所有 id 为 tabnav 的 ul 标签设置 CSS 样式。

标签选择符和 id 或 class 选择符的组合使用，可以更加精确地选择特定标签进行样式设置，是一种非常有用的选择符类型。

4.4.4 复合内容选择器

1. 群选择器

在声明各种 CSS 选择器时，如果某些选择器的风格是完全或部分相同的，这时可以使用集体声明的方法，把相同属性和值的选择器组合起来同时声明。选择器之间用逗号分开，这样可以减少样式重复定义。如 CSS 代码：

```
h1,h2,h3,h4,h5,h6{ color: #00FF00}
```

这里声明所有的标题元素的文字都为绿色。

2. 通配符选择器

通配符选择器，就是一个 * 号，一般用于对网页中所有标签初始化，从而可以将不同浏览器对同样的 HTML 标签的不同默认样式统一起来。如将网页中所有标签的内外边距设置为 0，且网页上所有标签字体大小都为 24px，采用通配符选择器 CSS 代码如下：

```
* {
    margin: 0;
    padding: 0;
    font - size: 24px;
}
```

3. 派生选择器

派生选择器又称为包含选择器，即通过嵌套的方式对选择器进行组合使用，这样可以更加精确地进行样式控制。如定义<p>标签中的<a>标签颜色为红色，但处在网页其他位置的<a>标签不受影响，CSS 代码如下：

129

```
p a{
    color: #F00;
}
```

派生选择器还可以创建包含不同类型选择器的复杂选择器,如表示 id 为 top 的标签内所有 class 为 main 的标签的样式,则规则代码定义方式如下:

```
#top .main{
    color: #F00;
}
```

4. 伪类和伪元素选择器

伪类和伪元素选择器是一组 CSS 预定义好的类和对象,不需要进行 id 和 class 属性的声明,能自动被支持 CSS 的浏览器所识别,其基本格式为:

选择器:伪类/伪元素 {属性:值}

使用伪类可以区别不同种类的元素,CSS 预定义的伪类如表 4-1 所示。

表 4-1　CSS 预定义的伪类

伪　　类	用　　法
:link	未被访问的超级链接
:visited	超链接被访问后
:hover	超链接在鼠标滑过时
:active	超链接被用户鼠标单击但未释放时
:focus	对象成为输入焦点时
:first-child	对象的第一个子对象
:first	页面的第一页

在实际应用中,使用最多的是超链接的 4 种状态,即 a:link、a:visited、a:hover、a:active。例如,在实例 4_8.html 中,设置<返回>超链接的 4 种状态颜色并始终取消下划线效果,CSS 代码如下:

```
a:link {
    color: #999;
    text-decoration: none;
}
a:visited {
    text-decoration: none;
    color: #C60;
}
a:hover {
    text-decoration: none;
    color: #00F;
}
```

```
a:active {
    text - decoration: none;
    color: #F00;
}
```

伪元素指元素的一部分,如段落的首字母。CSS 预定义的伪元素如表 4-2 所示。

表 4-2　CSS 预定义的伪元素

伪 元 素	用　　法
:after	设置某一对象之后的内容
:first-letter	对象内容的第一个字母
:first-line	对象内第一行
:before	设置某一对象之前的内容

CSS 通常用首个字母伪元素为首个字母加大或其他效果,一个首字母伪元素可以用于任何块级元素。例如,要使文本的首字母比普通文本大 3 倍,CSS 规则可写成如下形式:

```
p: first - letter {
    font - size: 300%;
    float: left;
}
```

上述所有 CSS 选择器及其规则的设置,都可以在 Dreamweaver 的 CSS 面板中定义完成,有兴趣的读者可以对比掌握面板中各项分类规则的含义及应用。

4.5　上机实践

4.5.1　内部样式表

利用给定的 bg.jpg 背景图像、文本素材和 Dreamweaver 中的 CSS 面板完成如图 4-20 所示网页效果。

其中,利用 CSS 面板完成后的 CSS 标签规则代码如下:

```
< style type = "text/css">
h1 {
    font - family: "黑体";
    font - size: 36px;
    color: #F90;
}
body {
    background - image: url(bg.jpg);
    background - repeat: no - repeat;
    background - position: center top;
    text - align: center;
    margin: 10px;
```

图 4-20　CSS 面板完成效果图

```
    padding: 0px;
}
p {
    font - family: "楷体_GB2312";
    font - size: 24px;
}
hr {
    width: 1000px;
}
</style>
```

4.5.2　行内样式表

采用行内样式表方法将 CSS 规则定义在 HTML 文件主体,网页效果不变,完成后的网页源代码参考如下:

```
< body style = "background - image: url(bg. jpg);background - repeat: no - repeat;
background - position: center top;text - align: center;
    margin: 10px;padding: 0px;">
< h1 style = "font - family: "黑体";font - size: 36px;color: #F90;">宁静就是幸福</h1 >
< hr style = "width:1000px"/>
< p style = "font - family: "楷体_GB2312";font - size: 24px; ">当一切冲动归于平淡,理想回归现实.</p >
```

4.5.3 外部样式表

新建记事本文件,复制粘贴实验 4.5.1 中产生的 CSS 代码,并以扩展名为 .css 的格式保存。然后新建另一个记事本文件,输入如下 HTML 代码,保存在 index.html 文件,并在其中链接上面保存 css 文件,网页效果如图 4-20 所示。

```
< html >
< head >
< meta http - equiv = "Content - Type" content = "text/html; charset = utf - 8"/>
< title >外部链接样式表</title >
< link rel = stylesheet href = "sy3.css" type = "text/css">
</head >
< body >
< h1 >宁静就是幸福</h1 >
< hr/>
< p >当一切冲动归于平淡,理想回归现实.</p>
< p >当一切抱负归于悠然,憧憬尘封心间.</p>
< p > 当沉默只是淡然,而不是爆发.</p>
< p > 当平静只是安宁,而不是无奈.</p>
< p > 不知不觉间已是人到中年.</p>
</body >
</html >
```

第5章 DIV+CSS

DIV+CSS是Web标准中常用术语之一,是一种网页设计的布局方法,这种布局方法相对于代码层次混乱、样式与结构杂糅的表格定位方式而言,它带来了全新的布局理念,真正实现了内容与表现的分离。本章将帮助读者理解DIV元素定位和CSS布局理念,介绍CSS盒模型理论,掌握DIV+CSS常见网页布局的设计技巧,能利用CSS代码对网页文字、图像、背景、导航、超链接、表格及表单元素进行美化,从而设计出精美的网页作品。

本章学习要点:
- DIV元素定位
- 盒模型理论
- CSS布局理念
- DIV+CSS常见布局
- CSS网页美化

5.1 DIV元素定位

5.1.1 *初识DIV*

在第2章中曾介绍过DIV标签,相信读者对它已不陌生。DIV是一个块状标签,是XHTML中指定的专门用于布局设计的容器对象。如果说table是传统表格式布局的核心对象,DIV则就是CSS布局的核心对象,使用CSS布局的页面不再依赖于表格,只需要依赖DIV和CSS,故Web标准布局通常又称为DIV+CSS布局。

在代码中应用<div></div>标签即可插入一个DIV对象,DIV对象中可以容纳段落、标题、图像、音视频、动画等各种HTML元素,DIV的作用只是把内容标识为一个区域,并不负责其他事情,其本质只是一个没有任何特性的容器,为内容添加样式则由CSS来完成。DIV对象在使用的时候,与其他HTML元素一样,可以加入其他属性,但为了实现内容与表现的分离,通常只采用id和class属性两种形式来进行样式编写。在实例5_1.html添加两个DIV标签,并通过id选择器设置CSS规则,使DIV具有不同颜色背景,代码如下:

```
<html>
<head>
<title>插入Div</title>
<style type="text/css">
#left {
    background-color: #F90;
}
```

```
#right {
    background-color: #990;
}
</style>
</head>
<body>
<div id="left">内容1</div>
<div id="right">内容2</div>
</body>
</html>
```

该代码的浏览效果如图 5-1 所示,从浏览效果来看,在 CSS 规则没有设定宽度的情况下,无论如何调整浏览器窗口,每个 DIV 对象均占据一行,且不允许其他对象与其在同一行中并列显示。实际上,DIV 就是一个块级标签。

图 5-1 插入 Div 标签

在 CSS 布局页面时,HTML 标签根据表现可分为两类:
- 块状标签(block)。块状标签可以理解为容器,如 div、hr、p 等标签,一般为矩形,可以容纳内联标签和其他的块状标签,在默认显示状态下将占据整行,排斥其他标签与其位于同一行。块状标签的 width、height、padding 和 margin 都可以进行有效设置。
- 内联标签(inline)。内联标签又称行内标签,如 span、a、img、iframe 等标签。正好与 block 相反,没有固定形状,可以容纳文本和其他内联标签,它允许下一个对象与其本身在同一行中显示。内联标签的 width 和 height 不起作用,其宽度和高度由自身容纳的文字或图片决定,特殊情况下高度可以通过 line-height 设置。padding 和 margin 在左右方向有效。在宽度允许的情况下,一行可以容纳多个内联标签。

根据 CSS 规范的规定,每个 HTML 标签都有一个默认的 display 属性,用于确定标签的类型,如 DIV 标签默认 display 属性值为 block,span 标签的默认 display 属性值为 inline。根据这个原理,如果要实现内联标签向块级标签的转换从而可以设置 width 和 height 限制,只要将内联标签的 display 属性设置为 block 即可,反之也有效。

DIV 作为一个块级标签,从页面效果看本身与样式没有任何关系,样式需要编写 CSS 来实现。这种与样式无关的特性,使得 DIV 在网页设计中具有巨大的可伸缩性,设计者可以根据自己的想法改变 DIV 的样式,而不再拘泥于传统布局单元格固定模式的束缚,如实例 5_2.html 中,将 id 为 left 的 DIV 设置宽度为 30%,向左 float 浮动,两个 DIV 高度均为 100px,则效果如图 5-2 所示。因此,在 DIV+CSS 布局中,所需要的工作可以简单归纳为两个步骤：首先利用 DIV 将内容标注出来，然后为 DIV 添加内容并编写所需的 CSS 样式。

图 5-2 DIV 标签分栏

5.1.2 DIV 布局与嵌套

在布局页面时，为了保证网页不出现水平滚动条，应首先考虑页面内容的布局宽度，并保证页面整体内容在页面居中。目前浏览者的显示分辨率最小为 $1024×768$ 像素，若采用 DIV 元素布局页面宽度时，通常以 width 属性不超过 1002 像素为最佳。

要保证页面整体内容水平居中，方法有多种，常用的方法是用 CSS 设置 DIV 的左右边距，即设置 margin-left 属性和 margin-right 属性值为 auto 时，左右边距将相等，就达到了 DIV 水平居中的效果。

如图 5-3 所示，为了产生一个整体布局，实例 5_3.html 中利用 DIV 产生了一个头部、导航、中部和底部结构，并为每个 DIV 分别定义了 top、nav、mid 和 footer 的 id 名称作为识别。为了方便浏览看到 DIV 的浏览效果，实例中为 DIV 设置了宽度和背景颜色以供区别，4 个 DIV 默认垂直排列并水平居中显示。

```
<html>
<head>
<meta http-equiv = "Content-Type" content = "text/html; charset=utf-8"/>
<title>DIV + CSS 典型布局</title>
<style type = "text/css">
body{margin: 10px;
    padding: 0px;}
#top, #nav, #mid, #footer{
    width:1000px;
    margin:0 auto;}
#top, #footer{ height: 35px;
    background-color: #9DD8FF;
    color: #F00;
    font-weight: bold;}
#nav{ height: 35px;
    background-color: #FC6;}
#mid{ height: 100px;
    background-color: #9C3;}
</style>
</head>
<body>
```

```
< div id = "top">顶部</div >
< div id = "nav">导航</div >
< div id = "mid">中部</div >
< div id = "footer">底部</div >
</body >
</html >
```

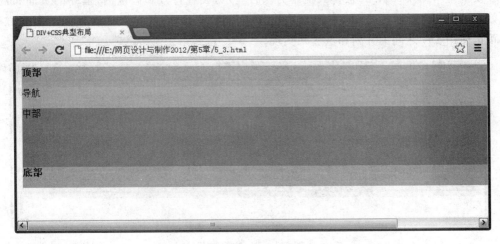

图 5-3　DIV 垂直排列并水平居中

　　CSS 代码中♯ top、♯ nav、♯ mid、♯ footer 的共同宽度属性 width 统一定义,并通过"margin：0 auto；"对设置边距的 magrin 属性做了进一步优化,属性前面的 0 代表上边距和下边距为 0 像素,auto 代表左边距和右边距为自动,0 和 auto 之间采用空格分隔,这种 CSS 样式定义方法在所有的浏览器中都是有效的。

　　对于水平居中还可以利用 body 标签属性"text-align：center；"设置所有对象居中,然后再将主体 DIV 容器属性设置"text-align：left；"内容左对齐来实现,CSS 代码定义如下:

```
body {
    text – align: center;
}
♯ mid {
    width: 1000px;
    text – align: left;
}
```

　　类似于用表格布局页面,为了实现复杂的布局结构,或者为了内容的需要,多数情况下可能在 mid 中使用左右栏的布局,因此在 mid 中增加了两个 id 分别为 list 和 content 的DIV,这两个 DIV 是并列关系,而它们都处于 mid 中,从而与 mid 形成了一种嵌套关系,其嵌套布局代码如下:

```
< div id = "top">顶部</div >
< div id = "nav">导航区</div >
```

```
< div id = "mid">
    < div id = "list">列表区</div>
    < div id = "content">内容区</div>
</ div >
< div id = "footer">底部</div>
```

实例中 list 和 content 被样式控制为左右显示,设置背景和高度后,最终的页面布局显示效果如图 5-4 所示。网页布局可以由嵌套的 DIV 来构成,无论是多么复杂的布局方法,都可以使用 Div 之间的并列和嵌套来实现。

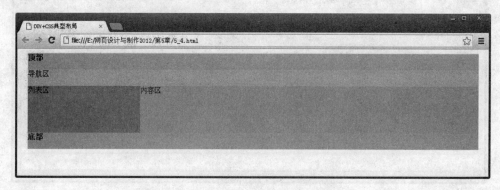

图 5-4　Div 嵌套布局

5.1.3　浮动定位与清除

第 5.1.1 节提到过块状标签和内联标签的不同,知道作为一个块状标签,DIV 在水平方向上会自动伸展,直到包含它的元素的边界;而在垂直方向上和其他同级元素依次排列,并能并排。但在使用 float 浮动属性后,块级元素的表现就会有所不同。

浮动定位是 CSS 布局中非常重要的手段之一。float 浮动属性可以设置对象左右移动,直到其边缘碰到父元素的边框或另一个浮动元素边缘。CSS 中包括 DIV 在内的所有元素都可以以浮动方式进行显示,其优点是浮动框不在文档的普通流中,这使得内容的排版变得简单,而且具有良好的伸缩性。

float 浮动属性值可以设置为 left、right、none 和 inherit。如果将 float 属性的值设置为 left 或 right,元素就会向其父元素的左侧或右侧边缘浮动。如果设置属性值为 inherit,则表示继承父元素的属性。如果一行有足够的宽度可以容纳两个 DIV 的宽度,则两个 DIV 的内容将会并列于一行显示。这里介绍浮动的几种可能形式,例如页面中两个 DIV 的布局规则如下。

```
# div1 {
    background - color: # CC6;
    height: 300px;
    width: 300px;
    float: left;
}
# div2 {
```

```
    background-color: #FC3;
    height: 400px;
    width: 500px;
}
```

这里设置了元素 div1 的 float 属性值为 left,第二个元素 div2 的 float 属性为默认值 none,则 div1 脱离文档流并向左移动,直到其边缘碰到包含框(这里是 body 标签)的边缘为止,div2 会顶到原 div1 的位置,其左边框与 div1 的左边框重合,而文字会围绕着 div1 排列。显示效果如图 5-5 所示。

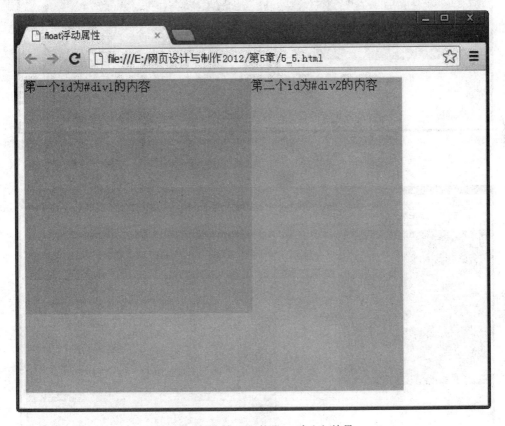

图 5-5　只设置 div1 的 float 为 left 效果

如果设置 div1 元素 float 为 left,而元素 div2 也设置"float:left",此时 div2 左侧与 div1 的右侧对齐,如图 5-6 所示。

如果设置元素 div2 向右浮动,即设置"float:right"属性,则元素 div2 将紧挨其父元素 (这里是 body)右边缘对齐,更改后的效果如图 5-7 所示。

当然,两个 DIV 元素的位置也可以互换,只需要设置 div1 元素的"float:right"和 div2 元素的"float:left"即可,如图 5-8 所示。可见通过设置不同的浮动属性值,可以灵活地定位 DIV 元素的位置,以达到布局网页的目的。

为了更加灵活地定位 DIV 元素,CSS 提供了 clear(清除)属性,用来消除元素的文档流不被影响。clear 属性值有 none、left、right 和 both,默认值为 none。设置"clear:left"可清

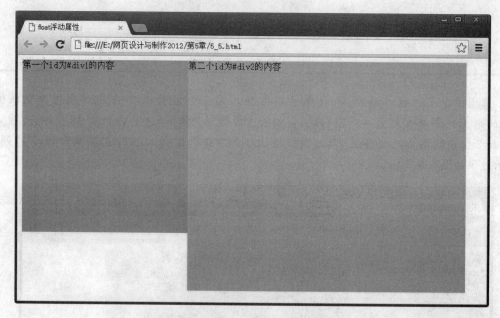

图 5-6　两个 div 的"float:left"效果

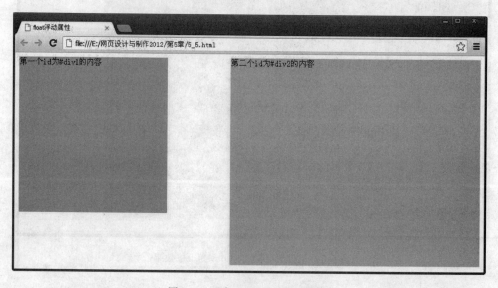

图 5-7　两个 DIV 左右浮动效果

除 float 对左侧的影响,"clear:right"将清除 float 对其右侧的影响。倘若左右都有浮动的块元素,而新的块元素两侧都不希望受到影响,则可以设置"clear:both"。如实例 5_6.html 所示,div1 和 div2 分别设置 float 为 left 和 right,div3 两端分别受到 div1 和 div2 的 float 影响。若对 div3 添加"clear:left"规则清除左侧浮动影响后,效果如图 5-9 所示。若对 div3 添加"clear:both"规则清除所有浮动影响后,效果如图 5-10 所示。

　　在 CSS 整体布局中,通常最下端的 footer 部分需要设置 clear 属性,从而消除正文部分排版方法对其的影响。

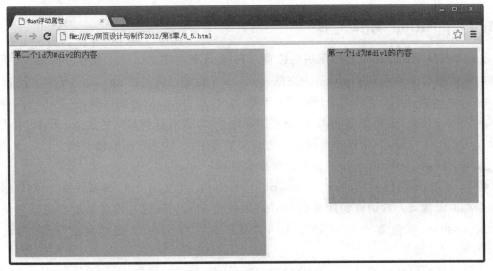

图 5-8　两个 Div 互换浮动方向

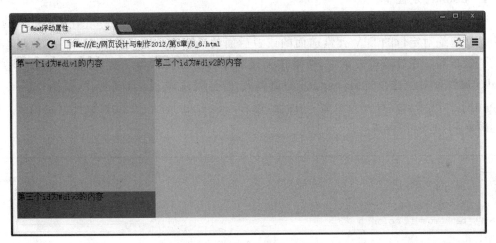

图 5-9　仅清除左侧 float 影响

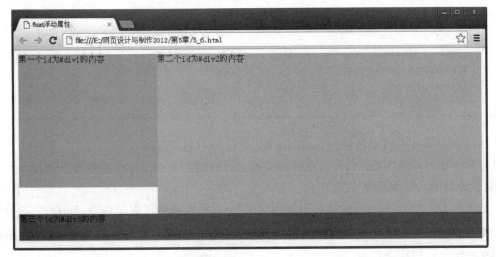

图 5-10　清除两端 float 影响

5.1.4　position 属性定位

position 从字面意思就是指定块的位置。在 CSS 布局中，position 属性非常重要，很多特殊容器的定位必须用到 position 来完成。position 的属性值包括 absolute(绝对)、relative(相对)、static(静态)、fixed(固定)和 inherit(继承)。其中 static 是默认值，它表示块保持在原本应该在的位置，按照在 HTML 中出现的顺序显示，没有任何移动的效果。fixed 本质上和设置 absolute 一样，只是以浏览器窗口为基准进行定位，块元素不能随着浏览器的滚动条向上或向下移动。inherit 表示从其父元素继承得到。

配合 position 属性使用的，还有 top、right、bottom、left 这 4 个 CSS 属性值，分别表示块元素距离页面或父元素边框的距离(position 取值为 absolute 时)，或各个边界离原来位置的距离(position 取值为 relative 时)。这 4 个属性只有当 position 属性设置为 absolute 或则 relative 时才能生效。

这里需要重要介绍的是 absolute(绝对)和 relative(相对)定位。

1. absolute 定位

绝对定位使块元素从 HTML 标准流中分离出来，并把它送到一个完全属于自己的定位中。使用绝对定位的 DIV 元素前面的或者后面的元素会认为 DIV 并不存在，丝毫不影响它们的布局。在计算机显示中，把垂直于显示屏幕的方向称为 Z 方向，CSS 绝对定位的 z-index 属性就对应这个方向，z-index 的值越大，容器就越靠上。简单地说，使用"position: absolute"后，元素就浮在网页上面了，因此，绝对定位常用于将一个元素放到固定位置。例如实例 5_7.html，代码如下：

```
#Div1 {
    height: 200px;
    width: 455px;
    background-color:#CC3;
}
#Div2 {
    height: 200px;
    width: 455px;
    background-color:#FC6;
    position:absolute;
    top:60px;
    left:80px;
}
```

Div2 的 position 属性设置为 absolute 时，就已经不再从属于父块 body，其左边框相对于页面左边框的距离为 80px，上边框距离页面上边框的距离为 60px，这些都是通过 left 和 top 属性设置的。效果如图 5-11 所示。

如果将 Div1 的 position 属性值设置为 absolute，并且调整了它的位置，而 Div2 不设置 position 定位。此时 Div2 便移动到页面最左上端，占据 Div1 原来的位置，而 Div1 则显示在最前方。CSS 代码如下：

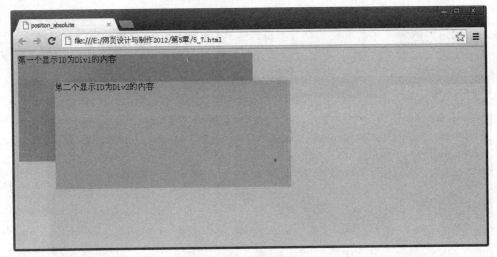

图 5-11　Div2 设置 absolute

```css
#Div1 {
    height: 200px;
    width: 455px;
    background - color: #CC3;
    position:absolute;
    top:60px;
    left:80px;
}
#Div2 {
    height: 200px;
    width: 455px;
    background - color: #FC6;
}
```

修改后的效果如图 5-12 所示。

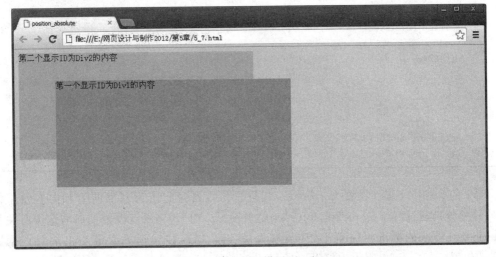

图 5-12　仅 Div1 设置 absolute

如果将两个 DIV 的 position 属性同时设置为 absolute,这时两个块元素都按照各自的属性进行定位。两个块元素重叠的部分,Div2 位于 Div1 的上方,这都是因为 CSS 默认后加入的 Div 元素 Z 值大于前者,会覆盖之前的元素。效果如图 5-13 所示。

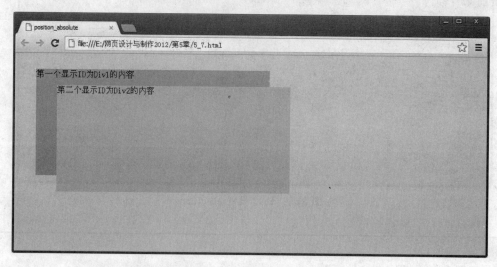

图 5-13　两个 Div 同时设置 absolute

2. relative 定位

当将块的 position 属性设置为 relative 时,与设置为 absolute 完全不同,这时子块是相对于其父块来作为参照对象偏移定位,而不是相对于浏览器窗口,并且相对定位的块元素脱离标准流浮上来后,无论是否进行移动,其所占的位置仍然留有空位,后面的无定位块元素不会移动上来,因此,移动元素会导致覆盖其他框。相对偏移的方向及幅度由 top、right、bottom、left 属性联合指定,如实例 5_8.html 所示,代码如下:

```
#Div1 {
    height: 200px;
    width: 500px;
    background-color: #CC6;
    position:relative;
    top:40px;
    left:60px;
}
#Div2 {
    height: 200px;
    width: 500px;
    background-color: #FC6;
}
```

Div1 的 position 属性设置为 relative,其位置将以自身起点为基准向上和向右发生偏移,偏移量分别通过"top:40px"和"left:60px"来设置。而 Div2 没有设置任何与定位有关的属性,它还在原来的标准流位置上,并没有像图 5-12 那样移动到页面最左上端并占据原 Div1 的位置。如图 5-14 所示为仅设置了 Div1 的 position 属性为 relative 的效果。

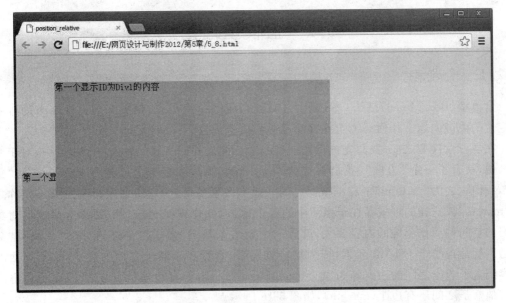

图 5-14　仅 Div1 设置为 relative

如果将 Div1 和 Div2 的 position 属性均设置为 relative，情况又有所不同。这时两个块元素都会相对于它原本的位置，通过偏移指定的距离，到达新的位置，但仍在 HTML 标准流中，其偏移对其他块元素没有任何影响。如图 5-15 所示，这里 Div2 设置为"top:20px"、"left:-30px"，可见偏移量也支持负值。

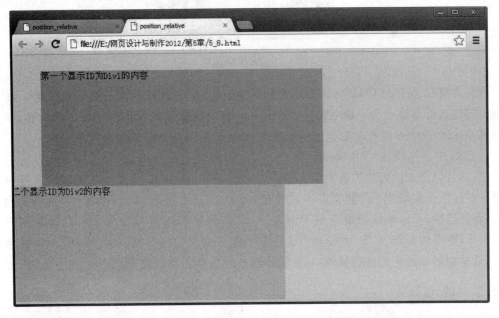

图 5-15　两个 Div 同时设置 relative

5.2 盒模型理论

5.2.1 盒模型

盒模型(Box Model)是从 CSS 诞生之时便产生的一个概念,是关系到设计中布局排版和定位的关键问题。任何一个选择符都遵循盒模型规范。

在学习盒模型之前,我们先搞清楚一些概念。假设我们将照片放入一个相框中,对于照片来说,就有了一个"边框",我们称之为"border";照片和相框之间通常会有一定的"留白",我们称之为"padding";相框彼此之间一般不会紧贴摆放,它们之间相隔的"距离"称之为"margin"。这样的形式存在于生活中的各个地方,如电视机、窗户等,通常这些矩形对象占据的空间都要比单纯的内容要大,就像一个装了东西的"盒子",称之为"Box"。所谓"盒模型",就是把每个 HTML 元素(特别是块级元素)看作一个装了东西的盒子,盒子里面的内容到盒子边框之间的距离即为填充(padding)、盒子本身有边框(border)、而盒子边框外和其他盒子之间还有边距(margin),如图 5-16 所示。

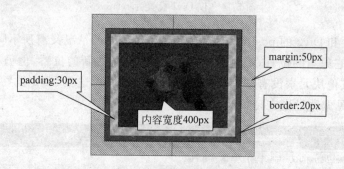

图 5-16 盒模型图解

浏览器将每一个 HTML 标签都作为盒子来处理,但不是所有盒子都是相同的。如 p、h1、div 等块级标签显示为一块框内容,而 span、a 等内联标签则显示为一行内框内容,但可以通过 display:block 属性改变生成框的类型,让内联标签表现得像块级标签一样。

在 CSS 中,可以通过设定 width 和 height 来控制盒子 content 的大小,并且对于任何一个盒子,都可以分别设置四边各自的 border、padding 和 margin。一个元素的实际宽度=左边距+左边框+左填充+内容宽度+右填充+右边框+右边距。默认情况下,盒子的边框是无,背景透明,所以默认情况下看不到盒子,只有通过 CSS 样式设置才可以勾勒网页布局。因此,所谓的 CSS 布局,就是关注这些盒子在页面上如何摆放、如何流动、如何嵌套的问题,只要利用好盒子的这些属性,就能够实现各种各样的排版效果。

5.2.2 边框

边框(border)是指围绕在元素周围的直线,它就像表格一样,可以将文字、图片等网页元素包装起来。边框的 CSS 样式不但影响到盒子的尺寸,还影响到盒子的外观。每个 border 可以通过三种不同属性进行控制:border-style(边框样式)、border-width(边框宽度)、border-color(边框颜色)。

border-style 属性主要用来设定 HTML 标签的上下左右边框的风格。具体取值如表 5-1 所示。

表 5-1　border-style 取值说明

样式取值	说　　明	样式取值	说　　明
none	没有边框	groove	槽线式边框
dotted	点线式边框	ridge	脊线式边框
dashed	破折线式边框	inset	内嵌效果边框
solid	直线式边框	outset	突起效果边框
double	双线式边框		

border-style 是一个复合属性，可以同时取 1～4 个值，4 条边框按照上、右、下、左的顺时针方向调用取值。如果希望为某一个边框设置样式，可以使用单边边框样式属性(包括 border-top-style、border-right-style、border-bottom-style 或 border-left-style)进行设置。如 "border-style:solid dotted;"表示上下边框为实线，左右边框为点线。

border-width 用来控制边框的粗细，可以直接使用度量单位(如 2px 或 0.1em)来指定，也可以使用 thin(细边框)、medium(中等边框，默认值)、thick(粗边框)三个关键字之一。border-width 也是一个复合属性，取值方式同 border-style 相同，也可以单独设置四条边框的宽度。

border-color 属性用来设置边框的颜色，同样也可以设置单条边框的颜色，也可以设置四条边框的颜色，颜色的值可以使用十六进制或 RGB 值，也可以使用命名颜色。border-color 也是一个复合属性，取值方式与边框其他属性相同，不再赘述。

边框的三个属性其实可以综合起来，用 border 一条语句代替，如"border:2px solid #F00;"一行代码表述了三种属性。如图 5-17 所示，这个样式设置了一条 2px 的红色实心边框，而且这三种属性的编写顺序没有先后，建议读者固定自己熟悉的写法。

图 5-17　border 属性设置

5.2.3 边 距

边距(margin)设置元素和元素之间的距离,与 border 属性类似,包括 margin-top、margin-bottom、margin-left、margin-right 及复合边距属性 margin,如果要设置复合边距属性,必须按照上、右、下、左顺时针顺序,不能乱序。

边距的取值有三种方式:长度、百分比和 auto。长度中的像素和 em 比较常用;使用百分比时相当于上级元素宽度的百分比,允许使用负值,如果调整了浏览器的尺寸,这个值也会发生相应变化;auto 就是自动设置边距,这是默认值。

5.2.4 填 充

填充(padding)用来控制边框和内容之间的空白距离,类似于 HTML 中表格单元格的填充属性。padding 的所有属性和 margin 属性类似,既可以使用复合属性,也可以使用单边属性,可以接受长度和百分比,但不能使用负值。其百分比值是相对于父级元素 width 计算,如果父级元素 width 改变,padding 宽度也会随之改变。

不同浏览器的 margin 和 padding 的默认值不同,一般情况下最好将所有标签的 margin 和 padding 值初始化为 0,即:

```
body, html {
    margin: 0;
    padding: 0;
    }
```

这里将 margin 和 padding 属性在一个实例中进行体现,代码如下:

```
< html >
< head >
< title >边框边距和填充</title >
< style type = "text/css">
#div1 {
    border:2px solid #F00;
    margin:10px auto;
    padding:20px;
    width:500px;
    height:300px;
    background - color: #CC6;
}
</style >
</head >
< body >
< div id = "div1">边框样式、宽度和颜色设置</div >
</body >
</html >
```

网页代码浏览效果如图 5-18 所示。

图 5-18　margin 和 padding 属性设置

在 CSS 中还存在一个边距折叠的问题,当元素的底部边距碰到另一个元素的顶部边距时,浏览器不是简单地把这两个边距相加,而是取它们中间较大的值。如一个元素 bottom margin 为 20px,另一个相连的元素 top margin 为 10px,则这两个元素的距离就为 20px,而不是 30px,两个边距实际上变成了一个边距。这种问题只发生在垂直边距上,水平边距不会发生这种现象,通过给元素添加 border 或添加 padding 使两个 margin 分隔开可以避免这种情况的发生。

5.3　DIV＋CSS 常见布局

CSS 布局完全有别于传统的布局习惯,它首先将页面在整体上进行<div>分块,然后对每个分块进行 CSS 定位,最后再在各个块中添加相应的内容,并对其进行美观设计,这就是 DIV＋CSS 的基本过程。通过 CSS 布局的页面,完全可以通过更新 CSS 属性来重新定位各个版块的位置,如利用 float 和 position 属性可以轻松地移动各个块,从而实现让用户动态选择界面的功能。像页面的左右对调、网页的背景与色调变换等,如果采用传统表格排版,其工作量相当于重新制作一个页面,采用 CSS 布局就相对比较简单。同时,DIV＋CSS 布局方式使得内容与表现完全分离,美工在修改页面时不需要过于关心任何后台操作的问题,可见 CSS 布局具有强大的魅力。

读者可能注意到,互联网上关于 Web 标准的页面大多不是很复杂,这是因为 Web 标准的页面更关注结构和内容,实际上它与网页的美观没有根本冲突。当然,即使是很复杂的网页,也都是一个模块一个模块逐步搭建起来的,本节将从最基本的布局入手,向读者介绍 DIV＋CSS 布局方法。

5.3.1 单行单列布局

单行单列布局是所有布局的基础,也是最简单的布局结构形式。其宽度分固定宽度和自适应宽度两种布局形式,在实际网站创作中应用相当普遍。

1. 固定宽度居中

宽度固定且居中的布局是网络中最常用的布局方式之一。在传统的表格布局方式中,使用表格的 align=center 属性设置可以实现布局居中。使用 CSS 方法也可以实现内容的居中,其解决方法主要有三种思路,下面分别予以实现。

第一种思路,只要设置盒模型的"margin:0 auto;"就行了,即设置上下边距为 0,左右边距自动对齐。如实例 CSS 代码定义:

```
#main {
    width:1000px;
    height:300px;
    margin:0 auto;
}
```

第二种思路,利用 body 或 html 标签属性"text-align:center;"设置所有对象居中,然后再将主体 DIV 容器属性设置"text-align:left;"内容左对齐来实现,CSS 代码定义如下:

```
body {
    text-align: center;
}
#main {
    width: 1000px;
    text-align: left;
}
```

第三种思路,对主体 Div 容器采用 relative 定位方式,设置"left:50%"属性将其左边框移至页面居中处,再利用"magrin-left:-500px;"(假设容器宽度为 1000px)将容器向左拉回宽度一半的距离即可。CSS 代码如下:

```
#main {
    position: relative;
    left:50%;
    margin-left: -500px;
    width: 1000px;
}
```

2. 宽度自适应居中

宽度自适应布局能根据浏览器窗口的大小,自动改变其宽度或高度值,是一种非常灵活的布局形式,对于不同分辨率的显示器能提供最好的显示效果。单列宽度自适应布局只需要将宽度由固定像素值改为百分比值的形式即可。如"width:75%",自适应布局的优势是当浏览器窗口大小改变时,DIV 块的宽度将保持浏览器当前宽度的 75%,如实例 5_10.html 中 CSS 代码定义所示,代码如下:

```
< style type = "text/css">
# main {
    width:75%;
    height:200px;
    background - color: # CC6;
    margin:auto;          /* 左右对齐,自动居中 */
}
</style>
```

当一个盒模型不设置宽度时,它默认是相对于浏览器显示的。宽度自适应更广泛地应用在二列及其他多列布局形式中部分布局块自动调整的排版方式,在后续的章节中将逐步介绍。

5.3.2 二列式布局

1. 二列固定宽度居中

对于宽度固定的二列式布局,一般可利用前面提到的 float 属性或 CSS 的 position 定位属性,结合 margin 属性来实现布局定位,并调整两个布局块之间的距离。这些在前面讲授 float 和 position 属性时有过详细介绍,这里就不再赘述。但要实现居中效果,就要把两个布局块放在一个盒子里,然后让这个盒子居中就可以达到居中效果了,如实例 5_11.html 代码所示,代码如下:

```
< style type = "text/css">
# content {
    width:900px;
    height:200px;
    margin:0 auto;
}
# left {
    width:150px;
    height:200px;
    background - color: # FC6;
    float:left;
}
# right {
    width:750px;
    height:200px;
    background - color: # 9C6;
    margin - left:150px;      /* 此处也可以设置 float:right;效果类似 */
}
</style>
</head>
```

```
< body >
< div id = "content">
< div id = "left">左列固定宽度</div >
< div id = "right">右列固定宽度</div >
</div >
</body >
```

网页代码运行效果如图 5-19 所示。

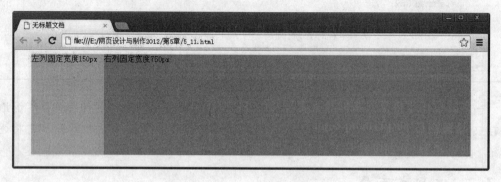

图 5-19   二列固定宽度居中

2. 左列固定、右列自适应宽度

通过以百分比的方式设置二列宽度,结合 float 属性可以实现二列宽度自适应。在实际应用中,左列宽度固定、右列宽度根据浏览器窗口大小自动适应的布局方式应用最为普遍。其实现也很简单,只需设置左列宽度为固定值,右列不设置任何宽度值,并且右列不浮动即可,如实例 5_12.html 相关 CSS 代码如下:

```
< style type = "text/css">
# left {
    float: left;
    width: 384px;
    height: 240px;
    background - color: # FC6;
}
# right {
    height: 240px;
}
</style >
</head >
< body >
< div id = "left"> < img src = "img/picb. jpg" width = "384" height = "240"/> </div >
< div id = "right"> < p>创意是什么(省略)</p> </div >
</body >
```

这里设置左列固定宽度为 384px,而右列根据浏览器窗口大小的变化自动适应调整宽度,在 DIV 中插入相关网页元素后,调整浏览器窗口大小,当右列内容在设置高度"height:240px"内无法完整显示后,则会显示在左列下方,效果如图 5-20 所示。

图 5-20　左列固定、右列自适应宽度

5.3.3　三列式布局

1. 左右固定、中间宽度自适应

在实际网页应用中，三列式布局一般要求左列宽度固定并居左显示，右列宽度固定并居右显示，中间列能自适应变化。如实例 5-13. html 源代码所示，设置左列 left 的浮动为"float:left"，右列 right 的浮动为"float:right"，中间 center 的 width 值为 auto，其代码如下：

```
< html >
< head >
< meta http - equiv = "Content - Type" content = "text/html; charset = utf - 8"/>
< title >左右列固定、中间列自适应</title>
< style type = "text/css">
#left {
    height: 300px;
    width: 200px;
    background - color: #CC6;
    float:left;
}
#center {
    height: 300px;
    width:auto;
    background - color: #FC6;
    margin:0 100px;
}
#right {
    height: 300px;
    width: 100px;
    background - color: #CC6;
    float:right;
}
```

```
</style>
</head>
<body>
<div id="left">左列固定宽度 200px</div>
<div id="right">右列固定宽度 100px</div>
<div id="center">中间列自适应宽度</div>          /*请注意 3 列 Div 的插入顺序*/
</body>
```

网页代码运行效果如图 5-21 所示。

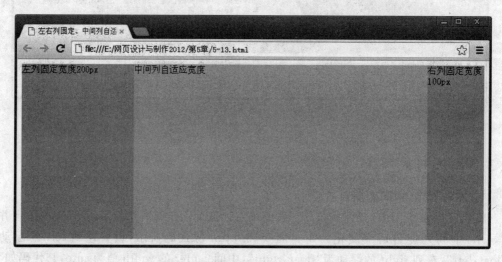

图 5-21　左右固定、中间宽度自适应

左右固定、中间宽度自适应三列式布局也可以采用绝对定位的方法。绝对定位是根据整个网页的浏览窗口来定位的,而前面采用的浮动定位方式是由浏览器根据对象的内容自动进行浮动方向的调整定位的。采用绝对定位的 CSS 代码规则定义如下:

```
#left {
    position:absolute;
    left:0;
    height: 300px;
    width: 200px;
    background-color: #CC6;
}
#center {
    height: 300px;
    width:auto;
    background-color: #FC6;
    margin:0 100px 0 200px;
}
#right {
    position:absolute;
    right:0;
    height: 300px;
    width: 100px;
```

```
    background-color: #CC6;
}
```

在上述代码中,将左列的 DIV 绝对定位,并设置宽为 200px,紧贴页面左侧;右列的DIV 也是绝对定位,100px 宽度,紧贴右侧边缘,中间的列宽度 auto,且设置上右下左的边界为"margin:0 100px 0 200px;"这样就实现了三列并列放置的效果。但在部分浏览器中三列边缘会因为边界和填充的问题出现空白,为了达到整体最好的效果,这里还要定义 body 和html 标签的边界和填充都为 0,网页效果同图 5-21 所示,CSS 代码如下:

```
body,html {
    margin:0;
    padding:0;
}
```

2. 三列固定宽度居中

将左右固定、中间宽度自适应三列式布局的实例 5_13.html 做适当修改,把三列放在一个<div>标签中,然后让这个<div>标签居中,就可以实现三列固定宽度居中的效果,代码如下:

```
< html xmlns = "http://www.w3.org/1999/xhtml">
< head >
< meta http-equiv = "Content-Type" content = "text/html; charset = utf-8"/>
< title >三列固定宽度居中</title>
< style type = "text/css">
#w {
    width:900px;
    margin:0 auto;
}
#left {
    height: 300px;
    width: 200px;
    background-color: #CC6;
    float:left;
}
#center {
    height: 300px;
    background-color: #FC6;
    margin:0 100px;
}
#right {
    height: 300px;
    width: 100px;
    background-color: #CC6;
    float:right;
}
</style>
```

155

```
</head>
<body>
<div id = "w">
<div id = "left">左列固定宽度 200px</div>
<div id = "right">右列固定宽度 100px</div>
<div id = "center">中间列自适应宽度</div>
</div>
</body>
```

3. 顶行三列式布局

这里的顶行三列式布局是指顶行自适应宽度,第二行左右列固定宽度,中间列自适应宽度的布局效果,这是网页设计中最常见的网页布局效果。这里一共用到 5 个 div,分别代表顶行、第二行的左列、右列、中间列及包含第二行 3 个 div 的外围列。如实例 5_15 所示,代码如下。

```
<html>
<head>
<meta http - equiv = "Content - Type" content = "text/html; charset = utf - 8"/>
<title>三列固定宽度居中</title>
<style type = "text/css">
#top {
    width:1000px;
    margin:0 auto;
    height:50px;
    background - color: #CDC;
}
#w {
    width:1000px;
    margin:0 auto;
}
#left {
    height: 300px;
    width: 200px;
    background - color: #CC6;
    float:left;
}
#center {
    height: 300px;
    background - color: #FC6;
    margin:0 100px;
}
#right {
    height: 300px;
    width: 100px;
    background - color: #CC6;
    float:right;
}
</style>
```

```
</head>
<body>
<div id="top">这是顶行居中显示的列</div>
<div id="w">
<div id="left">左列固定宽度 200px</div>
<div id="right">右列固定宽度 100px</div>
<div id="center">中间列自适应宽度</div>
</div>
</body>
```

网页代码运行效果如图 5-22 所示。读者也可以在网页底部再添加一个 id="footer" 的
<div>并清除上面 div 标签的浮动影响，从而可以完成一个常见完整 Div 布局效果。

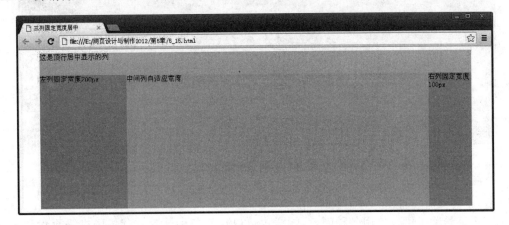

图 5-22   顶行三列式布局

5.4   CSS 网页美化

5.4.1   背景样式控制

网页的背景属性是网站设计的一个重要步骤，通过设置背景颜色或背景图像，能给网页
带来丰富的视觉效果，有时候甚至网页背景图的风格决定了网站的整体风格。CSS 对元素
的背景设置提供了很多的属性定义，包括背景颜色、背景图像、重复方式及其定位参数等。
本节将通过实例，分别讲解有关背景样式控制的各个属性。

1. 背景颜色 background-color
背景颜色用来设置对象的背景颜色，其 CSS 语法为：

```
background-color:transparent|color
```

其中，参数 transparent 表示背景色透明，color 指定颜色，默认值是 transparent。颜色
值的设置方式和文本颜色值的设置方式一样，可以采用十六进制、RGB 分量或颜色的英文
名称等。在 Dreamweaver 中使用"CSS 规则定义"对话框中的"背景"类别中的"背景颜色"
选项可以定义 CSS 样式的背景颜色。可以通过为 body 标签定义 CSS 背景规则来定义整个
页面的背景，也可以定义 Web 页面中一个具体的 HTML 元素背景。其主要作用在于突出

157

页面主题、前景色及文字相匹配，如实例 5_16. html 所示，通过设置 body 标签"background-color:♯968F5B;"即背景颜色为♯968F5B,实现背景与图像完美结合，其效果如图 5-23 所示。

图 5-23　网页背景颜色

2. 背景图像 background-image

网页背景除了可以使用各种颜色，同样也可以使用各种图片。背景图在网页设计发展初期只发挥了强调质感和修饰页面的功能，而通过 CSS 可以对背景图像进行精确的控制，包括位置和重复方式等，从而将其功能发挥到了极致。在 HTML 中设计网页的背景图片和设置表格的背景图片都是使用 background 属性，在 CSS 中使用 background-image 属性来设置背景图片，其 CSS 语法为：

```
background - image:none|url(url)
```

其中，参数 url 是指背景图片的地址路径，存放在括号中，既可以使用绝对路径，也可以使用相对路径。对路径使用不是很熟悉的初学者，也可以在 Dreamweaver 中使用"CSS 规则定义"对话框"背景"类别中的"背景图像"选项来定义 CSS 样式背景。

3. 背景图像重复方式 background-repeat

在默认情况下，背景图以平铺的方式出现，同时覆盖整个页面。这种方式并不适合大多数页面。在 CSS 中可以通过 background-repeat 属性设置图片的重复方式，包括 repeat 默认平铺背景、repeat-x 水平重复、repeat-y 竖直重复、no-repeat 不重复等。将 background-image 属性和 background-repeat 属性结合使用，利用背景图的横向或纵向平铺，往往可以得到意想不到的效果。如图 5-24 所示即为利用横向平铺背景图完成的页面效果图。

4. 背景图像定位 background-position

在传统的表格布局中没有办法提供精确到像素级别的背景定位方式，所设置的背景图片都是从设置了 background 属性的标记(例如 body 标记)的左上角开始出现的。在实际制

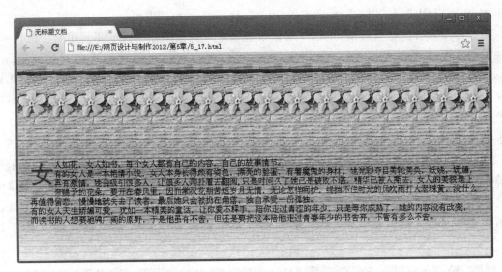

图 5-24　背景图片横向平铺

作中,CSS 可以通过 background-position 属性调整背景图片的位置。例如,如果希望背景图片出现在页面的右下角时,可以将 background-position 的值设定为 bottom right 来实现。如图 5-25 所示。

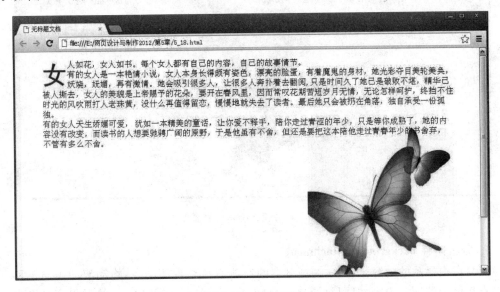

图 5-25　背景定位

除了 bottom right 外,background-position 的值还可以设置多种类型,CSS 中可以通过 3 种不同的方法来设置图片在水平方向和垂直方向的起点,分别是关键字、精确值和百分比。

关键字有两组选项,一组是用来控制水平方向的 3 种定位:left(左)、center(居中)、right(右);另一组控制垂直方向的 3 种定位:top(顶端)、center(居中)、bottom(底端)。水平方向和垂直方向的关键字可以任意搭配,共产生 9 种不同定位方式。如要把背景图片放在正中央,可以创建样式"background-position:center center;"即可。

第二种设置方法是精确值,可以使用像素值来定位背景图片。这里要使用两个值,一个用来控制水平方向的位置,另一个用来控制垂直方向的位置。如"background-position:20px 20px;"背景图片左侧和顶端分别距离网页 20px。采用这种方法一般不会设定距离网页底端和右边的距离,但可以利用负数值将图片移出部分右边或顶端,从而实现隐藏部分图片效果。

第三种设置方法是使用百分比,如通过代码"background-position:100％ 50％;"的设置,可以使背景图像的中心点在水平方向上居右,在竖直方向上则居中的位置,等效于采用关键字 right center 效果。当浏览器的宽度改变时,图片的位置也会发生变化。背景图像的定位功能可以用在图像和文字的混合排版上,将背景图像定位在合适的位置,可以获得最佳的图文效果,如实例 5_18. html 中,设置"background-position:60％ 10％;"的效果如图 5-26 所示。

图 5-26 百分比精确定位背景图像

5. 背景附件 background-attachment

当网页中显示的内容比较多,在浏览器的右侧就会出现滚动条,拖动滚动条向下移动,可以查看更多的网页内容,但网页背景也会随之向上移动。利用 CSS 的固定背景属性,还可以建立不滚动的背景图像,页面滚动时,背景图像可以保持不变,其语法如下:

```
background - attachment:scroll|fixed
```

其参数分别表示背景图像随对象内容滚动(scroll)或固定(fixed)。scroll 是浏览器的默认值,表示背景图片会随着滚动条移动而移动,fixed 表示把图片固定在网页背景中的某个位置,不随着滚动条的移动而移动,如实例 5_19. html 所示,代码中为了出现滚动条,人为增加了网页高度 height,当滚动条向下拖动时,可以看到网页背景保持位置固定不变,效果如图 5-27 所示。

的光彩的风雨打开着书页，设计么样值得留意，慢慢地就失去了读者。最后她无会被初任用落，独自承受，独自孤独。

有的女人天生娇媚可爱，犹如一本精美的童话，让你爱不释手，陪你走过青涩的年少，只是等你成熟了，她的内容没有改变，而读书的人想要驰骋广阔的原野，于是他虽有不舍，但是是愿把他走过青春年少的书舍弃，不管有多么不舍。

图 5-27　固定背景图片效果

5.4.2　段落及字体样式设计

文字是信息的主要载体方式，是网页最重要的信息表达工具。网页文字阅读的舒适程度直接关系到浏览者是否愿意继续浏览网站。网页中的文字样式涉及文字设计、段落样式及 CSS 滤镜图案文字等，在设计时都需要谨慎考虑。

1. 字体样式设计

在 HTML 中，关于字体样式设计使用<font>标签的相关属性，在 CSS 中该标签已不再推荐使用，可以使用 font-family、font-size、color、font-style、text-decoration 等属性进行文本修饰。定义 CSS 文字样式可通过 Dreamweaver 进行可视化操作，在"CSS 规则定义"对话框的"分类"列表中选择"类型"选项，可以完成文本样式的定义，包括字体、大小、颜色、粗细、斜体、下划线、上划线、删除线及英文文本控制等，如图 5-28 所示，具体参数本书在第 4 章做过详细介绍，这里不再详述。

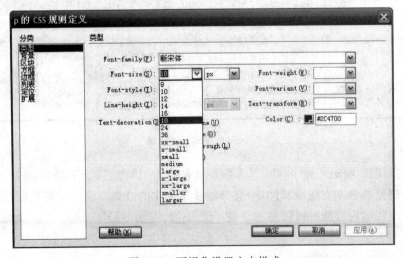

图 5-28　可视化设置文本样式

162

实例 5_20.html 设置后的 CSS 规则代码如下:

```css
#text {
    font - family: "楷体_GB2312";
    font - size: 24px;
    font - weight: lighter;
    text - transform: none;
    color: #069;
    font - style: normal;
    background - image: url(img/bg5.jpg);
}
```

2. 段落样式设计

文字排版必然会涉及段落,CSS 在段落控制方面提供了丰富的样式属性,可用于设置行高、间距、对齐、缩进、文字竖排等,还可以通过定义 CSS 伪对象来实现首字下沉效果。其中行高、对齐、缩进等可以通过打开"CSS 规则定义"对话框"分类"中的"区块"选项来进行设置,这里不再详述。

对于首字下沉的效果,需要定义一个 CSS 伪对象,其 CSS 代码如下:

```css
#text:first - letter {
    font - family: "黑体";
    font - size: 2em;
    color: #C00;
    float: left;
}
```

表示针对 #text 中文本的第一个字符进行样式控制,重新设置了文字尺寸为 2em,表示它是其他字符 2 倍大小。使用"float:left"使右边的文本显示在第一个字符的右边,而不是换行。效果如图 5-29 所示。

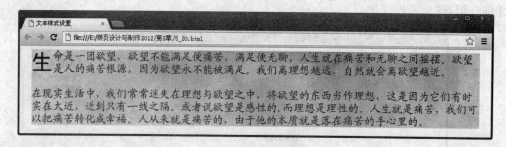

图 5-29　首字下沉效果

文字竖排属性为 writing-mode,其参数设置包括 lr-tb(左右,上下)和 tb-rl(上下,右左)两种。只要浏览器版本支持该属性,一般都能显示正常的效果。文字排版规则格式较多,其他关于文字排版的内容读者可以参考相关 CSS 手册。

5.4.3　图片样式控制

在网页中利用各种各样的图片,能够让人更直观地感受网页要传达给浏览者的信息,也能够充分展现网页的主题并增强网页的美感。CSS 提供了强大的图像样式控制能力,包括图像的边框、对齐方式、图文混排等。本节将通过实例介绍 CSS 的图像样式控制能力。

1. 图像边框设计

在 HTML 中,可以直接通过<img>标签的 border 属性值为图片添加边框,从而控制边框的显示和粗细。在 Dreamweaver 的"CSS 规则定义"对话框中,可以通过"边框"分类中的"样式"下拉列表选择边框的样式外观,并可以设置边框线的宽度和颜色。如图 5-30 所示即为通过更改边框样式、宽度和颜色得到的 4 种不同边框效果图。

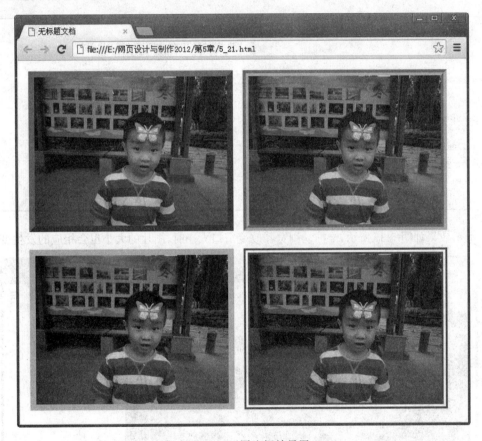

图 5-30　不同边框效果图

4 种不同边框效果对应的 CSS 规则核心代码如下:

```
#div1 img {
    border: 10px outset #B80;
}
#div2 img {
    border: 10px groove #FC0;
}
```

```
#div3 img {
    border: 10px solid #FC3;
}
#div4 img {
    border: 10px double #36C;
}
```

2. 图像大小控制

CSS 也可以像 HTML 一样，通过 width 和 height 两个属性来控制图片的大小，但 CSS 中可以使用更多的值。例如实例 5_22.html 所示，设置 width 为 75％时，图片的宽度将调整为父元素宽度的 3/4，网页源代码如下：

```
< style type = "text/css">
<! --
img {
    width: 75 % ;
}
-- >
</style >
</head >
< body >
< img src = "img/picc.jpg" alt = "缩放"/>
</body >
```

显示效果如图 5-31 所示，当拖动浏览器改变窗口大小时，图片的大小也会相应的发生变化。

图 5-31　图片大小缩放

这里要注意的是,如果只是设置了图片的 width 属性,而没有设置 height 属性时,图片本身会自动等长宽比缩放,如果只是设置了图片的 height 属性效果也是一样。只有同时设置了 width 和 height 属性时才不会等比例缩放。如果设置"width:75%",设置"height:250px",当浏览器窗口变化时,高度不会随着图片宽度变化而改变,会出现图片的扭曲现象。

3. 图文混排设计

在网页中图片和文字往往需要同时使用,如果直接在网页文档中插入图像,图像会单独占用一行。这就涉及图文混排的问题,由于段落的 p 元素是块状元素,在 CSS 中通过给图像设置 float 浮动属性可以实现图文混排效果,同时还可以通过 padding 属性设置图片和文字的间距等。如实例 5-23. html 所示,设置图像宽度为 50%,居左,padding 值为 10px,其效果如图 5-32 所示。

图 5-32　图文混排效果

5.4.4　CSS 滤镜

CSS 滤镜并不是浏览器的插件,也不符合 CSS 标准,而是微软公司为了增强浏览器的功能而特意开发并整合在 IE 浏览器中的一类功能的集合,只有 IE 浏览器才有效果,目前在 Google Chrome 和 Mozilla Firefox 中无效果。IE 从 4.0 开始,就提供了一些内置的多媒体滤镜特效,利用它可以为网页增加非常美妙的视觉效果。

CSS 滤镜属性只能用在 HTML 空间元素上。所谓 HTML 空间元素就是他们在网页上定义了一个矩形空间,浏览器窗口可以显示这些空间。滤镜并不是对元素进行处理,而是在浏览器中对使用了该属性的对象进行了一定的修饰,实际上是样式表一个新的扩展部分。

使用这种技术简单的语法就可以把可视化的滤镜和转换效果添加到一个标准 HTML 元素上。

CSS 滤镜属性的选择符是 filter,只要进行滤镜操作,都必须先定义 filter,其他和普通 CSS 语句一样,都十分简单。常见的滤镜属性如表 5-2 所示。

表 5-2 常见的滤镜属性

属性名称	属性解释	属性名称	属性解释
Alpha	设置透明层次	Gray	把图片灰度化
Blendtrans	淡入淡出效果	Invert	反色
Blur	模糊效果	Light	创建光源在对象上
Chroma	专用颜色透明	Mask	创建透明掩膜在对象上
DropShadow	创建对象的固定影子	Revealtrans	随机产生 23 种动态效果
FilpH	水平镜像图片	Shadow	创建偏移固定影子
FilpV	垂直镜像图片	Wave	波纹效果
Glow	加光辉在附近对象的边沿外	Xray	X 光照射效果

【注意事项】

滤镜(filter)只在 IE 浏览器中有效。

1. Alpha 滤镜

Alpha 滤镜用来设置透明度,它把一个目标元素与背景混合,设计者可以指定数值来控制混合的程度。通过指定坐标,还可以指定点、线、面的透明度。其语法结构如下:

```
filter:Alpha(opacity = opacity,finishopacity = finishopacity,style = style,startX = startX,
startY = startY,finishX = finishX,finishY = finishY)
```

其中,opacity 代表透明度等级,取值从 0~100,0 代表完全透明,100 代表完全不透明。style 指定透明区域的形状特征,其中 0 代表统一形状,1 代表线性,2 代表放射状,3 代表长方形。finishopacity 是一个可选项,用来设置结束时的透明度,从而达到渐变效果,取值也是 0~100。startX 和 startY 及 finishX 和 finishY 分别代表渐变透明效果的开始和结束坐标。

通过"CSS 规则定义"对话框中的"扩展"分类上的"滤镜"下拉列表框中选择 Alpha 滤镜,输入参数值设置滤镜样式。效果如图 5-33 所示。

对应的滤镜样式代码为:

```
filter: Alpha(opacity = 0, finishopacity = 100, style = 1);
```

2. Flip 翻转滤镜

Flip 是 CSS 滤镜的翻转属性,它有两种应用,其中 FlipH 代表水平翻转,FlipV 代表垂直翻转。其语法结构很简单,直接使用"filter:FlipH"或"filter:FlipV",没有任何参数设置。如实例 5_25.html 所示,样式创建成功后,效果如图 5-34 所示。

3. Gray 滤镜

Gray 滤镜能够将一张彩色图片变成黑白图片,给人一种怀旧和回味的感觉。其语法结构非常简单,语法如下:

图 5-33　Alpha 滤镜效果

图 5-34　FlipH 水平翻转滤镜效果

```
filter:Gray
```

直接将该滤镜作用于图片上即可实现相应的效果。

4. Invert 滤镜

Invert 滤镜用于把对象的可视化属性全部翻转,包括色彩、饱和度和亮度值,即反色,相当于照片底片的效果,其语法结构如下:

```
filter:Invert
```

和 Gray 滤镜一样,直接将该滤镜作用于图片上即可实现相应的效果。

5. Xray 滤镜

Xray 射线滤镜和它的名字一样,就是给照片添加 X 光照射的效果,其语法结构如下:

```
filter:Xray
```

很多时候浏览者往往把 Xray 效果和灰度 Gray 效果混淆,如图 5-35 所示,从左到右依次分别添加了 Gray 滤镜、Invert 滤镜和 Xray 滤镜效果,对比可知三者有明显的区别。

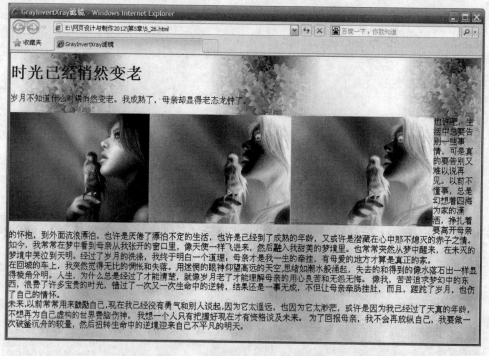

图 5-35 Gray 滤镜、Invert 滤镜和 Xray 滤镜效果

6. Chroma 滤镜

Chroma 滤镜用于设置一个对象中指定的颜色为透明色,其语法结构如下:

```
filter: Chroma(Color = color);
```

如实例 5_27. html 网页,在 div 对象中输入文本"网页设计",设置其颜色为♯FF0000,在"CSS 规则定义"对话框中设置滤镜 Chroma,并输入参数值为♯FF0000,效果如图 5-36 所示,生成的 CSS 规则代码如下:

```
filter: Chroma(Color = #FF0000);
```

图 5-36   Chroma 滤镜效果

7. Wave 滤镜

Wave 滤镜可以为对象添加竖直方向上的波浪效果,也可以用来把对象按照竖直的波纹样式打乱,其语法结构如下:

```
filter: Wave(add = add, freq = freq, lightstrength = lightstrength, phase = phase, strength =
strength);
```

add 参数有两个值,用来设置是否显示原对象,取 0 值表示不显示,取非 0 值表示要显示原对象。freq 参数指生成波纹的频率,也就是指定在对象上共需产生多少个完整的波纹。lightstrength 参数是为了使生成的波纹增强光的效果,值可以为 0~100。phase 参数用来设置波浪的起始相角,从 0~100 的百分数值。如该值为 25,代表正弦波从 90°(360×25%)的方向开始。strength 为振幅的大小,取值为自然数。如设置 CSS 规则代码如下:

```
filter: Wave(add = 0, freq = 5, lightstrength = 8, phase = 2, strength = 8);
```

效果如图 5-37 所示。

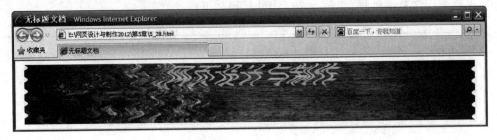

图 5-37   Wave 滤镜波纹效果

5.5   导航菜单及超链接

在传统的表格布局设计中,通常都是利用表格、文本加超链接来完成导航的设计。在 CSS 布局中,可以使用 ul 列表来制作导航。实际上,导航可以理解为导航列表,导航中的每一个栏目都是一个列表项。因此,本节先围绕项目列表的基本 CSS 属性进行相关介绍,再深入介绍导航和超链接的设置。

5.5.1 列表设计

通常的项目列表主要采用<ul>或者<ol>标记,同时配合<li>标记罗列各个项目。CSS列表属性允许设置列表项标记,可以改变标记的样式、图像及位置等,列表属性包括list-style-type(列表样式)、list-style-image(标记图像)、list-style-position(标记位置)等。

list-style-image 属性语法格式为:

```
list - style - image:none|url;
```

其中 none 不设定图片,url 指定图片路径。

list-style-position 属性语法格式为:

```
list - style - position:outside|inside;
```

其中默认 outside 列表标记放置在文本以外,且环绕文本根据标记对齐,inside 列表标记放置在文本以内。

list-style-type 列表样式属性值比较多,在 Dreamweaver 的"CSS 规则定义"对话框中"列表"分类的"类型"中提供了 9 种默认样式供选择。在这 9 种样式中,针对 ul 无序列表的有 4 种,分别为 disc(圆点)、circle(圆圈)、square(方块)、none(无)。针对 ol 有序列表,除了 none 之外,还有 5 种类型的样式,包括 decimal(数字)、lower-roman(小写罗马数字)、upper-roman(大写罗马数字)、lower-alpha(小写字母)、upper-alpha(大写字母)。除这 9 种样式外,列表样式还包括大小写拉丁字母、日文平/片假名字符或序号以及其他符号等,读者可以查阅相关资料进行选择。

如果希望设置项目符号采用图片的方式,可以使用"list-style-type:none"取消默认的圆点项目符号,接着对 li 标签设置一个不重复的背景图像,并利用 padding-left 设置图标与文字的间隔距离。为了防止 li 标签中的文字压住背景图标,将 li 标签的左填充属性设置为30px,使背景图像显示处理,实例 5_29.html 代码如下:

```css
< style type = "text/css">
# divnav {
    font - family: "新宋体";
    font - size: 24px;
    background - image: url(img/bg6.jpg);
    background - repeat: no - repeat;
    height: 600px;
    width: 960px;
    margin:0 auto;
    padding:20px;
}
ul {
    list - style - type: none;
}
li {
    background - image: url(img/treey.gif);
    background - repeat: no - repeat;
```

```
        background - position: 0px 0px;
        padding - left: 30px;
    }
</style>
</head>
<body>
<div id = "divnav">
  <ul>
    <li>网页设计与制作</li>
    <li>网页布局与网站构成</li>
    <li>网页设计中的文字设计</li>
    <li>网页设计中的特效设计</li>
    <li>网页色彩设计</li>
  </ul>
</div>
</body>
```

效果如图 5-38 所示。

图 5-38　列表背景图像效果

5.5.2　导航菜单

　　导航从形式上一般可分为横排导航、竖排导航、下拉导航、图片导航、Flash 导航等，对于门户型网站及多数栏目复杂的网站均以横排导航为主，竖排导航也是网站应用中非常普遍的一种形式。有一些网站的导航形式不是单一的，既包括横排导航，侧面也有竖排导航。总之，导航的设计要根据网站栏目的分类和内容的多少来合理采用导航形式。导航设计的主要原则是引人注目，使用方便。

　　导航都包含有超链接，所以一个完整的网站导航必须创建超链接样式。本节先主要针对各种类型的导航形式进行讲授，后续章节中再单独针对超链接样式的设计进行介绍。

1. 横排导航

用列表实现导航的 XHTML 源代码如下：

```
< div id = "divnav">
  < ul >
    < li >首页</li>
    < li >博客</li>
    < li >相册</li>
    < li >好友</li>
    < li >留言</li>
    < li >联系</li>
  </ul >
</div >
```

其中，对象♯divnav 可以看作列表的容器。此时，ul 默认为从上到下排列，要实现横排导航，必须定义 li 对象的浮动方式 float 为 left，才能实现同行显示多个列表项。添加对 ul 和 li 对象的背景、填充、边界、宽度和文本对齐方式的设置，同时对♯divnav 定义背景图像，进一步美化导航栏，从而形成如图 5-39 所示的横排导航效果，CSS 规则定义代码为：

```
< style type = "text/css">
♯divnav {
    font - family: "黑体";
    font - size: 24px;
    width: 1000px;
    height: 667px;
    margin:0 auto;
    background - image: url(img/bg8.jpg);
    background - repeat: no - repeat;
}
♯divnav ul {
    list - style - type: none;
    position: relative;
    left: 50px;
    top: 50px;
    width:500px;
}
♯divnav li {
    float:left;
    padding:5px;
    text - align:center;
    background - image: url(img/treey.gif);
    background - repeat: no - repeat;
    padding - left: 30px;
}
</style >
```

图 5-39 横排导航效果

2. 竖排导航

建立相关 XHTML 的列表结构后,将导航项目列表添加到<ul>标签中,同时设置页面的背景图像和字体。设置#divnav 块中<ul>的属性,将项目符号设置为不显示,并固定它的位置,接着给<li>标记设置一个不重复的背景图像作为项目符号,设置文字和图标的间隔距离 padding-left 的值,但并没有设置 float 浮动属性,则可以实现一行只显示一个块元素标记。相关 CSS 代码如下:

```
< style type = "text/css">
#divnav {
    width: 1000px;
    height: 667px;
    font - family: "黑体";
    font - size: 24px;
    background - image: url(img/bg8.jpg);
    background - repeat: no - repeat;
    color: #132A10;
    margin:0 auto;
}
#divnav ul {
    list - style - type: none;
    width:200px;
    position: relative;
    left: 100px;
    top: 50px;
}
#divnav li {
```

173

174

```
    border - bottom:1px solid #132A10;
    background - image: url(img/treey.gif);
    background - repeat: no - repeat;
    background - position: 0px 0px;
    padding - left: 30px;
}
#divnav li a{
    display:block;
    padding:5px;
    text - decoration:none;
}
</style>
```

这里要特别说明的是 #divnav li a 中的"display:block;"语句,通过该语句,超链接被设置成块元素,当鼠标进入该块的任何部分时都可被激活,而不是仅仅在文字上方时才被激活。此时页面的显示效果如图 5-40 所示。

图 5-40 竖排导航效果

3. Tab 标签式导航

Tab 标签式导航是横排导航的一种,类似于文件夹标签的样式。这种形式可以让浏览器很清楚地知道目前浏览的是哪一个栏目,因为当前栏目的标签与其他标签会有明显不同的背景或颜色等。

观察标签式导航的特点,可以发现,要使一个栏目成为当前栏目,必须对这个栏目的样式进行单独的设计。假设当前栏目为第三个"相册"标签中,为该 li 标签加上了"id＝select",即<li id＝select>相册</li>。为这个 li 标签设置 CSS 样式,代码如下:

```
#divnav li#select {
    background-color:#996;
}
```

对其他导航栏目进行美化，添加一个#content内容块，修改并添加边框属性，添加一个#main块，用于控制页面居中效果。这里并没有针对超链接设置相应规则，在下一小节中会举例介绍，本例完整的CSS代码如下：

```
<style type = "text/css">
#main {
    font-family: "黑体";
    font-size: 20px;
    background-image: url(img/bg8.jpg);
    background-repeat: no-repeat;
    margin:0 auto;
    width:1000px;
    height:650px;
}
#divnav {
    width: 500px;
    left: 70px;
    top: 50px;
    position: relative;
    border-right: 2px solid #006600;
    border-top: 2px solid #006600;
    border-left: 2px solid #006600;
    height: 35px;
}
#divnav ul {
    margin: 0px;
    padding: 0 5px;
    display:block;
}
#divnav li {
    list-style-type: none;
    padding-left: 20px;
    padding-right:20px;
    float:left;
    height:30px;
    padding-top:5px;
}
#divnav li#select {
    background-color:#996;
}
#content{
    border-right: 2px solid #006600;
    border-bottom: 2px solid #006600;
    border-left: 2px solid #006600;
```

175

```
        position: relative;
        top: 50px;
        left:70px;
        width: 480px;
        height: 300px;
        padding: 10px;
        background - color: #996;
    }
    </style>
    </head>
```

在内容块中插入图片,网页最终效果如图 5-41 所示。

图 5-41　Tab 标签式导航

5.5.3　超级链接

超链接是整个网站的灵魂,网页通过超链接实现页面的跳转、功能的激活等,因此,超链接的效果直接影响到用户的浏览感受。在 HTML 语言中,超链接是通过标记<a>来实现的,链接的具体地址则是利用<a>标记的 href 属性来指定。

在默认的浏览器浏览方式下,超链接统一为蓝色且有下划线,被点击过的超链接则为紫色并且也有下划线。通过 CSS 可以设置超链接的各种属性,包括字体、颜色、背景灯,还可以通过伪类来制作很多动态效果,最简单的莫过于去掉超链接的下划线,代码如下所示。

a { text - decoration:none; }

其效果无论是超链接本身,还是被单击过的超链接,下划线都被去掉了。除了颜色以外,和其他普通文本没有差别。

利用 CSS 伪类可以制作动态超链接效果,具体属性如表 5-3 所示。

表 5-3　CSS 伪类属性

属　　　性	说　　　明
a:link	正常浏览状态样式
a:visited	被单击过的超链接样式
a:hover	鼠标经过超链接上时的样式
a:active	在超链接上单击时的样式

CSS 就是利用以上 4 个伪类属性,配合各种属性风格制作出丰富多彩的动态超链接。如实例 5_33.html 所示,在 CSS 控制超链接的代码中,包括对超链接本身、被访问过的超链接以及鼠标指针经过时的超链接进行了样式的修饰,相关 CSS 代码如下:

```
a:link {
    color: #FFFF66;
}
a:visited {
    color: #99FF00;
}
a:hover {
    color: #CCFFCC;
    background-image: url(img/fudiao2.jpg);
    background-repeat: no-repeat;
}
</style>
</head>

<body>
<div id = "divtop"></div>
<div id = "div1">
  <table height = "24">
    <tr>
      <td><a href = "box.html">首页</a></td>
      <td><a href = "#">博客</a></td>
      <td><a href = "#">相册</a></td>
      <td><a href = "#">创意</a></td>
      <td><a href = "#">图片</a></td>
      <td><a href = "#">留言</a></td>
      <td><a href = "#">下载</a></td>
      <td><a href = "#">联系</a></td>
    </tr>
  </table>
</div>
```

　　对于激活状态"a:active",因为当用户单击一个超链接之后,焦点很容易就会从这个链接上转移到其他地方,此时该超链接就不再是"当前激活"状态了。故一般被显示的情况非常少,此例中做了忽略处理。

　　如果将背景图加入到超链接的伪类设置中,还可以制作出更多绚丽的效果。这里以浮雕效果为例,来看看如何制作比较酷的超链接样式。

　　首先要利用绘图软件制作浮雕的背景图,作为超链接所在行的背景,并设置为水平重复。同样制作两个宽度固定的浮雕图像,分别在最左边绘制 4px 宽的竖直白线和竖直绿线,作为超链接的正常状态和鼠标经过超链接状态时的背景。完整 CSS 规则代码如下:

```
< style type = "text/css">
# divtop {
    background - image: url(img/95top.jpg);
    background - repeat: no - repeat;
    margin:0 auto;
    background - position: center;
    height: 145px;
    width: 960px;
}
# div1 {
    height: 30px;
    width: 960px;
    margin:0 auto;
}
a {
    background - image: url(img/fudiao.jpg);
    background - repeat: no - repeat;
    text - align: center;
    padding - left: 10px;
    display:block;
    text - decoration: none;
}
# div1 table {
    text - align: center;
    width: 100 % ;
    font - family: "新宋体";
    font - size: 18px;
    color: # FF9;
    font - weight: bold;
    background - image: url(img/fudiaobg.jpg);
    background - repeat: repeat - x;
}
a:link {
    color: # FF6;
}
a:visited {
```

```
        color: #9F0;
    }
a:hover {
        color: #CFC;
        background - image: url(img/fudiao2.jpg);
        background - repeat: no - repeat;
    }
</style>
```

变化后页面效果如图 5-42 所示。

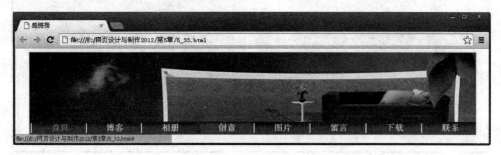

图 5-42 动态超链接效果

5.6 上 机 实 践

5.6.1 利用 float 浮动定位

已知一个网页的 HTML 代码如下：

```
<body>
    <div id = "list">
        <ul>
            <li><img src = "img/3698.jpg"><br/>优雅绅士</li>
            <li><img src = "img/3699.jpg"><br/>粉色迷情</li>
            <li><img src = "img/3723.jpg"><br/>童真童趣</li>
            <li><img src = "img/3742.jpg"><br/>亲亲宝贝</li>
            <li><img src = "img/3723.jpg"><br/>童真童趣</li>
            <li><img src = "img/3742.jpg"><br/>亲亲宝贝</li>
            <li><img src = "img/3698.jpg"><br/>优雅绅士</li>
            <li><img src = "img/3699.jpg"><br/>粉色迷情</li>
        </ul>
    </div>
</body>
```

试根据如图 5-43 所示的网页效果，利用 float 浮动定位完成该页面的元素定位，并编写
CSS 规则定义代码。

图 5-43　float 浮动定位

5.6.2　利用 position 属性定位

position 属性可以设置绝对定位和相对定位,分别通过设置 left、top、right、bottom 来完全定位或进行位置偏移,试分别通过 position 的 absolute 和 relative 定位来实现如图 5-44 所示顶部页面效果(提示:可以利用 DIV 的嵌套)。

图 5-44　position 属性定位

5.6.3　编写典型的网页布局

结合前面所学的布局知识,利用 DIV＋CSS 制作如图 5-45 所示的网页布局效果,其布局要求如下:

页面要求有上下 4 行区域,分别用作顶部广告区、导航区、主体区和版权信息区。而主体区又分为左右两个大区,左区域用于文字列表,右区域用于 6 个主体内容区。其中,用 ♯top 代表顶部广告区,♯nav 代表导航区,♯mid 代表主体区,♯left 代表 ♯mid 所包含的

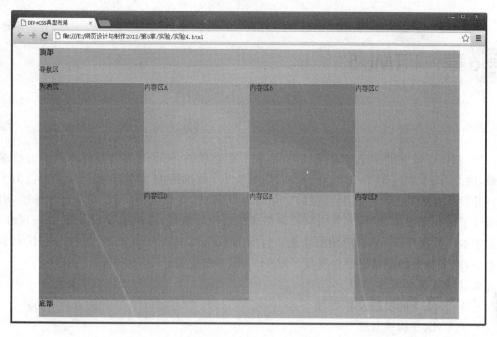

图 5-45　网页布局结构图

左文字列表区域，♯right 代表♯mid 所包含的右边主体内容区，6 个主体内容区用 .content 类来表示，♯footer 代表版权信息区。

5.6.4　网页元素美化及导航

利用 5.6.3 节编写典型的网页布局，插入网页元素文本及背景图像，插入图像元素，并实践 CSS 滤镜效果，创建导航超链接并利用 CSS 对导航区进行美化处理，围绕一个主题制作一个精美的页面效果。

5.6.5　改造基于 table 的网页

利用给定的基于 table 完成的网页及素材，根据实验步骤及所学知识将其转化成基于 Div+CSS 标准布局的网页效果。

第 6 章 HTML 5

　　HTML 4.01 问世已近十多年的时间,在不断发展的 Web 开发领域越来越成为技术的瓶颈,因此,用于取代 HTML 4.01 和 XHTML 1.0 标准的 HTML 5 便应运而生。为了使网页开发具有更好的灵活性和更强的交互能力,HTML 5 作为下一代 Web 开发标准,引入并增强了诸如多媒体、结构元素、拖放、网络通信及绘图特性,强化了 Web 网页的表现性能,追加了本地数据库等 Web 应用的功能。目前 HTML 5 规范仍在不断完善中,它代表着未来趋势,越来越多的浏览器已经具备了对 HTML 5 的支持。

本章学习要点:

- HTML 5 的发展及新特性
- HTML 5 构建页面
- HTML 5 音视频
- HTML 5 创新应用

6.1　HTML 5 的诞生

　　HTML 是 Web 开发最基础的技术,但 HTML 4.01 诞生于 1999 年,作为 W3C 推荐的标准,其在随后的十年中从没有过大范围的改变,但互联网技术不断进化,Web 应用更是日新月异,相比较起来,HTML 的升级和改造则变得相对落后,逐渐成为 Web 应用的发展瓶颈。于是,HTML 5 一经推出,便立刻受到世界各大浏览器厂商和互联网用户的热烈欢迎和支持,并以一种惊人的速度被迅速推广,目前业界各主流浏览器包括 Chrome、Firefox、Opera、IE 和 Safari 都步调一致地朝着 HTML 5 的方向迈进,可以说,HTML 5 引领了一个全新的 Web 时代。

　　HTML 5 草案在 2004 年由 WHATWG(Web Hypertext Application Technology Working Group,网页超文本技术工作小组)提出,2007 年时被 W3C 采纳。WHATWG 是一个以推动 Web 标准化运动为目的而成立的组织,最初的成员包括 Google、Mozilla、Opera 和 Apple 等浏览器厂商。HTML 5 的第一份正式草案已于 2008 年 1 月 22 日公布,但仍处于逐步完善之中。HTML 5 的目标是创建更简单的 Web 程序,编写更简洁的 HTML 代码,从而让 HTML 跟上富互联网时代。例如,为了使 Web 应用程序的开发变得更容易,提供了很多 API;为了使 HTML 变得更简洁,开发出了新的标签和属性等。

　　HTML 5 被看做是 Web 开发者创建流行 Web 应用的利器,增加了对视频和 Canvas 2D 的支持。HTML 5 的诞生还让人们重新审视浏览器专用多媒体插件的未来,如 Adobe 的 Flash 和微软的 Silverlight,HTML 5 为实现这些插件的功能提供了一种标准化的方式,通过新增一些新的元素和 API,让浏览器原生地支持相关的标记语言,把用 MathML 和

SVG 编写的标记直接嵌入到 HTML 5 网页中,从而比既要支持图形又要兼顾文本的 Flash 和 Silverlight 更有竞争力,减少了浏览器插件的需求,进而又降低了安全风险。

使用 HTML 5 创建网站之所以变得简单,更重要的原因在于它引入了很多新的语义化的元素来描述内容。Goolge 分析了上百万的页面,发现页面需要大量使用 div 来定义每一个页面内容区域,如程序开发员习惯于将页脚定义为<div id="footer">,这样就导致 id 名称的重复量很大。所以在 HTML 5 中新增了一些语义化结构元素,新增的语义化结构元素如表 6-1 所示。

表 6-1   HTML 5 新增语义化元素

元素	说明
header	表示一个页面或者一个内容区块的标题,该元素可以包含所有通常放在页面头部的内容
nav	用于在页面中显示一组导航链接
section	用于将页面中的内容划分为独立的区域,通常是一个有标题的内容组,如果需要,也可以嵌套使用
article	表示页面中一块与上下文不相关的独立部分,通常使用多个 section 元素进行划分,有自己的标题,有时也有自己的脚注,一个页面中的 article 元素也可以出现多次
aside	表示 article 元素内容之外的、与 article 元素内容相关的辅助信息如引用、侧边栏、广告、备注、导航条等
footer	表示一个页面或者一个区域的底部,可以包含所有通常放在页面底部的内容

HTML 5 新增的语义化元素改变了以往单纯的使用 table 或 div 构建网页布局的方式,采用语义化的结构元素配合 CSS 来实现网页布局。如图 6-1 所示是本书第 5 章中介绍的 HTML 4 中最典型的一种 DIV+CSS 页面布局,它包含一个页面顶部 header,一个页脚 footer 和一个水平导航条 nav,主要内容区包含一个侧栏 aside 和一个正文区 article。

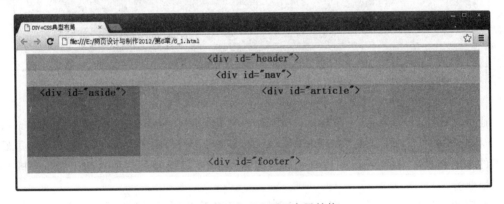

图 6-1   DIV+CSS 页面布局结构

其页面结构代码如下。

```
< body >
< div id = "header"> &lt;div id = "header"&gt;</div >
< div id = "nav"> &lt;div id = "nav"&gt;</div >
< div id = "mid">
    < div id = "aside"> &lt;div id = "aside"&gt;</div >
```

```
    < div id = "article" > &lt;div id = "article"&gt;</div >
</div >
< div id = "footer" > &lt;div id = "footer"&gt;</div >
</body >
```

div 的大量使用,正是 HTML 4 缺少必要的语义化结构元素的体现。那么在 HTML 5 中引入新的语义化结构元素之后,网页代码又该如何描述这种结构呢? 代码如下:

```
< body >
< header > &lt;header&gt;</header >
< nav > &lt;nav&gt;</nav >
< section >
    < aside > &lt;aside&gt;</aside >
    < article > &lt;article&gt;</article >
</section >
< footer > &lt;footer&gt;</footer >
</body >
```

如图 6-2 所示为使用了 HTML 5 新元素后的页面布局结构。

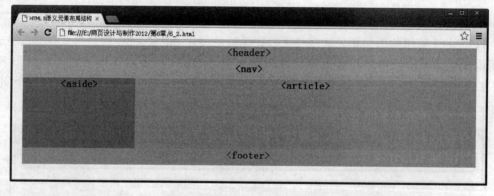

图 6-2　使用 HTML 5 语义化结构元素的页面布局

通过对比可以看出,使用新增的 HTML 语义化元素包括 header、nav、section、article、aside 和 footer 后,代码变得更加清晰易于阅读,新增的元素可以更加明确地标识出页面中元素的作用和含义,从而可以使这些页面与搜索引擎、移动设备及其他自动化内容分析工具更好地兼容。

对应图 6-2 使用的 CSS 规则定义代码如下,可以看出,在 HTML 5 页面布局中,对 CSS 完全兼容和支持。

```
< style type = "text/css">
header, nav, section, aside, article, footer {
    width:1000px;
    margin:0 auto;
    display:block;
    text - align:center;
```

```
        font - size:22px;
        font - weight: bold;
    }
header,footer{
        height: 35px;
        background - color: #9DD8FF;
        color: #F00;
    }
nav {
        height:35px;
        background - color: #FC6;
    }
section {
        height:150px;
    }
aside {
        width:25 % ;
        height:150px;
        background - color: #9EBC76;
        float:left;
    }
article {
        height:150px;
        background - color: #CC9;}
</style>
</head>
```

HTML 5 作为新技术推出时,开发者最担心的是由于其不成熟所产生的问题,如采用 HTML 5 开发页面能不能在老版本浏览器上兼容? 会不会产生错误等一系列问题,这涉及所谓的"HTML 设计原则",即兼容性、实用性和非革命性的发展。HTML 5 正是以该设计原则为基本原则进行开发,各主流浏览器支持 HTML 5 的前提也是要求 HTML 5 能够符合这些原则,在这一点上,HTML 5 表现得非常好,像 CSS 刚普及时一样不会存在什么问题。

进入 HTML 5 的时代,并不代表所有 HTML 4 创建的网页必须全部要重建,只会要求各浏览器能够正常运行 HTML 5 开发的功能,并对 HTML 4 完全兼容。HTML 5 之前的 Web 浏览器之间兼容性非常低,在某个浏览器上正常运行的 HTML、CSS、JavaScript 等 Web 程序,在另一个浏览器中不能正常运行的情况非常普及,这个问题的根本原因在于规范不统一。HTML 5 详细分析了各 Web 浏览器所具有的功能,并以此为基础,要求这些浏览器所有内部功能都要符合一个通用标准,然后以该标准为基础开发书写的程序在各浏览器上都能正常运行的可能性就大大提高了。另一方面,HTML 5 通过新增许多语义化的结构元素,使网页文档结构表达得非常清晰,并通过提供各种各样 Web 应用上的 API,使富 Web 应用的实现变成了可能。

鉴于将来会有比台式机更多的移动设备投入到 Web 应用中,移动技术也变得更加流行,HTML 5 作为最适合移动化的开发工具,越来越受到移动开发商的青睐,截至 2012 年 5 月,有 79% 的移动开发商已经决定要在其应有程序中整合 HTML 5 技术,IDC 统计预计截至 2015 年,至少有 80% 的移动应用程序将全部或部分基于 HTML 5。大量事实证明,混合使用 HTML、CSS 和 JavaScript 等技术,既可以完成和原生程序一样的用户体验,又可以完成跨平台跨设备的应用。

在实践 HTML 5 之前,需要先安装一款支持 HTML 5 的浏览器,只有这样,才具备运行和使用 HTML 5 的环境。目前支持 HTML 5 比较好的主浏览器包括 Google Chrome、Mozilla Firefox、Apple Safari、Opera 和 IE 9 以上版本等,读者可以自行在互联网下载安装。如果没有特殊说明,本书所有的实例均是在 Chorme 22 版本浏览器中打开。用户也可以通过 HTML 5 测试网站(http://www.html5test.com)来测试自己的浏览器对 HTML 5 热门新功能的支持,测试满分是 500 分,如果浏览器同时支持没有列入 W3C 的标准,将会获得附加分。如图 6-3 所示即为浏览器 Google Chrome 22 版本的测试效果,随着 HTML 5 的发展和新特性测试项目的添加,各浏览器对网页编码的支持程度也会发生变化,分数只能作为参考。

图 6-3　Chrome 浏览器测试效果

6.2　HTML 5 新特性

HTML 5 是基于最大程度上兼容 HTML 4 而设计的,并围绕 Web 标准这个目标,产生了许多新的特性和技术,接下来,让我们初步了解一下 HTML 5 中的新变化。

1. 新的 DOCTYPE

在一个 HTML 文档中,DOCTYPE 声明是必不可少的,它位于文档的第一行。在 HTML 4 中,该声明的代码如下:

```
<! DOCTYPE html PUBLIC " - //W3C//DTD XHTML 1.0 Transitional//EN" "http://www.w3.org/TR/
xhtml1/DTD/xhtml1 - transitional.dtd">
```

在 HTML 5 中,不需要指定复杂的版本声明字符串,只需要一个非常简短的 DOCTYPE 声明即可适用于所有版本的 HTML。具体代码如下:

```
<!DOCTYPE html>
```

这样读者就不再需要关心复杂的版本声明,使用<! DOCTYPE html>,即使浏览器不懂这句话也会按照标准模式去渲染,新的声明使 Chrome、Firefox、IE、Opera 等浏览器都进入标准模式。

2. 命名空间声明

HTML 5 无须像 HTML 4 那样为 html 元素添加命名空间声明,代码如下:

```
<html xmlns = "http://www.w3.org/1999/xhtml"  lang = "zh-cn">
```

在 HTML 5 中可以直接写成<html lang="zh-cn">。

3. 字符集编码声明

在 HTML 4 中使用 meta 元素指定页面字符集编码,通常代码为:

```
<meta http-equiv = "Content-Type" content = "text/html; charset=utf-8"/>
```

在 HTML 5 中,可以直接对 meta 元素添加 charset 属性的方法来指定字符集编码,代码为:<meta charset="utf-8"/>。HTML 5 兼容 HTML 4 通过 content 元素的属性来指定的方式,但同一个页面只能使用一种。从 HTML 5 开始,对于文件的字符编码,推荐使用 utf-8。

4. 链接 CSS 和 JavaScript 文件

在 HTML 4 中,要链接 CSS 和 JavaScript 文件时,需要指定 type 属性,示例代码如下:

```
<link rel = "stylesheet" type = "text/css" href = "mystyle.css"/>
<script type = "text/javascript" src = "myscript.js"/>
```

而在 HTML 5 中,要实现同样的功能,不需要 type 属性,代码更为简洁,代码如下:

```
<link rel = "stylesheet" href = "mystyle.css"/>
<script src = "myscript.js"/>
```

5. 取消过时标记,增加语义化标签

取消了纯粹显示效果的标记,如 u、font、center、strike 等,它们已经被 CSS 取代。保留了 b 和 i 元素,但它们的意义已经和之前有所不同,这些标签的意义只是为了将一段文字标识出来,而不是为了为它们设置粗体或斜体式样。

HTML 5 吸取了 XHTML 2 的一些建议,增加了包括一些用来改善文档结构功能的语义化标签,如新的 HTML 标签 header、footer、nav、aside、article、section、figure 等的使用,使内容创作者更加语义地创建文档,之前的开发者在实现这些功能时一般都是使用 div。

6. 省略标记元素

在 HTML 5 中,元素标记可以省略分为三种情况。

- 可以省略全部开始和结束标记。如 html、head、body、colgroup、tbody 等,可以完全不省略,但要注意的是,即使标记被省略了,该元素还是以隐式的方式存在。例如将 body 元素省略不写时,它仍然存在于文档结构中,可以使用代码 document. body 进行访问。
- 可以省略结束标记。包括的元素有 li、dt、dd、p、rt、rp、optgroup、option、colgroup、thead、tfoot、tr、td、th 等,HTML 5 会自动为其添加相应的结束标记。
- 不允许写结束标记。这类元素是指不允许使用开始标记与结束标记将元素括起来的形式,只能通过<元素/>的形式进行使用。例如
是正确书写,而
…</br>的写法是错误的。这类元素包括 area、base、br、col、command、enbed、hr、img、input、keygen、meta、param、source、track、wbr 等。

如实例 6_3. html 完全是 HTML 5 写成的一个简单页面,省略了<html>、<head>、<body>等元素,并简化了 DOCTYPE 和<meta>元素的字符集编码属性声明,省略了<p>元素的结束标记,以<元素/>的方式结束了<meta>元素以及
元素,代码如下:

```
<! DOCTYPE HTML >
< meta charset = utf - 8 >
< title > HTML 5 标记特性</title>
< p >这段代码中省略了 html、head、body 等元素
< br/>并设置了网页背景效果
```

在实例中为这段代码的<p>元素添加了 CSS 规则定义,设置了背景色及圆角效果,在 Chrome 浏览器中的运行效果如图 6-4 所示。

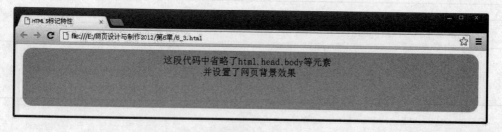

图 6-4　HTML 5 标记示例

7. 省略逻辑属性值

在 HTML 5 中,有很多属性的值是逻辑值,例如 checker 和 disabled 等。这些属性默认值为 false,如果不指定,表示不使用该属性。要将一个属性值设置为 true,可以只写属性而不指定属性值,也可以将属性名设定为属性值,或将空字符串设定为属性值。可以参考以下代码示例。

```
< input type = "checkbox" checked/>        <! -- checked 属性值为 true -->
< input type = "checkbox" checked = " "/>      <! -- checked 属性值为 true -->
< input type = "checkbox" checked = " checked "/>        <! -- checked 属性值为 true -->
< input type = "checkbox"/>        <! -- checked 属性值为 false -->
```

8. 省略属性值引号

在 HTML 5 以前,指定属性值的时候既可以用双引号,也可以用单引号,甚至可以省略引号。在 HTML 5 中规定,如果属性值不包含空字符串、">"、"<"、"="、单引号以及双引号字符时,可以省略引号,如<input type=text>。

9. 客户端数据存储及设备兼容

基于 HTML 5 开发的网页 APP 拥有更短的启动时间,更快的联网速度,这些全得益于 HTML 5 APP Cache 及本地存储功能 Local Storage。Local Storage 可以永久存储大的数据片段在客户端(除非主动删除),在使用之前可以检测一下 window. localStorage 是否存在。IITML 5 提供了前所未有的数据与应用接入开放接口,使外部应用直接与浏览器内部的数据直接相连,例如视频影音可直接与麦克风及摄像头相连。

10. 内容可编辑

使用 HTML 5 只需添加一个 contenteditable 属性,即可使页面中的任何元素变得可编辑。

11. Email 类型验证

如果给 input 的 type 设置为 email,浏览器就会自动验证这个输入是否是 email 类型。

12. IE 和 HTML 5

默认情况下,HTML 5 新元素被以 inline 行内元素的方式渲染,也可以通过下面的方式让其以 block 块级元素的方式渲染。

```
header, footer, article, section, nav, hgroup {
        display: block;
}
```

但在 IE 8 及以前浏览器会忽略这些样式,可以通过下面的脚本语句修复类似元素。

```
< script >
document.createElement("header");
document.createElement("footer");
</script >
```

13. 网页多媒体标签

直到现在,仍然不存在一项旨在网页上显示音频或视频的标准,大多数视频是通过插件(如 Flash)来显示的,但并非所有浏览器都拥有同样的插件。HTML 5 提供了新的 audio 和 video 标签,不需要再按照第三方插件来渲染音频或视频,并能与网站自带的 APPS、摄像头、影音功能相得益彰,不过目前仍就需要完善一些兼容处理,如使用 HTML 5 video 的时候,就需要提供多种编码格式视频,示例如下,其中 controls 属性用于显示视频控制。

```
< video width = "320" height = "240" controls = "controls">
  < source src = "mymovie. ogg" type = "video/ogg">
  < source src = "mymovie. mp4" type = "video/mp4">
  Your browser does not support the video tag.
</video >
```

14. 三维、图形及特效特性

基于 SVG、Canvas、WebGL 及 CSS 3 的 3D 功能,用户会惊叹于在浏览器中所呈现的惊人视觉效果。如 Canvas 对象将给浏览器带来直接在上面绘制矢量图的能力,这意味着用户可以脱离 Flash 和 Silverlight,直接在浏览器中显示图形或动画。如图 6-5 所示网站页面即为 Canvas 对象结合 JavaScript 完成的一个画板效果。

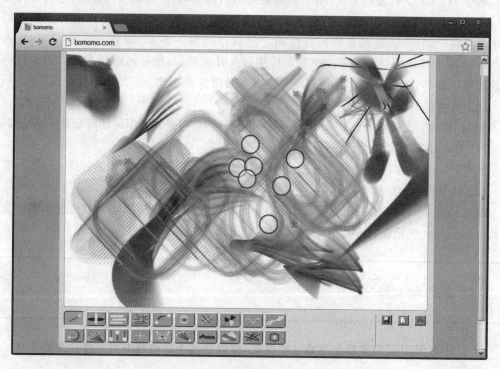

图 6-5 http://bomomo.com/

15. CSS 3 特性

在不牺牲性能和语义结构的前提下,CSS 3 中提供了更多的风格和更强的效果。此外,较之以前的 Web 排版,Web 的开放字体格式(WOFF)也提供了更高的灵活性和控制性。

16. mark 元素

使用新增的 mark 元素可以在页面中高亮显示一段文本,示例代码如下:

```
< h3 > Search Results </h3 >
< p > They were interrupted, just after Quato said: < mark >"Open your Mind"</mark >
```

17. 用 Range Input 来创建滑块

HTML 5 引用的 range 类型可以创建滑块,以滑动条的形式展示数字,通过拖动滑块实现数字的改变。如图 6-6 所示,通过添加三个 type 为 range 类型的输入框,在添加一个 span 元素,通过拖动滑动条来改变 span 的背景颜色,实现背景色的动态改变。

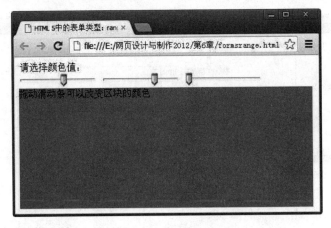

图 6-6　range 类型滑动条

它接受 min、max、step 和 value 属性,可以使用 CSS 的:before 和:after 来显示 min 和 max 的值。参考示例代码:

```
< input type = "range" name = "range" min = "0" max = "10" step = "1" value = "">
< style >
input[type = range]:before { content: attr(min); padding - right: 5px; }
input[type = range]:after { content: attr(max); padding - left: 5px;}
</style >
```

HTML 5 的新特性和新功能还有很多,限于篇幅不能一一列举。HTML 5 所带来的功能是让人渴望的,越来越多的 Web 应用将会在 HTML 5 标准下完成,使用它进行设计也将会越来越普及和简单,一个以 HTML 5 应用为代表的 Web 时代已经来临。

6.3　HTML 5 构建页面

6.3.1　简单 HTML 5 页面

下面利用 HTML 5 标准创建第一个页面,使读者对 HTML 5 页面有一个初步认识。本书借助于 Dreamweaver 网页编辑工具创建代码并测试页面,但需要对 Dreamweaver 默认文档类型做一些调整。选择"编辑"→"首选参数"→"新建文档"选项,设置"默认文档类型"的值为 HTML 5,"默认编码"为 UTF-8,如图 6-7 所示。新建文档,切换到代码或拆分视图状态,即可发现 HTML 页面采用 HTML 5 新规则指定了页面的 DOCTYPE 声明、html 标记不带命名空间形式及 meta 字符集编码,代码如下:

192

```
<!DOCTYPE HTML>
<html>
<meta charset = utf - 8>
```

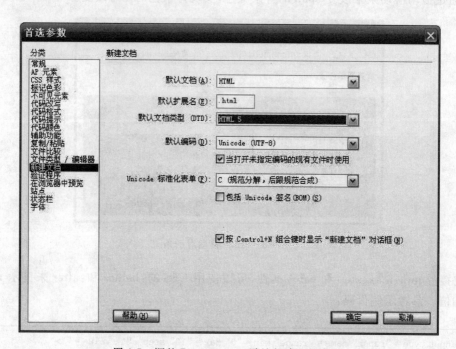

图 6-7   调整 Dreamweaver 默认新建文档类型

参考实例 6_4.html 源代码,这里使用<title>第一个 HTML 5 页面</title>设置标题,并在页面中添加了标题、水平线、列表、图像及一个文本段落,具体代码如下:

```
<!DOCTYPE HTML>
<html   lang = "zh - cn">
<meta charset = utf - 8>
<title>第一个 HTML 5 页面</title>
<h1>关于童话</h1>
<h3>在儿童文学这块多彩的园地里,童话是一朵引人注目的奇葩.</h3>
<hr/>
<ul><li>童话起源<li>童话历史<li>童话故事<li>童话人物</ul>
<p>童话往往采用拟人的方法,举凡花鸟虫鱼,花草树木,整个大自然以及家具、玩具都可赋予生命,
注入思想情感,使它们人格化
<p><img src = img/xpic2.jpg/>
```

这样第一个使用 HTML 5 新标准的页面就创建好了。透过代码可以发现,与 HTML 4.01 比较起来,HTML 5 代码显得要简洁明了很多。如图 6-8 所示为网页在 Chrome 中浏览效果。

图 6-8　简单 HTML 5 页面效果

6.3.2　HTML 5 新增结构元素

实例 6_4.html 虽然遵循了 HTML 5 的标准,但并没有体现出 HTML 5 结构性元素的特点。比较图 6-1 和图 6-2 可以发现,采用 HTML 5 结构元素完全可以实现采用<div id="xx">方式构建的页面结构。下面就来看看 HTML 5 中新增的结构元素。

1. header 元素

header 元素表示一个页面或者一个内容区块的标题,该元素可以包含所有通常放在页面头部的内容,包括标题、Logo、搜索表单等,示例代码如下:

```
< header id = "top">
    < hgroup > < br/>
    < h1 >读书明智</h1 >
    < h3 >书籍是屹立在时间的汪洋大海中的灯塔</h3 >
    </hgroup >
</header >
```

这里使用的 hgroup 元素用于将多个标题(主标题、副标题或子标题)组成标题组,如图 6-9 所示。

2. nav 元素

nav 元素用于在页面上显示一组导航链接,这些导航链接通常位于 header 元素下方,用

图 6-9　header 元素应用效果

于链接到站点其他页面或页面某一部分。但要注意的是,并不是所有的导航链接都放在 nav 中,很多时候页面底部 footer 也放置相关导航链接,示例代码如下:

```
< nav >
    < ul >
        < li > < a href = " # ">首页</a > </li>
        < li > < a href = " # ">书籍目录</a > </li>
        < li > < a href = " # ">书籍推荐</a > </li>
        < li > < a href = " # ">特价图书</a > </li>
        < li > < a href = " # ">联系方式</a > </li>
        < li > < a href = " # ">用户登录</a > </li>
    </ul >
</nav >
```

3. article 元素

article 元素表示页面中一块与上下文不相关的独立部分,例如一篇博文或者日志,或其他任何独立的内容。通常使用多个 section 元素划分,一个页面中的 article 元素也可以出现多次,还可以嵌套使用,内层嵌套的内容在原则上需要与外层的内容相关联,示例代码如下:

```
< article >
< section >
< header id = "sec1">新书榜单</header >
< div class = "content"> </div >
</section >
< section >
< header id = "sec1">特价图书</header >
< div class = "content"> </div >
</section >
</article >
```

4. aside 元素

aside 元素表示 article 元素内容之外的、与 article 元素内容相关的辅助信息,如引用、侧边栏、广告、备注、导航条等。通常有两种使用方法。

(1) 被包含在 article 元素中作为主要内容的附属信息部分,如有关的参考资料等。

(2) 在 article 元素之外使用,作为页面或站点全局的附属信息部分,如侧边栏。

示例代码如下:

```
< aside >
< section >
< header id = "sec1">关于本站</header >
< div class = "content"> </div >
</section >
</aside >
```

5. section 元素

section 元素用于将页面上内容划分为独立区域,通常是有主题的内容组,前面一个 header 元素,后面一个 footer 元素,如果需要,section 元素也可以嵌套。但要注意的是,section 元素只是一个划分内容标识,而不是容器,如果希望放置内容并定义样式,那么应该选择使用 div 而不是 section 元素。因此可以这样理解,section 元素中的内容可以单独存储到数据库中或者输出到外部文档中。

与 article 元素相比,section 元素强调分段或分块,而 article 强调独立性,如果一块内容相对来说比较独立、完整的时候,应该使用 article 元素;如果想将一块元素分为几段,则应该使用 section 元素。关于 section 元素的使用,要遵循一些基本原则,如不能将其用作设置样式的页面容器,因为这是 div 元素的工作;不能为没有标题的内容区块使用 section 元素等。示例代码如下:

```
< article >
  < section >
    < header > </header >
    <p>内容 1 </p>
    < footer > </footer >
  </section >
  < section >
    < header > </header >
    <p>内容 2 </p>
    < footer > </footer >
  </section >
</article >
```

6. footer 元素

footer 元素用于表示一个页面或者一个内容区域的底部,可以包含所有通常放置在页面底部的内容,如脚注、版权、分页以及联系方式等。示例代码如下:

```
< footer > Copyright © 2012 读书明智, All Ringhts Reserved.</footer >
```

整合以上新增的页面结构元素,添加相关页面内容并设置 CSS 规则后,页面效果如图 6-10 所示,具体的 CSS 样式规则代码请参考实例 6_5.html 源代码。

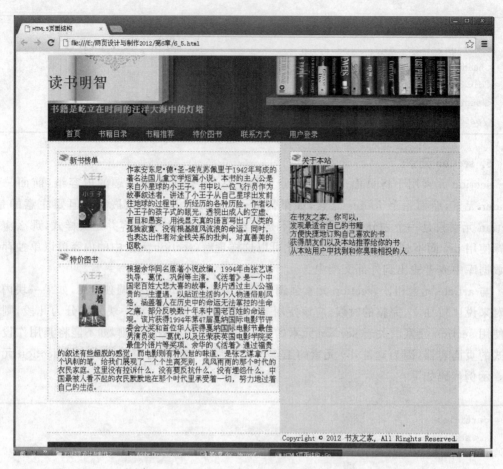

图 6-10　HTML 5 页面结构元素

6.3.3　HTML 5 新增页面元素

除了结构元素外,在 HTML 5 中,还新增了其他页面元素,这些元素使页面表现更加灵活丰富,更有表现力。

1. audio 元素

大多数音频是通过插件(如 Flash)来播放的,但并非所有浏览器都拥有同样的插件。HTML 5 规定了一种通过 audio 元素来包含音频的标准方法,提供 audio 元素解决了以往必须依靠第三方插件才能播放音频文件的问题。如实例 audio.html 代码如下:

```
< audio controls = "controls" autoplay = "autoplay" loop = "loop">
  < source src = "secret.ogg" type = "audio/ogg">
  < source src = "secret.mp3" type = "audio/mpeg">
  Your browser does not support the audio tag.
</audio >
```

其中,controls 属性设置添加播放、暂停和音量控件,autoplay 设置音频就绪自动播放,

loop 属性设置循环。这里使用的 ogg 格式文件适用于 Chrome、Firefox 以及 Opera 浏览器，要确保适用于 Safari 和 IE 9 以上版本浏览器，必须采用 MP3 或 WAV 类型。

2. video 元素

HTML 5 中的 video 元素用于定义对视频文件的支持。ogg 格式文件适用于 Chrome、Firefox 以及 Opera 浏览器，要确保适用于 Safari 和 IE 9 以上版本浏览器，必须采用 mp4 类型。如实例 video.html 核心代码如下：

```
< video controls = " controls" width = "420" preload = "preload">
    < source src = "DrawWithMe. ogg" type = "video/ogg"/>
    < source src = "DrawWithMe. mp4" type = "video/mp4"/>
    Your browser does not support HTML 5 video.
</video >
```

在 HTML 4 中，通常代码如下：

```
< object type = "video/ogg" data = " DrawWithMe. ogg ">
    < param name = "src" value = "DrawWithMe.ogg">
</object >
```

3. canvas 元素

canvas 元素表示图形，如绘制的图形、图表或其他图像等。这个元素本身没有行为，仅提供一块画布，但它把一个绘图 API 展现给客户端 JavaScript，所有的绘制工作必须在 JavaScript 内部完成。如通过规定尺寸、颜色和位置，来绘制一个圆，代码如下：

```
< canvas id = "myCanvas" width = "200" height = "100" > </canvas >
< script type = "text/javascript">
var c = document. getElementById("myCanvas");
var cxt = c. getContext("2d");
cxt. fillStyle = " # FF0000";
cxt. beginPath();
cxt. arc(70,18,15,0,Math. PI * 2,true);
cxt. closePath();
cxt. fill();
</script >
```

4. figure 元素

figure 元素表示文档中一个独立的流，一般是指一个单独的单元，可以使用 figcation 为 figure 元素组添加标题。示例代码如下：

```
< figure >
< figcation > HTML 5 </figcation >
< p > HTML 5 是用于取代 HTML 4.01 标准的 HTML 标准版本</p>
</figure >
```

5. hgroup 元素

hgroup 元素用于将多个标题(主标题和副标题或者子标题)组成一个标题组。如:

```
< header id = "top">
        < hgroup > < br/>
        < h1 >读书明智</h1 >
        < h3 >书籍是屹立在时间的汪洋大海中的灯塔</h3 >
        </hgroup >
</header >
```

6. mark 元素

mark 元素用于高亮显示那些需要在视觉上向浏览者突出其重要性的文字,包括在此元素里的字符串必须与浏览者当前的行为相关。一个比较典型的应用就是在搜索结果中向用户高亮显示搜索关键字。

7. embed 元素

embed 元素用来插入各种多媒体,格式可以是 midi、mp3、wav 等。如:

```
< embed src = "secret. mp3"/>
```

8. time 元素

time 元素可以使用很多格式表示一个日期或者时间,或者表示两者。如:

```
< time datatime = "12/25/2011" >今天是圣诞节</time >
```

9. details 元素

details 元素提供了一种快捷、简化的交互方案,将页面中的部分区域进行展开或者收缩,而无须编写任何 JavaScript 代码。summary 是 details 元素的子元素,用于定义默认显示的内容,单击该元素将会展开或者收缩 details 内的其他元素内容。如果没有 summary 元素,浏览器将会显示一个默认的文字。

10. menu 元素

menu 元素是为 Web 应用程序增加的元素,适用于菜单、工具栏以及弹出菜单。当作为布局时,menu 元素可以与 li 元素一起使用,表示一个列表。如:

```
< details >
        < summary >显示列表</summary >
        < menu >
                < li >列表 1 </li >
                < li >列表 2 </li >
        </menu >
</details >
```

上述代码运行后,默认在浏览器中出现 summary 元素定义的"显示列表"文字,单击该文字可以控制下方 menu 元素的隐藏与显示,如图 6-11 所示为显示时的效果。

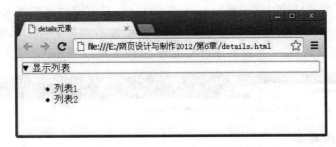

图 6-11　details 展开效果

其他还有 progress、ruby、rt、rp、datalist、keygen、output、command、wbr 等元素,同时还新增了很多 input 元素的类型,包括 email、url、range、number、date pickers 等,读者可参考附录 1 和附录 2 的内容。

6.3.4　HTML 5 新增属性

1. 新增与链接相关的属性

- 为 a 和 area 元素增加了 media 属性,该属性规定目标 URL 为哪些类型的设备进行优化,只能在 href 属性存在时使用。
- 为 area 元素增加了 hreflang 属性和 rel 属性,以保持与 a 元素、link 元素的一致。
- 为 link 元素增加了新属性 sizes,该属性可以与 icon 元素结合使用(通过 rel 属性),指定关联图标的大小。
- 为 base 属性增加了 target 属性,主要目的是与 a 元素保持一致。

2. 新增与表单相关的部分属性

- 可以对 input(type＝text)、select、textarea 与 button 元素指定 autofocus 属性,用于让元素在页面打开时自动获取焦点。
- 可以对 input(type＝text)与 textarea 元素指定 placeholder 属性,它会对用户的输入进行提示,提示用户可以输入的内容。
- 可以对 input、output、select、textarea、button 与 fieldset 元素指定 form 属性,声明它属于哪个表单,然后将其放置在页面中任何位置,而不必一定在表单内。
- 可以对 input(type＝text)与 textarea 元素指定 required 属性,用户在提交的时候会检查该元素一定要有输入内容。
- 为 input 元素增加了 autocomplete、min、max、multiple、pattern 和 step。multiple 属性允许在上传文件时一次上传多个文件。

3. 新增全局属性

HTML 5 新增了一些全局属性,也就是指可以对任何元素都使用的属性,常用的包括以下几种。

- contentEditable 属性

contentEditable 属性是由微软开发、被其他浏览器反编译并投入应用的一个全局属性。

该属性允许用户在页面中编辑元素中的内容,但要求必须应用到可获得鼠标焦点的元素,并且在点击鼠标后要向用户提供一个插入符号,提示用户该元素的内容允许编辑。该属性有个隐藏的 inherit(继承)属性,当未指定 true 或 false 时,其可编辑状态继承父元素属性。实例 contentEditable.html 给出了一个可编辑列表元素示例,当列表元素＜ul＞被加上contentEditable 属性后,该元素就变成可编辑的了,如图 6-12 所示。

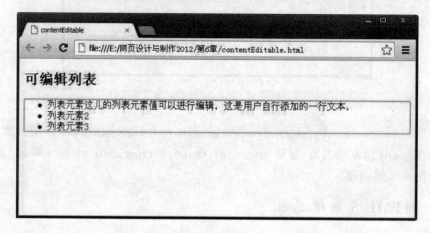

图 6-12　可编辑元素属性

- designMode 属性

designMode 属性用于指定整个页面是否可编辑。当页面可编辑时,页面中任何支持contentEditable 属性的元素都变成了可编辑状态。该属性有 on 和 off 两个值,而且必须在JavaScript 中才可以修改,例如设置 document. designMode＝"on"。

- hidden 属性

hidden 属性类似 input 元素的 hidden 属性,功能是通知浏览器不渲染该元素,使页面上的元素处于不可见状态。在 HTML 5 中,所有的元素都允许使用一个 hidden 属性。当hidden 属性取值为 true 时,元素不在页面显示,反之则会显示,如图 6-13 所示。

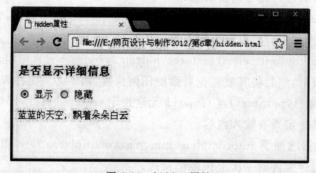

图 6-13　hidden 属性

- spellcheck 属性

spellcheck 属性是 HTML 5 针对 input 元素(type＝text)与 textarea 这两个文本输入框进行拼写和语法检查而提供的一个新属性,它的功能是对用户输入的文本内容进行拼写和语法检查,有 true 和 false(默认)属性两个值。

6.4 表　　单

表单是开发 Web 应用程序时用得最多的元素，在 HTML 5 标准中，吸纳了 Web Forms 2.0 的标准，大幅度强化了表单元素的用户交互及数据传递功能，并在传统表单的基础上增加了很多与应用程序有关的功能，如表单验证、自动显示和验证邮箱等。新增了部分属性和类型，本节将对这些表单应用作详细介绍，并介绍新增的其他表单元素以及验证方法。

6.4.1 新增属性

1. form 属性

在 HTML 4 中要提交一个表单，必须把表单内的从属元素都放置在 form 元素内，表单在提交的时候会直接忽略不是其子元素的控件。但在实际应用中，由于页面设计和 Web 应用程序的特殊性，会存在一些孤立在表单之外元素也需要提交的情况，有了 HTML 5 的 form 属性便可以轻松解决这一问题。在 HTML 5 中，可以将控件书写在页面中任何地方，然后给这个元素指定一个 form 属性，属性值为该表单的 id，这样就可以声明该元素从属于指定表单了，代码如下。

```
< form id = "form1">
姓名< input type = "text" id = "name" name = "name" autofocus = "true"/> < br/> < br/>
密码< input type = "text" id = "pwd" name = "pwd"/> < br/> < br/>
< input type = "submit" value = "提交"/> < br/> < br/>
</form >
评论< textarea id = "comments" name = "comment" form = "form1"> </textarea >
```

评论 textarea 被书写在 form1 表单之外，但它从属于 form1 表单，通过 form＝"form1" 将表单 id 指定给 textarea 元素的 form 属性。

2. required 属性

HTML 5 在进行表单提交时，设置 required 属性可以检测输入类型元素（除隐藏元素、图片元素按钮等）中输入的内容是否为空。required 取值为布尔类型，只有当输入文本不为空时返回 true 值，才能提交表单，否则会提示用户表单输入框内容为空。例如实例总为密码 input(type＝"text")设置代码 required aria-required＝"true"，当输入框内容为空时，效果如图 6-14 所示。

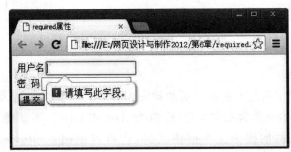

图 6-14　required 属性检查

3. placeholder 属性

placeholder 属性用于在文本框(<input type=text>与<textarea>)处于未输入状态时文本框中显示的输入提示,用于提示用户应该在此输入什么数据,当文本框处于未输入状态并且未获取光标焦点时,模糊显示输入提示文字。在 HTML 4 中要实现这样的效果只能借助 JavaScript 代码,在 HTML 5 中只要加上 placeholder 属性,然后指定提示文字就可以了。实例 placeholder.html 效果如图 6-15 所示。

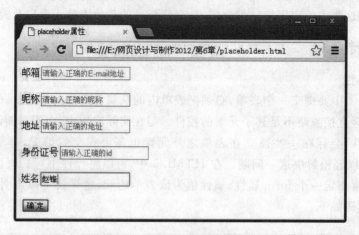

图 6-15 placeholder 属性运行效果

4. pattern 属性

pattern 属性用于提供一个正则表达式,定义 input 元素可以接受的格式,只有用户输入内容格式与表达式匹配时才被视为有效。当输入的内容不符合给定格式时,则不允许提交,同时在浏览器中显示信息提示文字。如实例 pattern.html 为表单密码字段设置 pattern 属性限制长度为 6～16 位数字,当输入密码与规则不符时,提示用户表单密码不符合标准,不能提交,效果如图 6-16 所示。

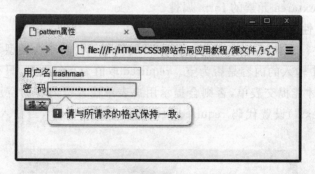

图 6-16 pattern 属性检查效果

5. autofocus 属性

autofocus 属性用于指定元素在页面加载完成后即获得焦点,一个页面只有一个表单元素具有 autofocus 属性,其值为布尔类型,取值为 true 或 false。不要随便滥用该属性,建议只有使用类似搜索页面的搜索文本框情况时,才可以使用。autofocus 属性的使用方法如下:

```
< input type = "text" autofocus >
```

6. autocomplete 属性

autocomplete 属性是辅助输入所用的自动完成功能,即当用户输入文本时出现一个下拉列表,节省输入时间。默认状态下 autocomplete 属性为 on 值即打开状态,如果要想覆盖该属性默认状态,将 autocomplete 属性设置为 off 即可。运行效果如图 6-17 所示。

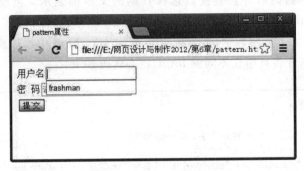

图 6-17   autocomplete 属性为 on 时效果

6.4.2   新增 input 类型

HTML 5 针对表单中的 input 元素类型进行了大量的增加和改良,提供了更好的输入控制和验证,可以简单地实现 HTML 5 之前版本需要借用 JavaScript 才能实现的许多功能。由于 HTML 5 对这些新增的元素在各浏览器中的外观样式没有规定,所以同样的 input 元素在不同浏览器中可能会出现不同的外观,部分不支持的类型浏览器会将它识别为普通的文本框,读者可能不会注意到变化。增加和改良的 input 元素类型主要有以下几种。

- search 类型。新增的搜索输入框类型,在 HTML 4 中并不存在,通过 type = "search"设置,当用户输入时,输入框右边会有一个清除符号图标,可以快速清除搜索框中的内容。
- email 类型。用于需包含 email 地址的输入域,如 QQ 邮箱、新浪邮箱等。在提交表单时,浏览器会自动验证 email 输入框的值是否合法,不合法则有错误信息提示。如果将输入框的 multiple 属性设置为 true,则允许用户输入多个用逗号分隔的 email 地址。
- url 类型。用于需包含 URL 地址的输入域,例如百度地址等。在提交表单时,浏览器会自动验证 url 输入框的内容是否符合 URL 地址格式,否则不允许提交并出现错误提示。
- number 类型。用于设置想要匹配的数字,并增加了一些额外的属性,包括 max 和 min 指定输入的最大值和最小值,step 设置输入域合法的间隔(默认为 1),value 指定默认值,通常浏览器对不合法的数字验证值只有在提交表单的时候才会提示错误。
- tel 类型。用于验证电话号码之类的输入域,但必须结合 pattern 属性使用才能达到效果。

- color 类型。在 HTML 5 中提供了一个颜色拾取器,可以用来选取颜色,选取的颜色值将保存在它的 value 属性中。
- range 类型。用于需包含一定范围内的数字值的输入域,与 number 的区别在于 range 以滑动条的形式展示数字,通过拖动滑动条实现数字的改变,也支持 max、min、step、value 属性。
- date 日期类型。新增的日期类型,可以不用再使用 JavaScript 和 JQuery 等任何脚本实现日期的选择,并且直接以选择日期的文本框显示。类型包括 date、month、week、time、datetime(UTC 时间)、datetime-local(本地时间)。

综合以上类型,为了方便教学,本节在实例 newinput. html 中添加新增的相关 input 输入类型,通过 id 区别开各自所在不同的 form,核心代码如下:

```html
< form id = "Form0">
< fieldset>
  < legend>请输入您要查询的关键字: </legend>
  < input type = "search" id = "sch"/>
  < input type = "submit" id = "btn" value = "提交" onClick = "return searchKey();"/>
      < p id = "spanid"> </p>
</fieldset>
</form>


< form id = "Form1">
< fieldset>
  < legend>请输入邮件地址: </legend>
  < input type = "email" id = "myemail" class = "inputtxt" multiple = "true"/>
  < input type = "submit" id = "btn" class = "inputbtn" value = "提交 Email"/>
</fieldset>
</form>


< form id = "Form2">
< fieldset>
  < legend>请输入网址: </legend>
  < input type = "url" id = "myurl"/>
  < input type = "submit" class = "inputbtn" id = "btn" value = "提交 url"/>
</fieldset>
</form>


< form id = "Form3">
< fieldset>
  < legend>请选择出生日期: </legend>
  < input name = "txtYear" type = "number" min = "1960" max = "2020" step = "1" value = "1990"/>年
  < input name = "txtMonth" type = "number" min = "1" max = "12" step = "1" value = "5"/>月
  < input name = "txtDay" type = "number" min = "1" max = "31" step = "1" value = "17"/>日
  < input type = "submit" class = "inputbtn" id = "btn" value = "提交 number"/>
</fieldset>
</form>


< form id = "Form4">
< fieldset>
  < legend>请选择颜色值: </legend>
  red:< input id = " txtR" type = " range" min = " 0" max = " 255" value = " 10" onChange =
```

```
"changeColor()"/> < br/>
    green:< input id = " txtG" type = " range" min = " 0" max = " 255" value = " 0" onChange =
"changeColor()"/> < br/>
    blue:< input id = " txtB" type = " range" min = " 0" max = " 255" value = " 0" onChange =
"changeColor()"/> < br/>
    < span style = "width:200px; height:200px;" id = "spanid2">拖动滑动条可以改变颜色</span>
</fieldset >
</form > < br/>

< form id = "Form5">
  < fieldset >
    < legend >请输入固定电话:</legend >
    < input   type = "tel" pattern = "^\d{3} - \d{8}|\d{4} - \d{7} $ " name = "telname"/>
    < input type = "submit" value = "提交"/>
  </fieldset >
</form > < br/>

< form id = "Form6">
< fieldset >
选取颜色:< input type = "color" value = " ♯34538b"/>
</fieldset >
</form > < br/>

< form id = "Form7">
  < fieldset >
    < legend > date and time: </legend >
    < input name = "txtDate_1" type = "date"/>
    < input name = "txtDate_2" type = "time"/>
  </fieldset >
</form >
```

在 Chrome 浏览器中显示效果如图 6-18 所示。

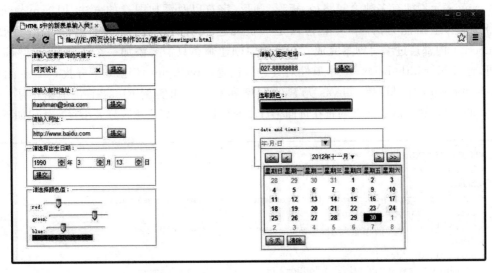

图 6-18　HTML 5 新增表单输入类型

6.4.3 表单验证

HTML 5 在增加大量的表单类型和属性的同时,也增强了对表单元素进行内容验证的功能。通过内容的有效性验证,避免了表单的重复提交,减轻了服务器的处理压力。对表单元素验证可分为自动验证和手动验证两种方式,同时还可以选择使用系统提示或者自定义验证提示信息。

- 自动验证。自动验证方式是 HTML 5 表单的默认验证方式,在表单提交时自动执行,如果验证不通过,将无法提交表单数据。在 HTML 5 中可以设置如下属性对输入的内容进行限制:require 属性限制在提交时元素内容不能为空,pattern 属性正则表达式限制元素内容的格式,max 和 min 属性限制数字类型输入范围,step 属性限制元素的值每次增减的基数。
- 手动验证。通过 checkValidity()方法对表单内的所有元素或者单个元素进行有效证验证,所有的 form、input、select 和 textarea 元素都具有该方法。
- 自定义验证提示。所谓自定义验证提示,是开发人员希望在对 input 元素输入内容进行有效性检查时,如果检查不通过,希望浏览器使用自定义的信息作为错误提示,通常采用的是 setCustomValidity()方法,并结合 JavaScript 脚本来调用实现的。

6.5 绘 图

6.5.1 canvas 元素基础

canvas 元素是 HTML 5 中新增的一个重要元素,专门用来绘制图形。在页面中添加一个 canvas 元素,就相当于在页面上放置一块画布,通过该元素自带的 API 结合 JavaScript 代码可以在画布上面绘制各类图形、图像以及动画效果。

canvas 元素拥有多种绘制路径、矩形、圆形、字符以及添加图像的方法,但 canvas 元素本身是没有绘图能力的,事实上它只是一块无色透明的区域,所有的绘制工作必须在 JavaScript 内部通过编写脚本完成。在页面中创建画布只需要添加一个<canvas>标记符即可,通过 id、width、height 三个属性对其进行设置,JavaScript 使用 id 来寻找 canvas 元素,width 和 height 分别设置 canvas 元素的宽度和高度。如实例 6_6. html 中给出了一个 400×300 像素的 canvas 元素画布在页面上放置时的代码示例(注意区分大小写),代码如下:

```
<!DOCTYPE HTML>
<html>
<head>
<meta http-equiv="Content-Type" content="text/html; charset=utf-8">
<title>canvas 元素</title>
<script type="text/javascript" src="myscript.js"></script>
</head>
<body onload="draw()">
<canvas id="myCanvas" width="400px" height="300px"></canvas>
</body>
</html>
```

在脚本导入处,使用<script type="text/javascript" src="myscript.js"></script>
语句在页面加载时导入 myscript.js 脚本文件,然后利用该脚本文件进行图形绘制。在
body 属性中,使用<body onload="draw()">调用脚本文件中的 draw()函数绘制图形,所
绘制图形由函数的功能决定。如在画布中绘制一个带黑色边框的红色矩形,myscript.js 脚
本中代码如下:

```
function draw(){
var c = document.getElementById("myCanvas");
var cxt = c.getContext("2d");
cxt.fillStyle = "#FF0000";
cxt.strokeStyle = "#000000";
cxt.fillRect(0,0,200,100);
cxt.strokeRect(0,0,200,100);
}
```

所绘制的图形在 Chrome 浏览器中效果如图 6-19 所示。

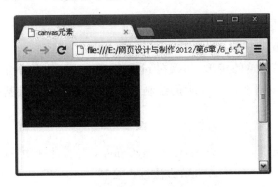

图 6-19　canvas 元素实例

6.5.2　绘制图形

既然是利用 myscript.js 脚本文件进行图形绘制,接下来重点关注一下这个脚本文件的
内容。在这个文件中只有一个 draw()函数,分析其代码可以看出利用 canvas 元素绘制图
形的基本步骤。

1. 取得 canvas 元素

首先用 document.getElementById("myCanvas")方法获取 canvas 对象,需要调用这个
对象提供的方法进行图形绘制。

2. 获得图形上下文

使用 canvas 对象的 getContext()方法,将 getContext("2d")参数设为"2d"来获得图形
上下文,图形上下文中是一个封装了很多绘图功能的对象,拥有多种绘制路径、矩形、圆形、
字符以及添加图像的方法。用 canvas 元素绘制图形结合两种方式:填充(fill)和绘制边框
(stroke)。填充是指填满图形内部,绘制边框是指绘制图形外框。

3. 设定绘图样式

绘制图形前,需要先设定好绘图的样式(style),这里主要针对图形的颜色设置,其中 fillStyle 属性用于设定填充的颜色样式,strokeStyle 属性用于设定边框的颜色样式,颜色值即可以采用 red、green 这类颜色名,也可以采用十六进制的♯RGB 方式。

4. 绘制图形和边框

分别使用 fillRect()和 strokeRect()方法来绘制图形和边框。这两个方法的参数设置如下所示:

```
cxt.fillRect(x,y,width,height);
cxt.strokeRect(x,y,width,height);
```

cxt 为图形上下文对象变量,参数中 x 和 y 是指矩形起点的横坐标和纵坐标,坐标原点在 canvas 画布的最左上角,width 是矩形的宽度,height 是矩形的高度,通过这 4 个参数就可以确定矩形的大小了。

矩形绘制完成后,还可以利用 clearRect()方法擦出指定的矩形区域中的图形,使得矩形区域中的颜色全部变为透明。定义方法如下:

```
cxt.clearRect(x,y,width,height);
```

其参数含义与上相同。

这里只是绘制了最简单的矩形,如果在 myscript.js 脚本文件中定义绘制其他图形的函数,则可以在画布中完成各种不同图形的绘制。本节只列举两个最基本的绘制线条和渐变图形实例供读者参考。

- 绘制线条

首先使用 document.getElementById("myCanvas1")方法获取 canvas 对象,getContext()获取上下文变量,使用 moveTo(x,y)方法进行绘制。moveTo(x,y)方法用于将画笔移动到指定点并以该点为起始点,参数 x 和 y 为起点的坐标。lineTo(x,y)用画笔从指定起点到指定终点绘制一条直线,x 和 y 分别对应终点的横坐标和纵坐标。当直线绘制完成后,并不能立刻显示效果,需要调用 stroke()方法填充路径。JavaScript 函数定义代码如下:

```
function drawline(){
var c = document.getElementById("myCanvas1");
var cxt = c.getContext("2d");
cxt.moveTo(10,100);
cxt.lineTo(50,200);
cxt.lineTo(350,50);
cxt.stroke();
}
```

在页面中创建画布并加载函数的代码如下:

```
< body onload = "drawline()">
< canvas id = "myCanvas1" width = "400px" height = "300px"> </canvas >
</body >
```

实例 6_7. html 在 Chrome 浏览器中的浏览效果如图 6-20 所示。

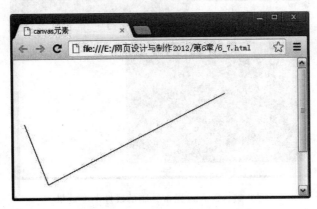

图 6-20　canvas 元素绘制的线条

- 绘制渐变图形

首先使用 document. getElementById("myCanvas2")方法获取 canvas 对象,getContext()获取上下文变量,再通过上下文变量调用 createLinearGradient(s_x,s_y,e_x,e_y)方法,其中 s_x 和 s_y为起点的横坐标和纵坐标,e_x 和 e_y 为终点的横坐标和纵坐标。通过调用该方法,创建了一个使用两个坐标点的 LinearGradient 对象,接着调用 addColorStop()方法设置颜色的渐变和偏移量,其语法格式为:

```
addColorStop(value,color);
```

其中参数 value 取值范围在 0～1 之间,用于为设定的颜色离开渐变起始点的偏移量,color 表示渐变开始和结束的颜色。JavaScript 函数定义代码如下:

```
function drawLinear(){
var c = document. getElementById("myCanvas2");
var cxt = c.getContext("2d");
var grd = cxt.createLinearGradient(0,0,300,200);
grd.addColorStop(0,"＃FF0000");
grd.addColorStop(1,"＃00FF00");
cxt.fillStyle = grd;
cxt.fillRect(0,0,300,200);
}
```

在页面中创建画布并加载函数的代码如下:

```
< body onload = " drawLinear()">
< canvas id = "myCanvas2" width = "400px" height = "300px"> </canvas >
</body >
```

实例 6_8. html 在 Chrome 浏览器中的浏览效果如图 6-21 所示。

209

第6章　HTML 5

图 6-21　canvas 元素绘制的线性渐变效果

6.5.3　操作图形

在 Web 应用中,有时仅仅绘制出图形并不能满足要求,需要对已经绘制的图形进行操作和修改,这些都可以借用 canvas 元素的相关属性和方法实现。将不同或相同的图形结合在一起,可以组合成新的图形,或者为图形添加不同的样式效果、变换坐标等,涉及图形操作的方法有很多,本节只列举两个最基本的添加阴影和变换坐标实例供读者参考。

1. 添加阴影

使用 HTML 5 的 canvas 元素绘制图形时,可以为图形添加背景阴影,以达到立体显示的效果。在 canvas API 中,有几种全局的上下文属性用于控制阴影,如下所示:

shadowColor:背景颜色值,可以为透明度。

shadowOffsetX:阴影与图形的水平偏移值,正值向右偏移,负值向左偏移。

shadowOffsetY:图形与阴影的垂直距离,正值向下偏移,负值向上偏移。

shadowBlur:阴影的模糊值,值越大模糊越强,默认值为 1。

下面是一个矩形绘制阴影效果的过程,利用 canvas 元素完成画布的创建后,在页面加载时调用 JavaScript 代码,实例 6_9.html 源代码如下:

```
< script type = "text/javascript">
function test()       {
var canvas = document.getElementById("myCanvas");
var context = canvas.getContext('2d');
context.shadowOffsetX = 10;
context.shadowOffsetY = 10;
context.shadowBlur = 0;
context.shadowColor =  'rgba(255, 0, 0, 0.5)';
context.fillStyle = '#00f';
context.fillRect(20, 20, 150, 100); }
</script>
```

在 Chrome 浏览器中的运行效果如图 6-22 所示。

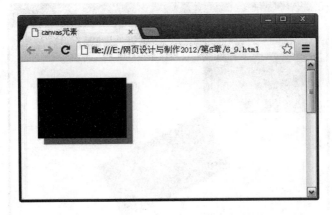

图 6-22　canvas 元素为图形添加阴影

2. 变换坐标

默认情况下,画布的最左上角对应于坐标原点(0,0),变化坐标就是对坐标轴进行改变。在 HTML 5 中,对坐标的变换处理主要包括移动、缩放及旋转三种方式。

移动使用对象的 translate(x,y)方法改变坐标原点,translate(x,y)的参数 x 和 y 分别表示坐标轴 x 和 y 从原点向左和向下移动的像素值。

缩放通过 scale(x,y)方法来增减图形在 canvas 元素中的像素数目,x 和 y 分别为横轴和纵轴的缩放因子,都必须为正值,大于 1.0 表示放大,小于 1.0 表示缩小,等于 1.0 无效果。

旋转利用 rotate(angle)方法,以原点为中心点旋转。参数 angle 表示旋转的角度,顺时针方向,以弧度为单位。如果要逆时针,只需要设置为负值即可。

如实例 6_10.html 所示,创建一个画布后,JavaScript 代码将画布上的图形进行坐标变换,代码如下:

```
< script type = "text/javascript">
window.onload = function() {
  var canvas = document.getElementById("myCanvas");
  var context = canvas.getContext("2d");
  context.fillStyle = "#d4d4d4";
  context.fillRect(0, 0, 400, 300);
  context.translate(200, 25);
  context.fillStyle = "rgba(0, 0, 225, 0.25)";
  for(var i = 0; i < 50; i++){
    context.translate(25, 25);
    context.scale(0.95, 0.95);
    context.rotate(Math.PI/10);
    context.fillRect(0, 0, 100, 50);
  }
}
</script>
```

在 Chrome 浏览器中的运行效果如图 6-23 所示。

图 6-23　canvas 元素变换坐标效果

6.6　音　视　频

　　在 HTML 5 之前,要在网络中展示音频、视频、动画,通常使用第三方自主开发的播放器,使用最多的工具应该是 Flash,但它们都需要在浏览器中安装各种插件才能正常使用,而且需要结合使用比较复杂的 object 元素和 embed 元素,并为元素添加许多属性和参数,代码冗长烦琐,HTML 5 的出现改观了这一局面。audio 元素和 video 元素是首批被添加到 HTML 5 规范中的特征标记,使得浏览器以一种更易用的方式来处理音频和视频文件,让用户无须加载项或外部播放器即可添加播放并实现对音视频的精确控制。

　　新增的 video 元素专门用来播放网络上的视频或电影,而 audio 元素专门用来播放网络上的音频数据,使用这两个元素,就不再需要使用其他任何插件了,只要使用支持 HTML 5 的浏览器就可以,同时也不再需要在开发的时候书写复杂的 object 元素和 embed 元素。目前,Chrome 3.0 以上、Safari 3 以上、Opera 10 以上、Firefox 4 以上版本的浏览器都实现了对 audio 和 video 元素的支持,但在具体的音视频文件格式上仍存在着差别,所支持的音视频格式会有所不同,如表 6-2 和表 6-3 所示。

表 6-2　audio 元素支持的音频格式

音频格式	Chrome 3.0	Firefox 3.5	Safari 3	IE 9	Opera 10
OGG	√	√	×	×	√
MP3	√	×	√	√	×
WAV	×	√	√	×	√

表 6-3　video 元素支持的视频格式

视频格式	Chrome	Firefox	Safari	IE	Opera
MP4	5.0+	×	3.0+	9.0+	×
WebM	6.0+	4.0+	×	×	10.5+
OGG	5.0+	3.5+	×	×	10.5+

这两个元素的使用方法都很简单，以 audio 元素为例，只要把播放视频的 URL 地址指定给该元素的 src 属性就可以了，如下所示：

```
< audio src = "secret.ogg" autoplay controls preload = "auto" loop > </audio >
```

通过这种方法，可以将指定的音频数据直接嵌入到网页中。autoplay 属性指定媒体是否在页面加载后自动播放，controls 属性指定是否为媒体添加浏览器自带的播放控制条，preload 指定媒体是否预加载进行缓冲以加快播放速度，loop 属性决定是否循环播放。除了这些常见的属性之外，audio 和 video 元素还包含很多其他属性，同时也包含很多媒介事件和方法，如实例 videocontrols.html，就可以实现对视频文件的播放控制、音量控制以及截图等操作，在 Chrome 浏览器中的播放效果如图 6-24 所示，对 audio 和 video 元素其他事件和方法感兴趣的读者可以在互联网中查找相关资料。

图 6-24　video 元素的事件和方法

也可以通过 source 元素来为同一个媒体数据指定多个不同播放格式与编码方式，以确保浏览器可以从中选择一种自己支持的播放格式进行播放，其选择顺序为代码中的书写顺序，从上到下判断自己对播放格式的支持，直到选择到该浏览器支持的播放格式为止。

source 元素的使用在 6.3.3 节曾经提到过,请参考实例 audio.html 和 video.html。这里需要提醒读者的是,source 元素的 type 属性是可选属性,但最好不要省略,否则浏览器由于会在从上到下选择时无法判断自己能不能播放而先行下载一小段音视频数据,这样就有可能浪费带宽和时间。由于各浏览器对于各种媒体的媒体类型及其编码格式的支持情况都各不相同,所以使用 source 元素指定多种媒体类型在过渡时间内是非常有用的。

尽管 HTML 5 对音视频的功能提供了支持,但在一些技术和规范问题上仍有限制,如在流式音频和视频的支持上只限于加载的全部媒体文件,没有相关的支持协议实现视频的全屏播放,无法支持用户在线视频直播,对于音频的处理也存在延时的问题等,但相信 HTML 5 的不断完善,这些限制将会逐步得到化解。

6.7 数据存储及操作

在 HTML 5 之前,Web 存储都是由 Cookie 完成的,Web 存储和 Cookie 存储都是用来存储客户端数据的,但两者还是存在很大的区别。

- Cookie 存储大小是受限制的,只能设置大约 4KB 的数据,并且每次用户请求一个新的页面时,Cookie 都会被发送过去,无形中造成了资源浪费。而 Web 存储中每个域的存储大小默认是 5MB,比起 Cookie 存储来说大得多。
- Cookie 存储的失效时间用户可以自动设置,可长可短;但是 Web 存储中做了分类,localStorage 对象只要不手动删除,它的存储时间就永远不会失效,而 sessionStorage 对象只要浏览器关闭,它的存储时间就失效。
- Cookie 的作用范围是与服务器交互,作为 HTTP 规范的一部分而存在;而 Web 存储仅仅似乎为本地存储数据而生,其数据取决于浏览器,并且每个浏览器都是分开独立的,不同浏览器不能使用其他浏览器的 Web 存储库。

HTML 5 提供了两种在客户端存储数据的新方法:localStorage 和 sessionStorage,接下来针对这两种类型分别介绍。

1. localStorage 对象

将数据保存在客户端本地的存储设备(如硬盘)中,即便浏览器关闭了,该数据仍然存在,除非手动删除数据,因此,localStorage 对象适合于长期数据的存储,且这些数据在同一个域名下是共享的。localStorage 对象最常用的方法包括 setItem(key,value)保存键值 key 数据、getItem(key)读取指定 key 存储数据、removeItem(key)删除指定 key 存储数据、clear()清除对象中所有数据。

这里通过一个简单的 Web 留言本实例 6_11.html 来体会 localStorage 对象用法。使用一个多行文本框输入数据,然后将文本框中的数据保存到 localStorage 中,在表单下方放置一个 p 元素来显示保存后的数据,在保存时将内容发表的日期和时间一并显示出来。具体的 HTML 代码如下:

```
<!DOCTYPE html >
< head >
< meta charset = "UTF - 8">
```

```
<title>简单 Web 留言本</title>
<script type = "text/javascript" src = "script.js"></script>
</head>
<body>
<h1>简单 Web 留言本</h1>
<textarea id = "memo" cols = "60" rows = "10"></textarea><br>
<input type = "button" value = "追加" onclick = "saveStorage('memo');">
<input type = "button" value = "初始化" onclick = "clearStorage('msg');">
<hr>
<p id = "msg"></p>
</body>
</html>
```

其中，saveStorage('memo')保存数据，clearStorage('msg')将 localStorage 中保存的数据全部清除，而取得保存后的数据并以表格的形式显示出来，需要用到 loadStorage()函数，具体参考 script.js 脚本代码：

```
function saveStorage(id)
{
    var data = document.getElementById(id).value;
    var time = new Date().getTime();
    localStorage.setItem(time,data);
    alert("数据已保存.");
    loadStorage('msg');
}
function loadStorage(id)
{
    var result = '<table border = "1">';
    for(var i = 0;i < localStorage.length;i++)
    {
        var key = localStorage.key(i);
        var value = localStorage.getItem(key);
        var date = new Date();
        date.setTime(key);
        var datestr = date.toGMTString();
        result += '<tr><td>' + value + '</td><td>' + datestr + '</td></tr>';
    }
    result += '</table>';
    var target = document.getElementById(id);
    target.innerHTML = result;
}
function clearStorage()
{
    localStorage.clear();
    alert("全部数据被清除。");
    loadStorage('msg');
}
```

在 Chrome 浏览器中的运行效果如图 6-25 所示。

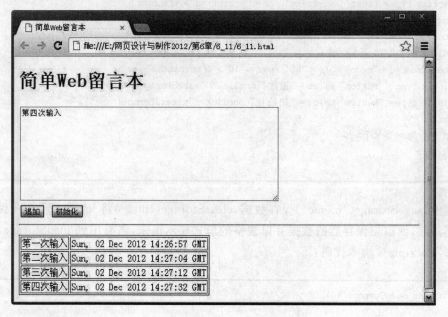

图 6-25　localStorage 对象示例

2. sessionStorage 对象

sessionStorage 对象主要是针对一个 session 的数据存储,当用户关闭浏览器窗口后,数据就会被删除。它适合存储短期的数据,在同城中无法共享,并且在用户关闭窗口后,数据将清除。sessionStorage 对象的常用方法和 localStorage 对象一样,这里参考实例 6_12.html 体会利用 sessionStorage 对象如何写入和读取数据,HTML 代码如下:

```
<!DOCTYPE html>
<head>
<meta charset = "UTF-8">
<title>Web Storage 示例</title>
<script type = "text/javascript" src = "script.js"></script>
</head>
<body>
<h1>Web Storage 示例</h1>
<p id = "msg"></p>
<input type = "text" id = "input">
<input type = "button" value = "保存数据" onclick = "saveStorage('input');">
<input type = "button" value = "读取数据"  onclick = "loadStorage('msg');">
</body>
</html>
```

进行数据读写时,不管是哪个对象,都会使用 getItem()方法来读取数据,使用 setItem()来保存数据。script.js 脚本文件中分别给出了 sessionStorage 和 localStorage 两种方法,这两种方法都是在 input 文本框中输入内容并通过按钮保存和读取数据,参考代码如下:

```
function saveStorage(id)
{
    var target = document.getElementById(id);
    var str = target.value;
    sessionStorage.setItem("message",str);
}
function loadStorage(id)
{
    var target = document.getElementById(id);
    var msg = sessionStorage.getItem("message");
    target.innerHTML = msg;
}
//localStorage 示例
function saveStorage(id)
{
    var target = document.getElementById(id);
    var str = target.value;
    localStorage.setItem("message",str);
}
function loadStorage(id)
{
    var target = document.getElementById(id);
    var msg = localStorage.getItem("message");
    target.innerHTML = msg;
}
```

在 Chrome 浏览器中的运行效果如图 6-26 所示。

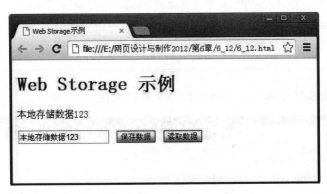

图 6-26　Web Storage 示例

6.8　高级应用

　　HTML 5 中还有很多其他的高级功能应用,如 HTML 5 数据库、HTML 5 离线应用、元素拖动操作等,木节介绍 HTML 5 元素拖动操作,源代码参见实例 6_13.html,体会 HTML 5 的创新应用。

在 HTML 5 中,如果一个元素设置 draggable="true",则该元素就可以实现拖放效果。在拖放元素时会触发很多事件,通过触发的这些事件中可以设置元素的各种状态和数据值。将元素拖放到另外某个元素上,往往也需要在源元素和目标元素之间传送一些数据,为了完成这项数据传送任务,HTML 5 提供了 DataTransfer 对象,通过调用该对象的 setData()方法传送数据,通过 getData()方法接收传递过来的值,并且在目标对象中显示,实例代码如下:

```
<! DOCTYPE HTML >
< html >
< head >
< style type = "text/css">
#div1 {width:285px;height:215px;padding:10px;border:1px solid #aaaaaa;}
</style>
< script type = "text/javascript">
function allowDrop(ev)
{ev.preventDefault(); }
function drag(ev)
{ev.dataTransfer.setData("Text",ev.target.id); }
function drop(ev)
{ev.preventDefault();
var data = ev.dataTransfer.getData("Text");
ev.target.appendChild(document.getElementById(data)); }
</script>
</head>
< body >
<p>请将 draggable 属性值为 true 的图片拖放到矩形中: </p>
< div id = "div1" ondrop = "drop(event)" ondragover = "allowDrop(event)"> </div>
< br/>
< img id = "drag1" src = "img/xpic1s.jpg" draggable = "true" ondragstart = "drag(event)"/>
</body>
</html>
```

在 Chrome 浏览器中运行前后的效果如图 6-27 和图 6-28 所示。

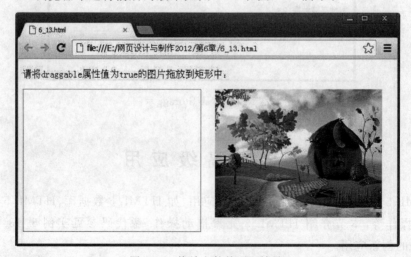

图 6-27　拖放文件前页面效果

图 6-28　拖放文件后页面

6.9　上 机 实 践

1. 试利用 HTML 5 语义化结构元素练习完成如图 6-2 所示的页面布局效果。

2. 在上题完成的如图 6-2 所示的页面结构布局基础上自主插入相关素材,构建一个完整的页面效果。

3. 利用 HTML 5 中新增表单输入类型完成一个表单提交页面的效果,要求能对表单填写数据进行自动验证,如图 6-29 所示。

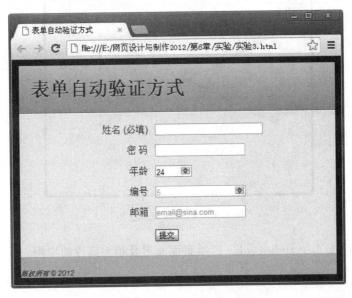

图 6-29　表单自动验证

4. 利用 HTML 5 结构元素及新增表单输入类型重新构建给出的实验 4_Form.html,完成如图 6-30 所示的页面效果。

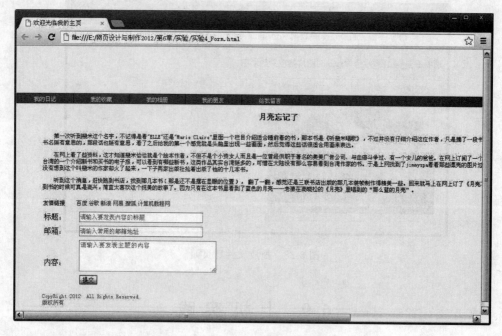

图 6-30 HTML 5 构建的页面效果

5. 利用 HTML 5 中的 canvas 元素绘制一个如图 6-31 所示的页面效果。

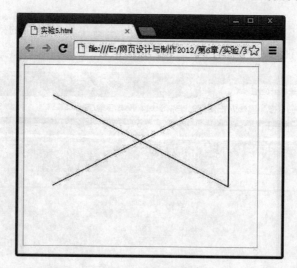

图 6-31 canvas 元素绘图

6. 练习 HTML 5 中 audio、video 新增页面元素及相关属性的应用。

在前面章节中,本书已经介绍过 CSS 2 基础规范和 DIV＋CSS 布局理念,相信读者对 CSS 已不再陌生。自 CSS 诞生以来,它凭借着简单的语法、绚丽的效果和无与伦比的灵活性,为 Web 的发展做出了不可磨灭的贡献。但以前的规范作为一个模块实在太大且比较复杂,要想完整地获得浏览器的支持非常困难,CSS 3 作为 CSS 技术的升级版本和下一代样式表语言,采用模块化的开发方案,使每个模块都能独立地实现和发布,也为未来 CSS 的扩展奠定了基础。本章将详细介绍 CSS 3 的新增特性及应用。

本章学习要点:
- CSS 3 新增功能
- CSS 3 新增选择器
- CSS 3 布局样式
- CSS 3 页面美化
- CSS 3 变形、过渡及动画效果

7.1　CSS 3 简介及新增功能

CSS 是一种描述性文本,是一组用于定义 Web 页面外观格式的规则,在制作网页时使用 CSS 技术,能有效增强或者更加精确控制网页的样式,并允许将样式信息与网页内容相分离,将样式文本单独存放在一个.css 文件中。

CSS 的发展是伴随着 HTML 的发展而发展的,从 1990 年初 HTML 语言诞生开始,各种形式的样式表也就开始出现。1996 年底发布的第一个版本规范 CSS 1 定义了网页的基本属性,如字体、颜色、背景和文字的相关属性等,1998 年 5 月发布的第二个版本规范 CSS 2 及其后修订版 CSS 2.1 添加了一些高级功能,如浮动和定位,同时也开始使用样式表结构,并修订删除了如 text-shadow 等不被浏览器所支持的部分属性。

7.1.1　CSS 3 简介

不管是 CSS 1 还是后来的 CSS 2/2.1,这些 CSS 规范都是一个完整的模块,随着技术的进步和应用的增多,它逐渐显得臃肿不够灵活,且变得比较复杂,要想获得浏览器完整的支持就变得非常不容易。新的 CSS 3 规范将其分为多个模块,遵循模块化的开发,这将有助于理清模块化规范之间的不同关系,减少完整文件的大小。

CSS 3 模块化的优点在于各个浏览器可以选择对哪个模块进行支持,对哪个模块不进行支持,而且在支持的时候也可以集中把模块完整实现再支持另一个模块,以减少不完全支持的可能性。例如,计算机和手机上的浏览器就可以针对不同的设备进而支持不同的模块。

2001 年 5 月 23 日，W3C 完成了 CSS 3 的工作草案，在该草案中制订了 CSS 3 的发展路线图，详细地列出了所有模块，并计划逐步进行规范，细节信息请参阅：http://www.w3.org/tr/css3-roadmap/。

目前，CSS 3 的很多新特性并不是所有浏览器都能完全支持，各主流浏览器都采用私有属性的形式来支持 CSS 3，以便让用户体验到 CSS 3 的新特性。私有属性固然可以避免不同浏览器中解析同一个属性时出现冲突，但却需要编写更多的 CSS 代码，而且也没有解决同一页面在不同浏览器中表现不一致的问题，因此也存在诸多弊病。在 CSS 3 规范发布之前，仅为设计师们提供了一个选择空间，能表现一些特定的 CSS 3 效果。

Webkit 引擎的浏览器使用"-webkit-"作为私有属性的前缀，如 Chrome 和 Safari；Gecko 引擎的浏览器使用"-moz-"作为私有属性的前缀，如 Firefox；Opera 浏览器使用"-o-"作为私有属性的前缀，IE 浏览器使用"-ms-"作为私有属性的前缀，但只限于 IE 8 以上支持。

7.1.2 CSS 3 新增功能

提到 CSS 3，也许读者首先想到的就是圆角、阴影、渐变等视觉渲染效果，其实这仅仅是 CSS 3 优势的一个方面。尽管 CSS 3 的一些特性还不能被很多浏览器支持，或者说支持得不够好，但其相对 CSS 2 的优势已尽显无疑。CSS 3 使得很多原来需要很多图片和脚本才能实现的效果，现在只需要几行代码就能实现，且执行性能更好，提高了加载速度，对服务器的请求次数也大幅减少。下面就来领略一下 CSS 3 的主要新增功能。

1. 功能强大的选择器

与 CSS 2 相比，CSS 3 提倡使用选择器来将样式与元素直接绑定起来，这样的话，在样式表中什么样式与什么元素想匹配就变得一目了然，使得开发人员可以更加精确地定位页面中的特定 HTML 元素。CSS 3 新添加了三个类似 E[att^ ＝val]这种正则表达式形式的属性选择器，在属性选择器中引入通配符的概念，包括^、$ 和 ＊，它们可以避免在页面中添加大量的 class、id 和 JavaScript 脚本。其中，[att^ ＝val]表示开始字符是 val 的 att 属性，[att $ ＝val]表示结束字符是 val 的 att 属性，[att ＊ ＝val]表示包含至少有一个 val 的 att 属性。

例如，div[id $ ＝"g"]{background:♯0F0;}这段代码表示指定页面中 id 属性末尾字母为"g"的 div 元素的背景色为绿色。

2. 透明度效果

在 CSS 3 中，RGBA 和 HSLA 不仅可以设定色彩，还能设定元素颜色的透明度。例如，如下代码设置使用绿色作为背景，并且透明度为 50％。

```
background:rgba(0,255,0,0.5);
```

目前基于 Webkit 和 Gecko 引擎的浏览器都支持该属性，另外，还可以使用 opacity 属性定义元素的不透明度，参数 opacity 是一个介于 0.0(完全透明)和 1.0(完全不透明)之间的数字，默认值为 1.0。类似效果如图 7-1 所示，在一个图片上设置不同透明度的状态效果。

3. 多栏布局

CSS 3 允许开发人员不必使用多个 DIV 标签就能够实现多栏布局，其新增的多列自动布局属性可以自动将内容按指定的列数排列，尤其适合报纸和杂志类网页布局。例如，下面

图 7-1　半透明效果

的示例代码定义了一个三栏布局,各栏间隔为 20px。

```
- moz - column - count:3;
- webkit - column - count:3;
- moz - column - gap:20px;
- webkit - column - gap:20px;
```

注意 Gecko 引擎浏览器和 Webkit 引擎浏览器中书写形式的不同,如图 7-2 所示为使用三列布局特性后的网页在 Chrome 浏览器中的效果。

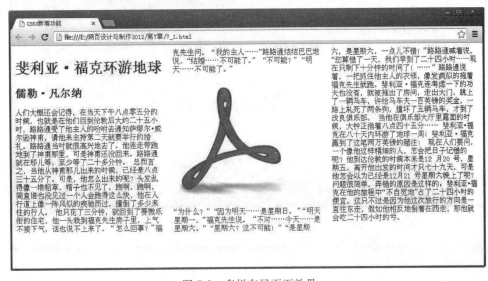

图 7-2　多栏布局页面效果

4. 多背景图

CSS 3 中背景图片的设计更加灵活,允许背景属性设置多个属性值,如 background-image、background-repeat、background-size、background-position、background-break、background-clip、background-originand 等,并且可以在一个元素上添加多层背景图像。

在一个元素上设置多层背景图像,多个背景图像的 URL 之间使用逗号(,)隔开;如果有多个背景图像,而其他属性只有一个(例如 background-repeat 属性只有一个),则表示所有背景图像都应用这一个 background-repeat 属性。例如,示例代码如下:

```
background - image:url(img/bg1.png), url(img/bg2.png), url(img/bg3.png);
background - position: center 0px, center 180px, center 500px;
background - repeat:no - repeat;
```

上述示例代码通常也可以采用如下缩写形式。

```
background: background: url(img/bg1.jpg) center 0px no - repeat,
    url(img/bg2.jpg) center 180px no - repeat,
    url(img/bg3.jpg) center 500px no - repeat;
```

如图 7-3 所示为使用该功能显示多背景图的网页在 Chrome 浏览器中的显示效果。

图 7-3　多背景图网页效果

5. 文字效果

在 CSS 3 中,可以为文字增加阴影、描边和发光等效果,还可以自定义特殊的字体,如艺术字体等网络上不常用的字体。

@font-face 规则及开放字体类型也是最被期待的 CSS 3 特性之一,在之前由于受阻于字体授权和版权问题,在网络中一直没有被广泛使用。采用@font-face 规则的最大好处就是,即使浏览者系统中没有安装这种字体,也不妨碍用户浏览特定字体效果。

6. 圆角

在 CSS 3 之前,想要显示圆角,需要使用多个 HTML 标签和结合 JavaScript 脚本,现在利用 border-radius 属性不需要背景图片就可以在 CSS 3 中给 HTML 元素实现圆角效果。在众多 CSS 3 新特性中,实现圆角可能是现在使用得最多的属性,使用圆角美观简洁,而且不会与设计和可用性产生冲突。

下面为实例 7_3.html 代码演示了文本和块添加阴影,并显示圆角效果的使用。

```
< style type = "text/css">
div {
    width:500px;
    height:200px;
    - webkit - box - shadow:10px 10px 25px ♯DE04FF;
    - moz - box - shadow:10px 10px 25px ♯DE04FF;
    text - shadow:4px 4px 10px ♯F00;
    padding:20px;
    background - color: ♯9C0;
    border:2px dashed ♯000;
    border - radius:50px 100px;
    }
</style >
< body >
< div >在 CSS 3 中,可以实现文本和块的阴影、圆角、图片边框效果</div>
</body >
```

在 Chrome 浏览器中的显示效果如图 7-4 所示。

图 7-4　阴影及圆角效果

7. 边框图片

border 属性相信读者都比较熟悉,在 CSS 3 之前只能使用 solid、dotted 和几个有限的值来设置边框的样式,在 CSS 3 中增加了 border-image 属性允许在元素的边框上设定图片,还可以控制缩放或者平铺显示,利用它可以方便地定义和设计元素的边框样式。

border-image 是一个复合属性,可以设置图像源、剪裁位置和重复性,涉及背景图像的三个特性。实验 7_4.html 对实例 7_3.html 中的块元素添加边框图片和背景,代码如下:

```
- moz - border - image:url(img/border - image.png) 16 round;
- webkit - border - image:url(img/border - image.png) 16 round;
border - image:url(img/border - image.png) 16 round;
background - image:url(img/bg4.jpg);
```

在 Chrome 浏览器中的显示效果如图 7-5 所示。

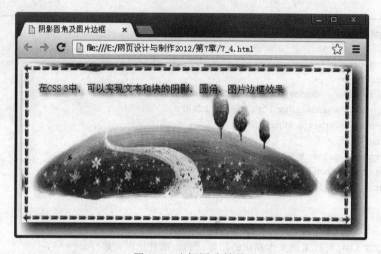

图 7-5　边框图片效果

8. 色彩模式

CSS 3 的色彩模式,除了支持 RGB 及其扩展 RGBA(在红、绿、蓝三基色基础上增加一个表示不透明度的参数 Alpha)颜色外,还支持 HSL 及其扩展 HSLA 和专门的透明属性 opacity,能够使得任何元素呈现出半透明效果。HSL(即是色调(Hue)、饱和度(Saturation)、亮度(Lightness))色彩模式是工业界的一种颜色标准,是通过对色调、饱和度和亮度 3 个颜色通道的变化以及它们相互之间的叠加来得到各式各样的颜色。如实例 7_5.html 中演示了 4 个不同透明度的图片,在 Chrome 浏览器中的显示效果如图 7-6 所示。

9. 变形

在 CSS 3 中新增了一个变形模块,用于实现局部旋转、拉伸或者倾斜效果,而在 CSS 3 之前的 Web 页面中,要实现这些效果,必须借助于 Flash 或 JavaScript 的帮助。

10. 媒体查询

媒体查询(Media Query)可以用于为不同的显示设备定义与其性能相匹配的样式,例

图 7-6　图片透明度设置

如,在可视区域的宽度小于 480px 的情况下,将网页的侧边栏显示在主要内容的下方,而不是浮动显示在侧边。

CSS 3 媒体调查可以使网站构架兼容于浏览器。也就是说,我们可以轻松地制作一个同时适用于大型展示和手机移动装置的设计,不再需要为单独的不同设备编写样式表,也无须编写 JavaScript 脚本判断浏览器,它具有很强的适应力,其智能流体布局能满足用户浏览器多样的需求。

7.1.3　CSS 3 未来和创新

"HTML 5 和 CSS 3 将改变未来的 Web 世界。"这是目前在网络中几乎没有什么人再怀疑的说法。虽然 HTML 5 和 CSS 3 还没有完全普及,CSS 3 新标准的出现也意味着只能得到浏览器的有限支持,CSS 3 新的规范也还在不断完善中,大部分浏览器只能通过前缀的私有属性实现对 CSS 3 部分特性的支持,但不管现实如何,各主流浏览器都将会全面支持 CSS 3 的新特性,而且一些新的探索已经开始。

CSS 3 将完全向后兼容,所以没有必要修改现在的设计来让它们继续运作。网络浏览器也还将继续支持 CSS 2。CSS 3 主要的影响是将可以使用新的可用的选择器和属性,这些会允许实现新的设计效果(如动态和渐变),而且可以很简单地设计出现在的设计效果(如使用分栏)。

本节通过一个实例,来将 CSS 2 与 CSS 3 作一个对比,借此来开始我们对 CSS 3 的深入探索。如实例 7_6.html 中,页面中的 div 区域添加了一个图像背景,使诗词显示在一个边

框内,显得生动许多。在 CSS 2 中实现这个效果的代码清单如下:

```html
<!DOCTYPE HTML>
<html>
<head>
<meta http-equiv="Content-Type" content="text/html; charset=utf-8">
<title>CSS 2 实现图像背景边框</title>
<style type="text/css">
div {
    margin:5px;
    text-align:center;
    width:480px;
    height:200px;
    padding-left:20px;
    padding-top:20px;
    background-image:url(img/bg5.jpg);
    background-repeat:no-repeat;
    }
</style>
</head>
<body>
<div>
<h3>浣溪沙</h3>
送尽残春更出游。<br/>
风前踪迹似沙鸥。<br/>
浅斟低唱小淹留。<br/>
月见西楼清夜醉,<br/>
雨添南浦绿波愁。<br/>
有人无计恋行舟。<br/>
</div>
</body>
</html>
```

在 Chrome 浏览器中的显示效果如图 7-7 所示。

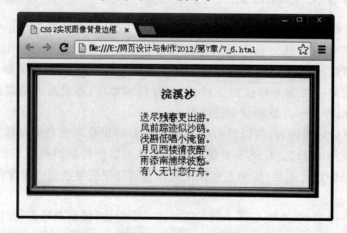

图 7-7　使用 CSS 2 样式的图像背景边框

在 CSS 3 中该如何实现这样的效果呢？CSS 3 中添加了许多新的样式和功能,如创建圆角边框,在边框中使用图像,添加多个背景图像,修改图片透明度等,这里用到了边框图像属性。具体来说,就是为页面 DIV 元素添加一个 border-image 属性,然后在该属性中指定图像文件、边框宽度及图像拉伸方式等。CSS 3 样式代码清单如下:

```
<! DOCTYPE HTML >
< html >
< head >
< meta http - equiv = "Content - Type" content = "text/html; charset = utf - 8">
< title > CSS 3 图像边框</title>
< style type = "text/css">
div {
    text - align:center;
    width:480px;
    border:30px;
     - moz - border - image:url( img/bg5. jpg) 30 stretch stretch;
    border - image:url( img/bg5. jpg) 30 stretch stretch;
    }
</style>
</head>
< body >
< div >
< h3 >浣溪沙</h3 >
送尽残春更出游。< br/>
风前踪迹似沙鸥。< br/>
浅斟低唱小淹留。< br/>
月见西楼清夜醉,< br/>
雨添南浦绿波愁。< br/>
有人无计恋行舟。< br/>
</div >
</body >
</html >
```

这段代码在 Chrome 浏览器中显示效果与图 7-7 相同。

虽然两种不同的实现方法达到了同样的效果,但是如果在 DIV 中增加一行文本代码来描述词曲作者,此时边框内的文本会超出边框图像之外,此时,CSS 2 和 CSS 3 两者处理情况将会不同,分别如图 7-8 和图 7-9 所示。

从图 7-9 中可以看出,在 CSS 3 中文本没有超出边框图像之外,这是因为 CSS 3 中在指定边框图像的同时,也指定了图像允许拉伸来自动适应 DIV 区域的高度,而不是采取 CSS 2 中将 DIV 区域高度设定为边框图像高度的方式。即便是在 CSS 2 中不指定 DIV 区域的高度,也会出现背景重复或者单行文本边框图像不能完全显示的情况,因此,CSS 2 中添加边框图像背景的方式很难适应 DIV 区域高度不断变化的状态,而 CSS 3 中的边框图像自动拉伸属性很好地解决了这个问题。

由此可见,灵活应用 CSS 3 中新增的各种属性,就可以摆脱界面设计中很多的束缚,在页面中实现许多 CSS 2 中难以实现或表现困难的效果,从而使整个网站或者 Web 应用程序界面设计变得更加魅力无穷。

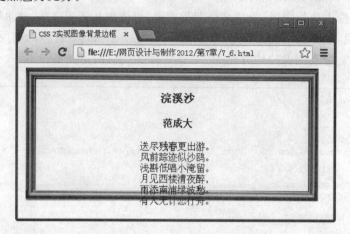

图 7-8　CSS 2 样式文字超出边框时效果

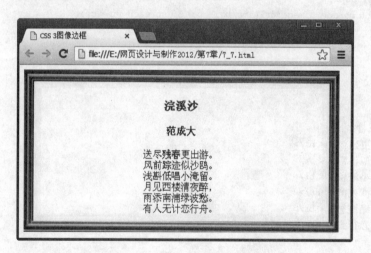

图 7-9　CSS 3 样式文字超出边框时效果

7.2　CSS 3 选择器

　　在样式表中,选择器(Selector,又称选择符)是一个非常重要的功能,是 W3C 在 CSS 3 工作草案中独立引进的一个概念,使用它能大幅度提高网页开发人员书写或修改样式时的工作效率。伴随着 HTML 5 和 CSS 3 的发展应用,选择器的功能已经超出了 CSS 的应用范围,由 CSS 1 和 CSS 2 非系统化定义的很多常用选择器,逐渐发展成为一个独立的选择器规范,改变了 Web 设计及应用程序的开发,实现了页面内对样式的各种需求。

　　在学习 CSS 3 新增选择器(CSS 3 新增选择器汇总表见附录 C)之前,我们先回顾一下 CSS 之前定义的常用选择器。表 7-1 为 CSS 1 和 CSS 2 中所定义的选择器及说明,这些选择器大部分可以归类为选择选择器和关系选择器,也有部分伪类选择器、伪元素选择器及属性选择器,在 CSS 3 中获得了充分的支持,基本完全沿用之前的版本,不需要修改或重新定义。

表 7-1　CSS 3 之前版本已定义的选择器

选　择　器	类　　型	说　　　明
*	通配选择器	匹配所有页面元素
E	类型选择器	匹配指定类型的元素
E♯myid	id 选择器	匹配唯一标识 id 属性为 myid 的 E 元素，E 选择符可以省略
E. myclass	类选择器	匹配 class 属性值为 myclass 的所有 E 元素，E 选择符可以省略
E F	包含选择器	选择所有被 E 元素包含的 F 元素
E，F，G	选择器分组	选择所有的 E 元素、F 元素、G 元素
E＞F	子包含选择器	选择所有作为 E 元素的子元素 F
E＋F	相邻兄弟选择器	选择紧贴在 E 元素后面相邻的 F 元素
E：link	链接伪类选择器	选择匹配被定义了超链接但并未被访问的 E 元素
E：visited	链接伪类选择器	选择匹配被定义了超链接但已被访问的 E 元素
E：active	用户操作伪类选择器	选择匹配被激活的 E 元素
E：hover	用户操作伪类选择器	选择匹配正被鼠标经过的 E 元素
E：focus	用户操作伪类选择器	选择匹配获得焦点的 E 元素
E：：first-line	伪元素选择器	选择匹配 E 元素内的第一行文本
E：：first-letter	伪元素选择器	选择匹配 E 元素内的第一个字符
E：：before	伪元素选择器	在匹配 E 的元素前面插入内容
E：：after	伪元素选择器	在匹配 E 的元素后面插入内容
E：first-child	结构伪类选择器	选择作为父元素的第一个子元素 E
E［attr］	属性选择器	选择具有 attr 属性的 E 元素
E［attr＝"val"］	属性选择器	选择具有 attr 属性且属性值为 val 的 E 元素
E［attr～＝"val"］	属性选择器	选择 attr 属性值为以空格分隔列表且其中一个值为 val 的 E 元素
E［attr｜＝"val"］	属性选择器	选择 attr 属性值为连字符分隔的列表且值由 val 开头的 E 元素

　　CSS 3 新增了三个属性选择器，使属性选择器引入了通配符的概念，这三个属性选择器与之前 CSS 已经定义的 4 个属性选择器共同构成了 CSS 功能强大的标签属性过滤体系。

7.2.1　新增属性选择器

　　新增的三种属性选择器如下所示：

- E［attr＊＝"val"］匹配具有 attr 属性且属性值包含 val 的 E 元素。
- E［attr^＝"val"］匹配具有 attr 属性且属性值前缀为 val 的 E 元素。
- E［attr＄＝"val"］匹配具有 attr 属性且属性值后缀为 val 的 E 元素。

　　CSS 3 遵循惯用的编码规则，选用了 ＊、^ 和 ＄ 三个通用匹配运算符。其中，＊表示匹配任意字符，^表示匹配起始符（即前缀），＄表示匹配终止符（即后缀）。在实践中，读者不必担心浏览器的兼容问题，当前主流浏览器均已实现对通用匹配运算符的支持。

　　下面通过在 Dreamweaver CS 5 中新建一个页面，使用属性选择器匹配 id 的属性值包含 val 来深入探讨新增加的三个属性选择器的应用，实例 7_8. html 代码如下：

```
<!DOCTYPE HTML>
<html>
<head>
<meta http-equiv="Content-Type" content="text/html; charset=utf-8">
<title>新增属性选择器</title>
<style type="text/css">
div {
    margin:0 auto;
    width:960px;
    height:630px;
    padding:10px;
    text-align:center;
    background-image:url(img/bg7.jpg);
    background-repeat:no-repeat;}
p[id*="vals"]{
    font-family:"楷体_GB2312";
    font-size:20px;}
p[id^="vals"]{
    color:#950;}
p[id$="val"]{
    color:#660;}
a[href$="rar"]{
    background:url(img/pic7.png) no-repeat left center;
    padding-left:20px;}
a[href$="doc"]{
    background:url(img/pic8.png) no-repeat left center;
    padding-left:20px;}
a[href^="http:"]{
    background:url(img/pic9.png) no-repeat left center;
    padding-left:20px;}
</style>
</head>
<body>
<div>
<h2>我们的爱情也可以倾城</h2>
<p id="vals_hc">在一个特定的时间,在……都给不起。</p>
<p id="hc_vals">但是曾经的……到你,我会一直找寻你的影子……</p>
<p id="down">全文下载:</p>
<p><a href="down.rar">压缩包格式</a></p>
<p><a href="down.doc">文档格式</a></p>
<p><a href="http://www.duanwenxue.com/">直接欣赏</a></p>
</div>
</body>
</html>
```

在代码中,id 相当于选择器 E[attr*="val"]中的属性 attr,vals 相当于属性值 val,匹配所有的 p 元素,将字体设置为楷体_GB2312,字号为 20px。其中 p[id^="vals"]表示匹配包含 id 属性,且 id 属性值是以 vals 为起始符的 p 元素,字体颜色设置为 #950;p[id$="val"]表示匹配包含 id 属性,且 id 属性值是以 vals 为终止符的 p 元素,字体颜色设置为 #660。

为区分不同下载类型的文件,可以在下载文件前面各自添加了一个图标(通常为不同的文档类型图标），由于下载文件类型不同，文件的扩展名也不同，根据扩展名的不同，利用属性选择器即可轻松实现，而不需要再像 CSS 3 属性选择器普及之前采用 JavaScript 脚本来完成。上述代码在 Chrome 浏览器中的显示效果如图 7-10 所示。

图 7-10　新增属性选择器效果

7.2.2　结构性伪类选择器

伪类选择器一般是已经定义好的选择器，不能随便取名，如常用的 a：link、a：hover、a：visited 以及前文中提到的 E：：first-line、E：：first-letter、E：：before 等。结构性伪类选择器是 CSS 3 新增的类型选择器，通过文档结构的相互关系来匹配特定的元素。对于有规律的文档结构，可以减少 class 属性和 id 属性的定义，从而使文档结构更加简洁。

常用的结构性伪类选择器包括：root、first-child、last-child、nth-child(n)、nth-last-child(n)、not、empty、target、nth-of-type(n)、nth-last-of-type(n)、only-child 等，本文将对各选择器作详细说明，本节通过实例来学习结构性伪类选择器的用法。

1. 选择器 root、not、target 和 empty

root 选择器就是将样式绑定到页面的根元素中。所谓根元素，是指位于文档树中最顶层结构的元素，在 HTML 页面中，就是指包含着整个页面的<html>部分。

利用 Dreamweaver CS5 新建一个页面 7_9.html，用于实现使用 root 选择器改变整个 HTML 页面背景颜色的功能。主要代码如下所示：

233

```
<! DOCTYPE HTML >
< html >
```

```
<head>
<meta http-equiv = "Content-Type" content = "text/html; charset = utf-8">
<title>root/not/target/empty 选择器</title>
</head>
<body>
<div>
<p><a href = "#p1">爱情如水</a></p>
<p><a href = "#p2">爱是一种遇见</a></p>
<p><a href = "#p3">幸福是多样的</a></p>
<p id = "p1">    你要小心地……更热恋你。</p>
<p id = "p2">    爱是一种遇见……但从未将你遗忘。</p>
<p id = "p3">    幸福是多样的……是记住一个人!</p>
</div>
</body>
</html>
```

对上述代码利用 root 选择器来指定整个网页的背景色为#CC9,将网页 body 元素的背景色设置为#FC6,并设置超链接元素 a 的字体大小、颜色和下划线样式,具体代码如下:

```
<style type = "text/css">
:root{
    background-color: #CC9;
    }
body{
    background-color: #FC6;}
a {
    font-size:24px;
    text-decoration:none;
    color: #F00;}
</style>
```

在 Chrome 浏览器中的显示效果如图 7-11 所示。

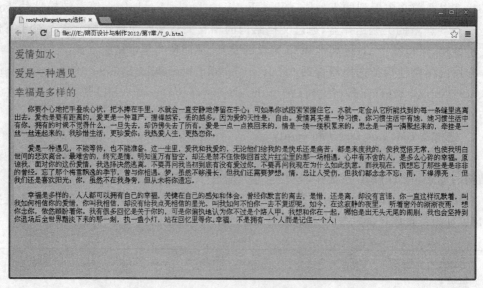

图 7-11　root 选择器示例效果

上述代码中使用不同样式指定 root 元素和 body 元素的背景颜色时，根据不同的指定条件，背景色的显示范围会有所变化。如果不指定 root 元素的背景色，而仅仅指定 body 元素的背景色，则整个页面的背景色都会变成♯FC6，如图 7-12 所示。

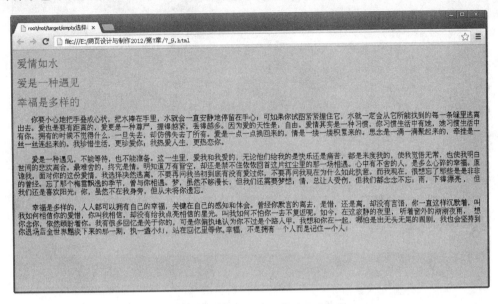

图 7-12　删除 root 选择器后显示效果

如果想对某个结构元素使用样式，但是想排除这个结构元素下面的某个子结构元素，就可以使用 not 选择器。例如在实例 7_9.html 中添加一个 DIV 区域，利用 CSS 设定 DIV 区域高度、宽度、居中及背景，但利用 div ∗ :not(a){}语句排除了区域中的 a 元素，依旧维持 a 元素原来的样式。添加的 CSS 样式代码如下：

```
div {
    margin:0 auto;
    width:1000px;
    height:700px;
    background - image:url(img/bg10.jpg);
    background - repeat:no - repeat;}
div ∗ :not(a){
    color:♯960;
    font - size:20px;}
```

使用 not 选择器后，在 Chrome 浏览器中的显示效果如图 7-13 所示。

使用 target 选择器来对页面中某个 target 元素(该元素的 id 被当作页面中的超链接来使用)指定样式，该样式只在用户单击了页面中的超链接，并且跳转到 target 元素后起作用。

在实例 7_9.html 中设置的三个 p 元素分别对应三个超链接标签，当浏览者单击页面中的超链接跳转到页面相应内容时，该内容即采用 target 选择器中指定的样式，从而实现了页内导航和定位的功能。

empty 选择器来指定当元素内容为空白时使用的样式。可以在实例 7_9.html 中添加

图 7-13　not 选择器示例效果图

一个一行三列的表格，并且中间一列设置为空白，使用 empty 选择器来指定该表格中空白单元格的背景色为♯FCC。

完整设置 target 和 empty 选择器样式后，完整的 CSS 样式代码如下：

```
< style type = "text/css">
:root{
    background - color: ♯CC9;
    }
body{
    background - color: ♯FC6;}
div {
    margin:0 auto;
    width:1000px;
    height:700px;
    background - image:url(img/bg10.jpg);
    background - repeat:no - repeat;}
div * :not(a){
    color: ♯960;
    font - size:20px;}
a {
    font - size:24px;
    text - decoration:none;
    color: ♯F00;}
:target{
    color:♯609;
```

```
        font－size:22px;
        background－color: #F1F7B5;}
    :empty{
        background－color: #FCC;}
</style>
```

    单击实例 7_9.html 中任意一个超链接,则相应内容样式发生改变,最终在 Chrome 浏览器中的显示效果如图 7-14 所示。

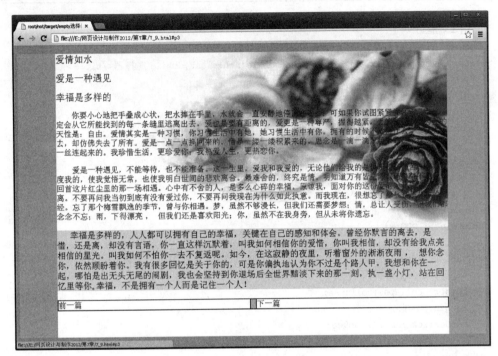

图 7-14   target 和 empty 选择器示例效果

2. 选择器 first-child、last-child、nth-child(n)和 nth-last-child(n)

    first-child 和 last-child 选择器分别用于为父元素的第一个子元素和最后一个子元素设置样式,而在此之前,要为第一个子元素和最后一个子元素分别指定不同的样式,必须要为这两个元素添加 class 属性,然后给这两个 class 设置不同的样式。如果使用 first-child 和 last-child 选择器,这些多余的 class 属性就不需要了。

    除了可以利用选择器指定某个父元素中第一个子元素以及最后一个子元素样式外,还可以针对父元素中某个指定序号的子元素来指定样式,这时候可以利用 nth-child(n)和 nth-last-child(n)选择器,它们是 first-child 和 last-child 的扩展选择器。

    选择器 nth-child(n)匹配父元素中第 n 个位置的子元素。其中,参数 n 可以是一个数字、关键字(odd、even)、公式(2n、2n+1)等,其索引起始值为 1 而不是 0。参数 n 也可以采用 $An+B$ 的形式来循环指定设置好的背景色,A 表示每次循环中共包括几种样式,B 表示指定的样式在循环中所处的位置,3n 就表示三种背景色作为一组循环。例如,tr:nth-child(3)用于匹配表格里的第三个 tr 元素;tr:nth-child(odd)和 tr:nth-child(2n+1)用于匹配表格里所有奇数行 tr 元素；tr：nth-child(even)和 tr：nth-child(2n)用于匹配表格里所有偶数行的 tr 元素。

选择器 nth-last-child(n)匹配父元素中倒数第 n 个位置的子元素，与选择器 nth-child(n)的计算算法相反，但语法和用法均相同。

下面我们通过 Dreamweaver CS5 创建一个表格实例 7_10. html 来学习这 4 种选择器的用法，代码如下：

```html
<! DOCTYPE HTML >
< html > < head >
< meta http - equiv = "Content - Type" content = "text/html; charset = utf - 8">
< title > first - child/last - child/nth - child/nth - last - child 选择器</title>
< style type = "text/css">
body{ background - image:url( img/bg13. jpg);
    background - position:top center;
    background - repeat:no - repeat;        }
div{ margin:100px auto;
    width:1000px;
    height:425px;
    text - align:center;}
h2{ color: #609;}
table{width:1000px;
    font - size:18px;
    table - layout:fixed;
    empty - cells:show;
    border - collapse:collapse;
    margin:0 auto;
    border:1px solid #cad9ea;
    color: #666;}
td{ height:20px;
    border:1px solid #cad9ea;
    text - align:center;}
tr:first - child{
    background - color: #F93;}
tr:nth - child(even){
    background - color: #f5fafe;}
tr:nth - child(4){
    background - color: #CC0;}
tr:last - child{
    background - color: #F93;}
</style>
</head >
< body > < div >
< h2 >表格栏目导航设计</h2 >
< table cellpadding = "0" cellspacing = "0">
< tr > < td >新闻</td > < td >……</td > < td >基金</td > </tr >
< tr > < td >科技</td > < td >……</td > < td > NBA </td > </tr >
< tr > < td >娱乐</td > < td >……</td > < td >买车 </td > </tr >
< tr > < td >博客</td > < td >……</td > < td >综艺</td > </tr >
```

```
<tr><td>房产</td><td>……</td><td>育儿</td></tr>
<tr><td>女性</td><td>……</td><td>收藏</td></tr>
<tr><td colspan = "6"></td></tr>
</table>
</div></body></html>
```

在 Chrome 浏览器中的显示效果如图 7-15 所示。

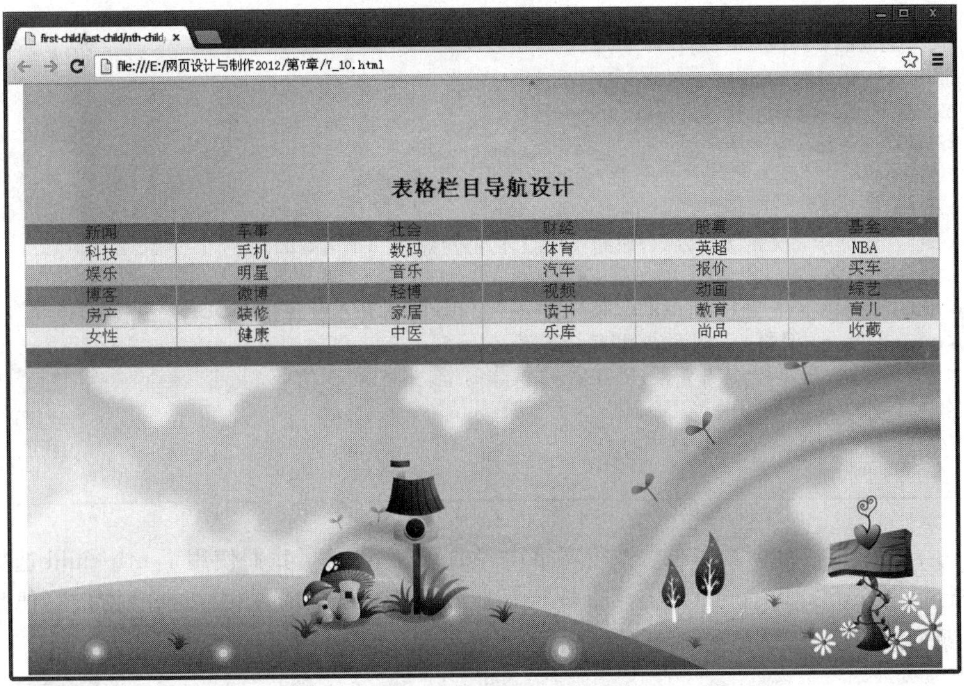

图 7-15　表格隔行分色示例效果

在上述实例 7_10.html 中,使用 tr:nth-child(odd)控制奇数行的背景色;使用 tr:nth-child(4)定义第 4 行背景色;使用 tr:first-child 设置第一行的样式;使用 tr:last-child 设置最后一行的样式。在代码 table 元素的样式中,使用 table-layout:fixed 改善表格呈现的性能,使用 empty-cells:show 隐藏不必要的干扰因素,使用 border-collapse:collapse 让表格看起来更加精致。

3. 选择器 nth-of-type(n)和 nth-last-of-type(n)

nth-child(n)和 nth-last-child(n)选择器虽然能够实现隔行设置不同样式的功能,但当用于某些元素时,会产生一些问题,这里我们首先看看究竟会产生什么问题。如实例 7_11.html 所示,代码如下:

```
<!DOCTYPE HTML>
<html><head>
<meta http - equiv = "Content - Type" content = "text/html; charset = utf - 8">
<title>选择器 nth - of - type(n)和 nth - last - of - type(n)</title>
<style type = "text/css">
```

```
body{
    background-image:url(img/bg14.jpg);
    background-position:top center;
    background-repeat:no-repeat;
    }
div{
    margin:100px auto;
    width:820px;
    height:420px;
    padding-left:180px;}
h3:nth-child(odd){    color:red;}
h3:nth-child(even){    color:green;}
</style></head>
<body>
<div>
<h3>喜欢仰望晴天的太阳,眯着眼睛单曲循环,心里想念一个人</h3>
<p>喜欢仰望……一段段,温馨如蜜。</p>
<h3>走在无边岁月里,风不时吹起我头发,不知不觉中,花开花落几春秋</h3>
<p>走在无边岁月里……汹涌成潮,起起落落。</p>
<h3>情如水,意如花,花开花落,随春风,手挽你的情,一路同行</h3>
<p>情如水,意如花……一切皆随风。</p>
</div>
</body></html>
```

为了让第奇数行标题与第偶数行文字内容的颜色不一样,我们使用了 nth-child 选择器来进行指定,nth-child(odd)指定第奇数行标题颜色为红色,nth-child(even)指定第偶数行标题颜色为绿色,在 Chrome 浏览器中的运行效果如图 7-16 所示。

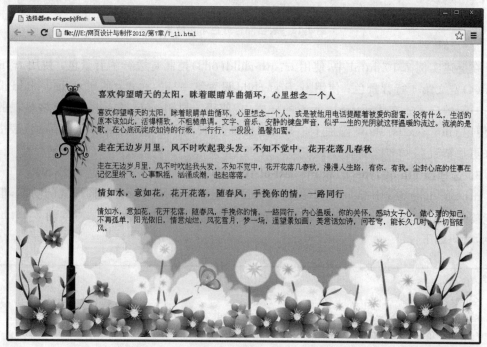

图 7-16 选择器 nth-child(*n*)的弊端示例

从图 7-16 中可以看出,运行结果并没有如预期的那样,而是所有标题行颜色都变成了红色。为什么会这样呢?

这个问题产生的根源在于 nth-child 选择器在计算子元素是第奇数个还是第偶数个的时候,是连同父元素中的所有子元素一起计算的。换句话说,"h3:nth-child(odd)"这句话的含义,并不是指"div 元素中第奇数个 h3 子元素使用此样式",而是指"div 元素中第奇数个子元素如果是 h3 子元素的时候使用此样式"。所以,在上面的示例中,因为 h3 和 p 元素相互交错,所有 h3 子元素都处于奇数位置,故都变成了红色,而处于偶数位置的 p 元素,因为没有指定相应子元素的颜色,所以没有发生变化。

因此,如果父元素是列表元素,并且列表中只有一种子元素的时候,不会发现任何问题;如果父元素是 div 元素,而当 div 元素中不止有一个子元素时,问题就出现了。为了避免类似问题的发生,CSS 3 中引入了 nth-of-type(n) 和 nth-last-of-type(n) 选择器,在计算的时候就可以针对相同类型的子元素了。

更改上述实例,核心 CSS 代码修改如下。

```
< style type = "text/css">
h3:nth - of - type(odd){      color:red;}
h3:nth - of - type(even){      color:green;}
</style>
```

使用 nth-of-type(odd)使所有奇数行标题的字体定义为红色,nth-of-type(even)使所有偶数行标题的字体定义为绿色,即可达到预期效果。

4. 选择器 only-child

如果综合运用 nth-child(1)和 nth-last-child(1)选择器的话,可以用于匹配父元素下仅有的一个子元素,其样式规范为 E:nth-child(1):nth-last-child(1),它的效果和 E:first-child:last-child 效果一样。如实例 7_13.html 所示,在实例中包括两个 ul 列表,一个 ul 列表中有多个列表项目,另一个列表中只有一个列表项目。在样式中指定只有一个 li 列表项目中的文字颜色为红色。主要代码如下:

```
< style type = "text/css">
body{
    background - image:url(img/bg10.jpg);
    background - repeat:no - repeat;
    background - position:top center;
}
div{
    margin - top:100px;
    margin - left:200px;
    width:500px;
}
li:nth - child(1):nth - last - child(1){color:red;}
</style>
</head>
< body >
```

```
<div>
四大名著:
<ul><li>水浒传</li><li>西游记</li><li>三国演义</li><li>红楼梦</li></ul>
当代小说:
<ul><li>白鹿原</li></ul>
</div>
</body>
```

在 Chrome 浏览器中的显示效果如图 7-17 所示。

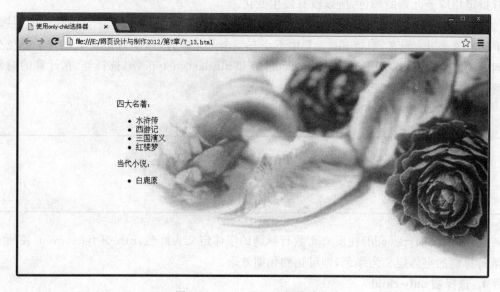

图 7-17   only-child 选择器效果

该显示效果也可以通过 only-child 选择器来实现,只需要将上述代码中 li:nth-child(1):nth-last-child(1){color:red;}修改为 li:only-child{ color:red;}即可,读者可自行替代并查看在浏览器中的显示效果。

7.2.3　UI 元素状态伪类选择器

在 CSS 3 的选择器中,除了结构性伪类选择器外,还有一种 UI(User Interface)元素状态伪类选择器,可以设置元素处在某种状态下的样式,指定的样式只有当元素处于某种状态时才起作用,在默认状态不起作用。

UI 元素状态伪类选择器也是 CSS 3 新增类型选择器,UI 设计是指网页的人机交互、操作逻辑、界面美观的整体设计。UI 元素的状态一般包括:可用、不可用、选中、未选中、获取焦点、失去焦点、锁定、待机等。CSS 3 兼容了 CSS 1 和 CSS 2 版本中的内容,共有 11 种 UI 元素状态伪类选择器,分别为 E:hover、E:active、E:focus、E:enabled、E:disabled、E:read-only、E:read-write、E:checked、E:default、E:indeterminate 和 E::selection。其中 E:enabled、E:disabled 和 E:checked 为 CSS 3 新增的三个 UI 元素状态伪类选择符,主要用于表单 UI 的人性化设计,其样式匹配规则如下。

- E:enabled 选择器:指定当前元素处于可用状态时的样式。

- E:disabled 选择器：指定当前元素处于不可用状态时的样式。
- E:checked 选择器：指定当前元素处于选中状态时的样式。

下面通过一个实例来详细了解 UI 元素状态伪类选择器的使用方法。利用 Dreamweaver CS 5 新建一个页面，保存为实例 7_14.html，使用 UI 元素状态伪类选择器定义不同的样式，具体代码如下：

```
<title>UI 元素状态伪类选择器</title>
<script>
function radio_onchange()
{    var radio = document.getElementById("radio1");
     var text = document.getElementById("text1");
     if(radio.checked)
         text.disabled = "";
     else {   text.value = "";
         text.disabled = "disabled";   }
}
</script>
<style type = "text/css">
body{     background - image:url(img/bg15.jpg);
     background - position:top center;
     background - repeat:no - repeat;}
div {     width:600px;
     height:300px;
     margin:100px auto;}
input[type = "text"]:hover{
         background - color: greenyellow;}
input[type = "text"]:focus{
         background - color: skyblue;}
input[type = "text"]:active{
         background - color: yellow;}
input[type = "text"]:disabled{
     background - color:purple;}
input[type = "text"]:read - only{
     background - color: gray;}
input[type = "checkbox"]:checked{
     outline:2px solid blue;}
input[type = "checkbox"]: - moz - checked{
     outline:2px solid blue;}
input[type = "radio"]:indeterminate{
         outline: solid 3px blue;}
p::selection{
     background: #F00;
     color: #FFF;}
</style>
</head>
<body><div><form>
<h1>资料登记表</h1>
<p>姓名：<input type - "text" name - "name"/> </p>
<p>地址：<input type = "text" name = "address"/> </p>
```

243

```
< p >年龄: < input type = "radio" name = "radio" value = "male"/>男
< input type = "radio" name = "radio" value = "female"/>女</p>
< p >联系方式: < input type = text id = "text1" disabled/>
< input type = "radio" id = "radio1" name = "radio" onchange = "radio_onchange();">可用</radio >
< input type = "radio" id = "radio2" name = "radio" onchange = "radio_onchange();">不可用
</radio > </p>
< p >国籍: < input type = "text" value = "中国" readonly = "readonly"/> </p>
< p >兴趣:< input type = "checkbox">阅读</input >
< input type = "checkbox">旅游</input >
< input type = "checkbox">看电影</input >
< input type = "checkbox">上网</input > </p>
</form > </div > </body >
```

在代码中,使用 hover、active 和 focus 选择器指定当鼠标指针移动到文本框上面时(背景色为 greenyellow)、文本框控件被激活时(背景色为 yellow)以及光标焦点落在文本框内时(背景色为 skyblue)的样式;使用 disabled 选择器结合 enable 选择器,指定文本框处于不可用状态时样式(背景色为 purple);read-only 选择器用来指定文本框控件处于只读状态时的样式;checked 伪类选择器用来指定当表单中的 radio 单元框或 checkbox 复选框处于选中状态时的样式(复选框为蓝色),在 Firefox 浏览器中,需要把它写成-moz-checked 的形式;indeterminate 伪类选择器用来指定当页面打开时,如果一组复选框中任何一个单选框都没有设定为选中,那么该选择器定义的样式对整组的单选按钮都有效。若是用户选中这组中任何一个单选按钮,那么整组的样式都被取消;p::selection 指定当页面中的 p 元素处于选中状态时,背景变为红色,被选中文字变为白色。在 Chrome 浏览器中的显示效果如图 7-18 所示。

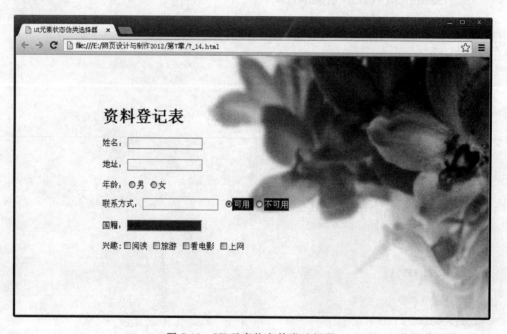

图 7-18 UI 元素状态伪类选择器

7.2.4　通用兄弟元素选择器

最后要介绍的一个选择器是通用兄弟元素选择器,用来指定位于同一个父元素之中的某个元素之后的所有其他某个种类的兄弟元素所使用的样式。如实例 7_15. html 即实现使用通用兄弟元素选择器定义样式的功能,主要代码如下:

```
<title>兄弟元素选择器</title>
<style type = "text/css">
div～p{      color:red;font - size:14px;}
div～p:last - child{      background - color: #CC6;}
</style>
</head>
<body>
<div>
<h2>爱已落枕,回不了头; 情已坠地,覆水难收.</h2>
<p>两人在……而是你的心!</p>
</div>
<p>我在某……吹过的过往.</p>
<div align = "center"><img src = "img/pic10.jpg"><br/>爱情轮回</div>
<p>轮回的路上……真正做到的又有几人?</p>
</body>
```

代码中利用通用兄弟元素选择器 div～p 指定 div 元素之后和它同级的 p 元素中字体样式为红色、14 像素大小(不同级别 p 元素或其他非 p 元素规则不受影响);使用 div～p:last-child{}指定最后一个同级的 p 元素背景色为♯CC6,在 Chrome 浏览器中的显示效果如图 7-19 所示。

图 7-19　通用兄弟元素选择器效果图

7.3 CSS 3 布局样式

在探讨 CSS 3 布局样式之前,先来回顾一下如何使用 float 属性或 position 属性进行 DIV 布局的。如实例 7_16. html 所示,代码如下:

```
<title>使用 float 属性进行布局</title>
<style type = "text/css">
#container{
    margin:0 auto;
    width:1060px;}
#left{
    float: left;
    width: 200px;
    padding: 10px;
    background - color: orange;}
#contents{
    float: left;
    width: 650px;
    padding: 10px;
    background - color: yellow;}
#right{
    float: left;
    width: 150px;
    padding: 10px;
    background - color: limegreen;}
#left, #contents, #right{
    - moz - box - sizing: border - box;
    - webkit - box - sizing: border - box;}
</style>
</head>
<body>
<div id = "container">
<div id = "left">
<h2>左侧边栏</h2> <hr/>
<ul> <li> <a href = "">超链接</a> </li>……<li> <a href = "">超链接</a> </li> </ul>
</div>
<div id = "contents">
<h2>中间栏目</h2> <hr/>
<p> <img src = "img/pic11.png" align = "left">栏目内容……栏目内容。</p>
</div>
<div id = "right">
<h2>右侧边栏</h2> <hr/>
<ul> <li> <a href = "">超链接</a> </li>……<li> <a href = "">超链接</a> </li> </ul>
</div>
</div>
</body>
```

该实例代码中利用 id 分别为 left、contents、right 的三个 div 元素展示了左侧边栏、中间栏目和右侧边栏,三个 div 元素均只设置了 width 属性而没有设置 height 属性值。利用属性 float: left 实现三个 div 元素的浮动布局样式,id 属性为 container 的 div 元素用于将所包含的三个 div 元素居中。实例代码在 Chrome 浏览器中的显示效果如图 7-20 所示。

图 7-20　利用 float 属性页面布局

读者很容易就会发现,这种页面布局方式有一个非常明显的缺点,就是三个 div 元素相互都是独立的,如果没有人为设定三个 div 元素的高度相同或者某个 div 元素中内容较多使得三者底部不能对齐,就会在页面中多出一块空白区域。在 CSS 3 中使用盒布局,这个问题将很容易得到解决。

7.3.1　盒布局

盒布局是 CSS 3 新增的布局方式,它比 CSS 2.0 时代流行的 DIV+CSS 浮动布局更加完善和灵活,使用盒布局可以轻松解决盒元素内部的排列方向、排列顺序、空间分配和对齐方式等问题,大大提高了网页开发的工作效率。

要想使用盒布局,需要通过设置 display 属性值为 box 或 inline-box 来开启。目前 Firefox、Chrome 和 Safari 浏览器都支持 box 属性,但在使用的时候需要附带私有前缀,即将此该属性写成"-moz-box"和"-webkit-box"的形式,Opera 浏览器暂不支持。在实例 7_16. html 中,将最外层 id 为 container 的 div 元素样式中使用 box 属性,并去除了左侧边栏、中间栏目和右侧边栏 3 个 div 元素样式中的 float 属性,修改后的 CSS 代码如下。

```
#container{
    margin:0 auto;
    width:1060px;
    display: - moz - box;
    display: - webkit - box;
    display:box;}
```

```
#left{
    width: 200px;
    padding: 10px;
    background-color: orange;}
#contents{
    width: 650px;
    padding: 10px;
    background-color: yellow;}
#right{
    width: 150px;
    padding: 10px;
    background-color: limegreen;}
#left, #contents, #right{
        -moz-box-sizing: border-box;
        -webkit-box-sizing: border-box;}
</style>
```

将修改后的代码另存为实例 7_17.html,在 Chrome 浏览器中显示效果如图 7-21 所示。

图 7-21　盒布局效果

盒布局包含多方面的内容,开启盒布局只是第一步,下面分别介绍盒布局的灵活应用。

1. 自适应窗口的弹性盒布局属性 box-flex

实例 7_17.html 的盒布局中,三个 div 元素的宽度都进行了设定,如果想让三者宽度之和等于整个浏览器窗口的宽度,而且能够随着窗口宽度的改变而改变时,可以利用 CSS 3 新增的 box-flex 属性,使盒布局内部子元素具有空间弹性即可。也就是说,每当盒布局中有额外的空间时,具有空间弹性的子元素就会扩大自身大小来填补这一空间。同样,目前各主流浏览器在使用时需要添加私有前缀,即基于 WebKit 内核的浏览器添加私有前缀-webkit-,基于 Gecko 内核的浏览器添加私有前缀-moz-。

box-flex 属性值是一个整数或者小数,默认值为 0.0,不可为负值。使用该属性后,盒布局内部元素的总宽度和总高度，始终等于盒元素的宽度和高度。如实例 7_18.html，在样式代码中使用盒布局，去除最外层 div 元素的 width 宽度属性设置，保留内部三个 div 元素的宽度，在中间栏目 div 元素样式代码中加入 box-flex 属性设置为 1，使其具有空间弹性以分配盒元素的剩余空间，核心代码如下：

```
< style type = "text/css">
#container{
    display: - moz - box;
    display: - webkit - box;
    display:box;}
#left{
    width: 200px;
    padding: 10px;
    background - color: orange;}
#contents{
    - moz - box - flex:1;
    - webkit - box - flex:1;
width: 650px;
    padding: 10px;
    background - color: yellow;}
#right{
    width: 150px;
    padding: 10px;
    background - color: limegreen;}
#left, #contents, #right{
    - moz - box - sizing: border - box;
    - webkit - box - sizing: border - box;}
</style>
```

在 Chrome 浏览器中显示效果如图 7-22 所示，当窗口宽度改变时，两侧边栏宽度不变，中间栏目本身宽度也会跟着改变。

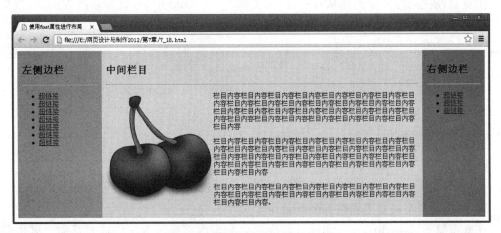

图 7-22　自适应宽度的弹性盒布局

当盒元素内部多个了元素都定义 box flex 属性时，子元素的空间弹性是相对的。浏览器将会把各个子元素的 box-flex 属性值相加得到一个总值，然后根据各子元素值占总值比例来分配盒元素的剩余空间。如将实例 7_18.html 中左侧边栏设置 box-flex 属性值为 1，中间栏目 box-flex 属性值修改为 2，在分配剩余空间时，左侧边栏将分配 1/3 的剩余空间，中间栏目则分配 2/3 的剩余空间，在 Chrome 浏览器中显示效果如图 7-23 所示。

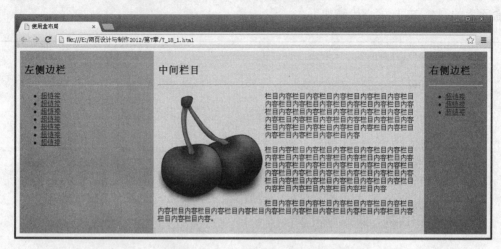

图 7-23　多个子元素的弹性空间分配

2. 内部元素布局方向属性 box-orient

box-orient 属性用于定义盒元素的内部元素布局方向，利用它可以简单地将过个元素的排列方向从水平修改为垂直，或者从垂直修改为水平，其取值说明如下。

- horizontal：盒子元素从左到右在一条水平线上显示它的子元素。
- vertical：盒子元素从上到下在一条垂直线上显示它的子元素。
- inline-axis：默认值，盒子元素沿着内联轴显示它的子元素，表现为横向显示。
- block-axis：盒子元素沿着块轴显示它的子元素，表现为纵向显示。
- inherit：继承父元素中的 box-orient 属性值。

浏览器在使用时需要添加私有前缀，如实例 7_19.html 中，在盒布局的方式下，改变三个栏目的布局方向为纵向显示，样式代码如下：

```
#container{
    - webkit - box - orient:vertical;
    - moz - box - orient:vertical;
    display: - moz - box;
    display: - webkit - box;
    display:box;}
```

为显示整齐，这里取消了栏目的宽度设置，在 Chrome 浏览器中显示如图 7-24 所示。

3. 内部元素布局顺序属性 box-direction

在盒布局下，box-direction 属性可以设置盒元素内部顺序为正向或者反向。其取值说明为：normal，默认值，正常顺序；reverse，反向；inherit，继承父元素属性。浏览器在使用时需要添加私有前缀，如实例 7_20.html 中，在水平方向上反向显示三个栏目，调整样式代码如下：

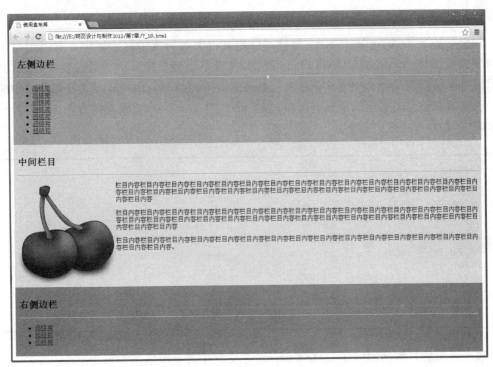

图 7-24　改变元素布局方向

```
#container{
    display: -moz-box;
    display: -webkit-box;
    display:box;
    -moz-box-direction: reverse;
    -webkit-box-direction: reverse;}
```

在 Chrome 浏览器中显示效果如图 7-25 所示。

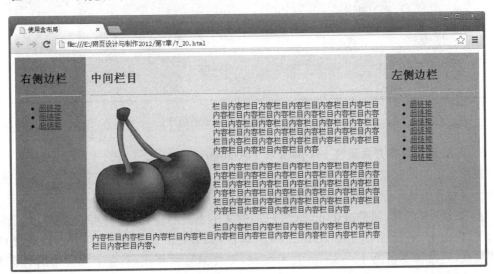

图 7-25　反向显示 3 个栏目

4. 改变元素显示顺序属性 box-ordinal-group

在盒布局下,box-ordinal-group 属性可以定义内部各元素的显示顺序。可以为每个元素的样式中添加一个 box-ordinal-group 属性,设置一个表示序号的整数属性值,浏览器在显示的时候根据该序号从小到大来显示这些元素,序号相同的,取决于元素在源代码中的顺序。浏览器在使用时需要添加私有前缀,如实例 7_21.html 中,调整左侧边栏与中间边栏的显示顺序,调整样式代码如下:

```
#left{
    width: 200px;
    padding: 10px;
    -webkit-box-ordinal-group:2;
    -moz-box-ordinal-group:2;}
#right{
    width: 150px;
    padding: 10px;
    -webkit-box-ordinal-group:3;
    -moz-box-ordinal-group:3;}
```

改变 3 个栏目的显示顺序后,在 Chrome 浏览器中的显示效果如图 7-26 所示。

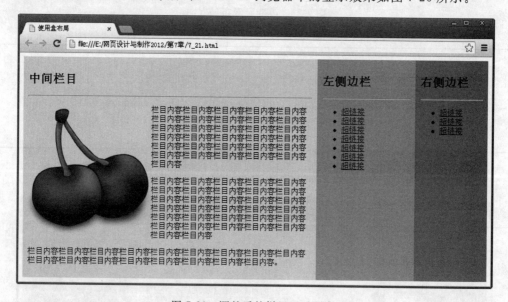

图 7-26　调整后的栏目显示顺序

5. 内部元素对齐方式属性 box-pack 和 box-align

使用盒布局的时候,可以使用 box-pack 和 box-align 属性定义盒元素内部水平对齐方式和垂直对齐方式,这种属性设置对盒内部的文字、图像和子元素都是有效的。

在 CSS 2.0 以前,如果想让 div 元素内部的文字水平居中,只要使用 text-align 属性就可以了,但由于 div 元素不支持 vertical-align 属性,如果要让文字垂直居中就难以通过 CSS 样式实现,通常需要借助 JavaScript 技术实现,需要编写大量代码,还要考虑兼容性问题。

使用 box-pack 和 box-align 属性能够很容易地将文字、图像和子元素放置在元素内的各个部位,同时也解决了一些在 CSS 中放置内容时出现的问题。在 CSS 3 中,只要让 div 元素使用 box-align 属性(内部元素排列方向默认为 horizontal),文字就可以垂直居中了,不过目前浏览器在使用时仍需要添加私有前缀。

box-pack 属性设置水平方向上的对齐方式,取值说明如下。

- start:默认值,所有子元素显示在盒元素左侧,额外的空间显示在盒元素右侧。
- end:所有子元素显示在盒元素右侧,额外的空间显示在盒元素左侧。
- center:所有的子元素居中显示,额外的空间平均分配在左右两侧。
- justify:所有的子元素散开显示,额外的空间在子元素之间平均分配,子元素前后不分配。

box-align 属性设置垂直方向上的对齐方式,取值说明如下。

- start:所有的子元素都显示在盒元素顶部,额外的空间显示在盒元素底部。
- end:所有的子元素都显示在盒元素底部,额外的空间显示在盒元素顶部。
- center:所有的子元素垂直居中显示,额外的空间分配在盒元素上下两侧。
- baseline:所有的子元素沿基线显示。
- stretch:默认值,每个子元素的高度被拉伸到适合的盒元素高度。

如实例 7_22.html 所示,在浏览器窗口正中央显示一个图像,不管浏览器窗口如何变化,该图像将始终位于浏览器正中央,代码如下:

```
<title>box-pack 和 box-align 属性</title>
<style type="text/css">
html,body{
    margin:0;
    padding:0;
    width:100%;
    height:100%;}
body{
    display:-webkit-box;
    display:-moz-box;
    display:box;
    -webkit-box-align:center;
    -moz-box-align:center;
    -webkit-box-pack:center;
    -moz-box-pack:center;}
</style>
</head>
<body>
<img src="img/pic11.jpg"/>
</body>
```

在 Chrome 浏览器中的显示效果如图 7-27 所示。

这里要注意的是,box-pack 和 box-align 属性仅在盒布局模式下使用,传统对齐方式中的 text-align 和 vertical-align 属性不适宜用于盒布局。同时,box-pack 和 box-align 属性对

图 7-27   盒布局下的图像居中

齐方式的效果,还会受到 box-orient 和 box-direction 属性的影响,当 box-orient 设置为 vertical 垂直方向时,box-pack 和 box-align 属性功能将互换,分别控制垂直方向和水平方向;当 box-direction 设置为反方向时,对齐方式中的 start 和 end 将互换效果。

7.3.2   盒模型

第 5 章曾介绍过有关盒模型理论,探讨了基于 CSS 2 的盒模型边框、边距和填充。盒模型是网页设计中最基本、最重要的模型,在 CSS 3 中新增了诸如盒溢出处理、盒阴影及盒尺寸等许多与盒模型有关的属性,使网页设计布局效果更加丰富和人性化。

1. 盒的类型

在 CSS 中,使用 display 属性定义盒的类型,总体上分为 block 类型和 inline 类型,如 div 元素和 p 元素属于 block 类型,span 元素和 a 元素属于 inline 类型。block 类型元素宽度一般占满整个浏览器,而 inline 类型的元素宽度只占用其内容所在的宽度。在浏览器每一行中只允许容纳一个 block 类型元素,但可以并列容纳多个 inline 类型元素。

实例 7_23.html 可以对比了解两个类型的不同。通过在样式代码中使用 display 属性,将 div 元素转换成 inline 类型元素,将 span 元素转换成 block 类型元素,代码如下:

```
<title>block 类型与 inline 类型对比</title>
<style type = "text/css">
div{
    background - color: #CC0;}
span{
```

```
        background-color:#F90;}
#indiv{
    display:inline;}
#blspan{
    display:block;}
</style>
</head>
<body>
<div>block 类型 div 元素</div>
<div>block 类型 div 元素</div>
<span>inline 类型 span 元素</span>
<span>inline 类型 span 元素</span>
<hr/>
<div id="indiv">inline 类型 div 元素</div>
<div id="indiv">inline 类型 div 元素</div>
<span id="blspan">block 类型 span 元素</span>
<span id="blspan">block 类型 span 元素</span>
</body>
</html>
```

转换前后对比效果如图 7-28 所示。

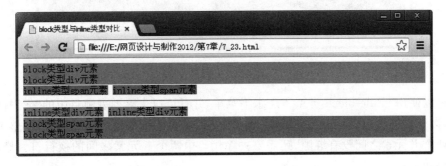

图 7-28   block 类型与 inline 类型对比

网站中经常需要用到水平菜单，在大多数情况下，水平菜单是利用 ul 列表与 li 列表项目来实现，li 元素属于 block 类型下的 list-item 类型，所以必须借助 float 属性才可以实现水平并列。如实例 7_24.html 代码所示，利用 float 属性实现 4 个列表项目的并列显示，代码如下：

```
<title>float 属性实现水平菜单</title>
<style type="text/css">
ul{
    margin: 0;
    padding: 0;}
li{
    width: 150px;
    padding: 10px 0;
    background-color: #CC0;
    border: solid 1px #666;
```

```
        text - align: center;
        float: left;}
a{
        color: #000;
        text - decoration: none;}
</style>
</head>
< body >
< ul >
< li > < a href = " # ">菜单 1 </a > </li >
< li > < a href = " # ">菜单 2 </a > </li >
< li > < a href = " # ">菜单 3 </a > </li >
< li > < a href = " # ">菜单 4 </a > </li >
</ul >
</body >
```

在 Chrome 浏览器中的显示效果如图 7-29 所示。

图 7-29　float 属性实现水平菜单

也可以使用 inline-block 类型实现水平菜单,并且可以去除列表项目中的"·"标记。另外,还可以让 a 元素也设置 inline-block 类型,设置背景色和宽度,使 a 元素占据整个菜单。为了让两个 li 元素之间没有缝隙,还需要去除代码中两个 li 元素之间的换行符。修改后的样式代码如下:

```
< style type = "text/css">
ul{
        margin: 0;
        padding: 0;}
li{
        display:inline - block;
        width: 150px;
        padding: 10px 0;
        background - color: #CC0;
        border: solid 1px #666;
        text - align: center;}
a{
        color: #000;
        text - decoration: none;
        display:inline - block;
        width:150px;}
</style >
```

在 Chrome 浏览器中的显示效果如图 7-30 所示。这里要注意的是，默认情况下使用 inline-block 类型时并列显示的元素的垂直对齐方式是底部对齐，如果要实现顶端对齐，可以在样式中加入 vertical-align 属性。

图 7-30 inline-block 类型实现水平菜单

2. 盒子溢出

在 CSS 3 中，对于网页中经常出现的大小不固定的内容，可以使用 overflow 属性处理。overflow 属性用于设置当对象的内容超出其指定的宽度及高度时应该如何进行处理，该属性的语法格式如下：

overflow: visible|auto|hidden|scroll

其中，visible 为默认值，表示不剪切内容也不添加滚动条，如果显式声明此默认值，对象将以包含该对象的 window 或 frame 尺寸裁切，且 clip 属性设置将失效；auto 表示在需要时剪切内容并添加滚动条；hidden 表示不显示超出对象尺寸的内容；scroll 表示显示滚动条。与 overflow 相关的属性还有 overflow-x 和 overflow-y，分别用来设置当对象的内容超过指定的宽度和高度的应该如何处理，其语法格式与 overflow 完全相同。

如实例 7_26.html 所示，为 div 元素添加 overflow-y 属性，并且指定属性值为 scroll，则超出部分将设置滚动条，代码如下：

```
< style type = "text/css">
div{
    margin:0 auto;
    padding:5px;
    overflow - y:scroll;
    width: 1000px;
    height:330px;
    border: solid 1px orange;}
</style >
</head >
< body >
< div > < img src = "img/pic12.jpg" align = "left"/> < h2 >学会解脱</h2 >
真正的教育体……眼高手低。</div >
</body >
```

在 Chrome 浏览器中的显示效果如图 7-31 所示。

图 7-31　overflow 属性效果

3. 盒子阴影

在 CSS 3 中新增了 box-shadow 属性用来定义盒在显示时阴影效果,该属性在使用时仍然需要浏览器添加私有前缀才可以起作用,即 WebKit 引擎支持-webkit-box-shadow 私有属性,Gecko 引擎支持-moz-box-shadow 私有属性。其语法格式如下:

box - shadow: none|[inset] x - offset y - offset [length, length] [color]

其中,none 为默认值,表示没有阴影;inset 可选,表示设置阴影类型为内阴影,不能直接作用在 img 元素上,默认为外阴影;x-offset 和 y-offset 用来表示阴影的水平偏移、垂直偏移,可取正负值,要求必须设置。两个 length 分别表示阴影模糊半径和阴影扩展半径,可选参数。color 表示阴影的颜色,可选参数,默认颜色为黑色。

在 Dreamweaver CS5 中新建一个页面,在页面中添加一个包含 img 元素的 div 元素,保存为实例 7_27.html,通过设置参数实现图片的各种阴影效果。如下样式代码,定义阴影位移为 0,阴影模糊半径为 10px,阴影扩展半径为 10px,颜色为 #F90。

```
< style type = "text/css">
div {
    width:640px;
    -webkit - box - shadow:0 0 10px 10px #F90;
    -moz -- box - shadow:0 0 10px 10px #F90;}
</style>
</head>
< body >
< div > < img src = "img/pic13.jpg"/> </div >
</body >
```

利用前面所学的盒布局相关知识,使图像在浏览器窗口居中,在 Chrome 浏览器中的显示效果如图 7-32 所示。

当给同一个元素设置多组参数值定义多色阴影时,要注意它们的显示顺序,最先写的阴影显示在最顶层,但如果顶层的阴影太大,就会遮盖底部的阴影。例如实例 7_28.html 所示,通过设置多组参数值定义多色阴影效果。

图 7-32　盒阴影效果

```
< style type = "text/css">
div {
    width:640px;
    - webkit - box - shadow: - 10px 0 15px green,10px 0 15px blue,
                    0px - 10px 15px red,0px 10px 15px yellow;
    - moz -- box - shadow: - 10px 0 15px green,10px 0 15px blue,
                    0px - 10px 15px red,0px 10px 15px yellow;}
</style >
```

浏览效果如图 7-33 所示。

图 7-33　多彩盒阴影效果

4. 盒子尺寸计算方法

在 CSS 中,使用 width 和 height 属性来指定元素的宽度和高度,但是使用 box-sizing 属性,可以用 width 和 height 属性分别指定宽度和高度值是否包含元素内部的填充以及边框(即 padding 和 border)属性值。

box-sizing 取值包括 content-box、padding-box、border-box 及 inherit。其中,content-box 属性值为默认,表示指定宽度和高度只限于内容区域,边框和内填充不包含在内,即 width/height＝content;padding-box 表示指定宽度和高度包含内容区域和内填充,不包含边框宽度,即 width/height＝content＋padding;border-box 表示指定宽度和高度包含了内容区域、内填充及边框,即 width/height＝content＋padding＋border,将两个 div 元素的 border-box 属性值都设为 50%,就可以确保两个 div 元素并列显示;inherit 表示继承父元素的相同属性值。

实例 7_29.html 中为三个 div 元素添加了相同的一张图片,图片设置宽 500px,高 200px,边框宽 10px,内边距宽 10px,然后通过 CSS 样式设置 box-sizing 属性,读者可对比理解属性值的不同,代码如下:

```
<title>box - sizing 属性</title>
<style type = "text/css">
img{
    width:500px;
    height:200px;
    border:10px solid #F90;
    padding:10px;}
#box1 img{
    box - sizing:border - box;
    - webkit - box - sizing:border - box;
    - moz - box - sizing:border - box;}
#box2 img{
    box - sizing:padding - box;
    - webkit - box - sizing:padding - box;
    - moz - box - sizing:padding - box;}
#box3 img{
    box - sizing:content - box;
    - webkit - box - sizing:content - box;
    - moz - box - sizing:content - box;}
</style>
</head>
<body>
<div id = "box1"> <img src = "img/pic14.jpg"/> </div>
<div id = "box2"> <img src = "img/pic14.jpg"/> </div>
<div id = "box3"> <img src = "img/pic14.jpg"/> </div>
</body>
```

此例在 Firefox 浏览器和 Chrome 浏览器中的运行效果对比如图 7-34 和图 7-35 所示。

图 7-34 Firefox 中 box-sizing 属性效果

图 7-35 Chrome 中 box-sizing 属性效果

7.3.3 UI 设计

1. 自由缩放 resize

为了增强用户体验,CSS 3 新增了 resize 属性,它允许用户通过拖动的方式来修改元素的大小,主要用于可以使用 overflow 属性的任何容器元素中。在此之前,要想实现相同的 UI 效果,必须借助 JavaScript 编写大量的脚本才能够实现。resize 属性可以指定的值包括以下几种。

- none:用户不能修改元素尺寸。
- both:用户可以修改元素的宽度和高度。
- horizontal:用户可以修改元素的宽度,但不能修改元素的高度。
- vertical:用户可以修改元素的高度,但不能修改元素的宽度。
- inherit:继承父元素的 resize 属性值。

如实例 7_30.html 所示将通过使用 resize 属性设计可以自由调整尺寸的图片,代码如下:

```
<title>resize 属性</title>
<style type = "text/css">
#resize {
    background:url(img/pic15.jpg) no-repeat center;
    -webkit-background-clip:content;
    -moz-background-clip:content;
    background-clip:content;
    width:240px;
    height:180px;
    max-width:1280px;
    max-height:960px;
    padding:5px;
    border:1px solid #F00;
    resize:both;
    overflow:auto;}
</style>
</head>
<body>
<div id = "resize"></div>
</body>
```

在样式代码设计中,以背景方式显示图像,且设计背景图像仅在内容区域显示,留出补白区域,同时设计元素最大和最小显示尺寸,用户可以在范围内自由调整。这里要注意的是,resize 属性和 overflow 属性必须同时定义,否则 resize 属性声明无效。在 Chrome 浏览器中运行效果如图 7-36 所示。

2. 定义外轮廓线 outline

outline 属性是 CSS 2 中定义的一个复合属性,用于在可视对象周围绘制一条外部轮廓线,可以起到突出元素的作用。外部轮廓线与元素边框线不同,外部轮廓线不占用空间,而且是动态样式。CSS 3 在 CSS 2 的基础上对 outline 进行了改善增强,其语法格式如下:

图 7-36　自由调整大小的图像

outline: outline - color|outline - style|outline - width|inherit

其中,outline-color 表示轮廓线的颜色,默认为黑色;outline-style 表示轮廓线的样式,与 border-style 属性值相同,如 none、dotted、dashed、solie、double、groove、ridge、inset、outset、inherit 等。outline-width 表示轮廓线的宽度,属性值可以是一个宽度值,也可以是 thin、medium、thick 中的任意一个值,默认值为 medium。outline 属性三个参数的顺序可以互换,也可以分开书写分别设置样式。

CSS 3 中还新增了一个 outline-offset 属性,用来定义轮廓偏移数值。对于带边框的元素来说,使用 outline 属性将紧贴边框外围绘制一条轮廓线,使用 outline-offset 属性可以设置轮廓线向外偏移,从而绘制出双层边框的效果。如实例 7_31.html 所示,代码如下:

```
< style type = "text/css">
div {
    width:640px;
    height:480px;
    border: #FC0 solid thick;
    outline: #09F solid medium;
    outline - offset:10px;}
</style>
</head>
< body >
< div > < img src = "img/pic16.jpg"/> </div >
</body >
```

在 Chrome 浏览器中运行效果如图 7-37 所示,外层的蓝色边框即为轮廓线。

图 7-37   绘制外轮廓线

3. 伪装的元素 appearance

CSS 3 中新增的 appearance 属性,用于将元素伪装成其他类型的元素,从而使 UI 设计增添了极大的灵活性。基于 WebKit 内核的浏览器替代私有属性是-webkit-appearance,基于 Gecko 内核的浏览器替代私有属性是-moz-appearance。其语法格式如下:

```
appearance: normal|icon|window|button|menu|field;
```

其中,normal 表示正常修饰元素;icon 表示把元素修饰得像一个图标;window 表示把元素修饰得像一个视窗;button 表示把元素修饰得像一个按钮;menu 表示把元素修饰得像一个菜单;field 则表示把元素修饰得像一个输入框。例如:div、a、input {appearance:button;}表示将页面中的 div、a 和 input 元素均修饰为按钮外观。

这里要说明的是,使用 appearance 属性定义的元素仅在外观上进行了伪装改变,其元素的功能仍然保留不变。

4. 为元素添加内容 centent

centent 属性其实早在 CSS 2.1 的时候就已经被引入了,可以使用:before 及:after 伪元素生成内容,它能够满足网页设计者在样式设计时临时添加非结构性的样式服务标签或者说明性内容的需求。其语法格式如下:

```
centent: normal|string|attr()|url()|counter()|none
```

其中,normal 为默认值,表示不作任何指定内容或改动;string 表示指定添加的文本内容;attr()表示插入选择的元素的属性值;url()表示插入一个外部资源,如图像、音频、视频等;counter()指定一个计算器作为添加内容;none 表示无任何内容。

如实例 7_32.html 中,通过 centent 属性为 div 元素插入一幅图像,在 Chrome 浏览器中运行效果如图 7-38 所示。

```
<title>content 属性</title>
<style type = "text/css">
div{
    margin:0 auto;
    width:800px;
    height:600px;
    text – align:center;
    border:solid 2px ♯C60;
    content:url(img/pic17.jpg);}
</style>
</head>
<body>
<div></div>
</body>
```

图 7-38   使用 content 属性插入内容

content 属性更多的是结合 CSS 选择器综合使用，如实例 7_33.html 所示，通过筛选不同的链接内容，利用伪元素 :after 为不同的链接后面添加不同的图片内容，代码如下：

```
<style type = "text/css">
a{display:block;}
a[href $ = rar]:after{content:url(img/pic7.png);}
a[href $ = doc]:after{content:url(img/pic8.png);}
a[href $ = html]:after{content:url(img/pic9.png);}
</style>
```

```
</head>
< body >
< div >
< a href = "down.rar">压缩包链接</a>
< a href = "down.doc">文档链接</a>
< a href = "7_33.html">网页链接</a>
</div >
</body >
```

注意比较与实例 7_8.html 利用背景图片为不同链接添加图片的不同。在 Chrome 浏览器中的显示效果如图 7-39 所示。

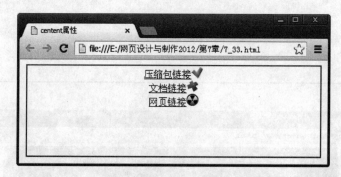

图 7-39   content 属性指定图片作为添加内容

7.3.4   多列布局

在传统的报刊杂志中,为方便阅读,通常一个版面会分成多栏显示,当网页中遇到大段文字时也可以采用这种多栏设计,能够方便地利用浏览器进行阅读。但使用表格或浮动布局实现这种效果时会遇到很多问题,如多列栏目高度容易错位且不易控制,多列显示后各列内容无法互通等。CSS 3 中新增了多列布局特性,可以很容易解决这些问题。

多列布局可以从多个方面去设置,包括多列的列数、宽度、列和列之间的距离、间隔线的样式、跨列设置和列高度设置等,下面逐一进行介绍。

1. 定义多列布局 columns

columns 是多列布局的基本属性,用于快速定义多列的列数目和每列的宽度,目前只有基于 WebKit 引擎的浏览器支持-webkit-columns 私有属性,包括基于 Gecko 引擎的其他浏览器暂不支持。其基本语法如下:

```
columns: column - width|column - count;
```

其中,column-width 定义每列的宽度,column-count 定义多列的列数。在实际布局的时候,所定义的多列的列数是最大列数。当外围宽度不足时,多列的列数会适当减少,且每列的宽度会自适应,填满整个范围区域。如实例 7_34.html 所示,代码如下:

```
< title >columns 多列属性</title >
< style type = "text/css">
```

```
body {
    - webkit - columns:320px 3;
    columns:320px 3;}
h1 {background - color: #CC6;}
</style>
</head>
< body >
<h1>飞狐外传和鹿鼎记</h1>
<h2>金庸</h2>
<p>她慢慢站起身来,柔情……动情的一幕。</p>
< img src = "img/pic19.jpg">
<p>韦小宝大赞她聪明……不能失去。</p>
</body>
```

在 Chrome 浏览器中的运行效果如图 7-40 所示。如果缩小浏览器窗体的宽度,则文字会自动缩变成两列或者一列,每列的高度尽可能一致,而每列的宽度会自适应分配,不一定是 320px。

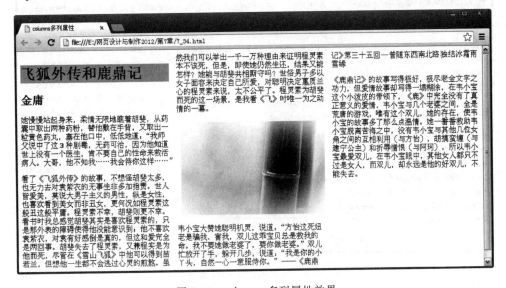

图 7-40　columns 多列属性效果

2. 定义列宽 column-width

CSS 3 中新增的 column-width 属性用于指定多列布局中每列的宽度,该属性基于 WebKit 和 Gecko 内核的浏览器都有替代私有属性支持。其语法格式如下:

```
column - width: auto|length;
```

其中,auto 说明列的宽度由浏览器决定;length 直接指定列的宽度,当窗口的大小改变时,列数会及时调整,列数不固定。

3. 定义列数 column-count

CSS 3 中新增的 column-count 属性用于指定多列布局中显示的列数目,该属性基于 WebKit 和 Gecko 内核的浏览器也都有替代私有属性支持。其语法格式如下:

```
column - count: auto|number;
```

其中,auto 说明列的数目根据浏览器计算值自动设置;number 直接指定列的数目,取值为大于 0 的整数,当窗口的大小改变时,列宽会及时调整,但列数固定不变。

4. 定义列间距 column-gap

column-gap 属性用于定义多列布局中列与列之间的距离,其语法格式如下:

```
column - gap: normal|length;
```

其中,normal 为默认值,根据浏览器默认设置进行解析,一般为 1em;length 指定两列之间的距离,由浮点数字和单位标识符组成,不可为负值。如调整实例 7_34. html 的列间距和行高,增加"column-gap:3em;"和"line-height:2em;"样式设置,列间距和行高增加了许多,页面也变得疏朗起来,效果如图 7-41 所示。

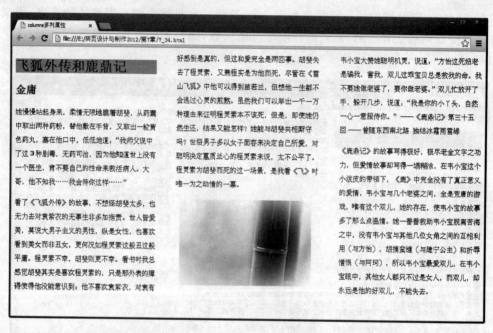

图 7-41　调整列间距和行高效果

5. 定义列分隔线 column-rule

column-rule 也是 CSS 3 新增的属性,在多列布局中,用于定义每列之间分隔线的宽度、样式盒颜色。该属性的语法格式如下:

```
column - rule:length|style|color|transparent;
```

其中,length 定义分隔线的宽度,为任意包含单位的长度,不可为负值;style 定义列边框样式,取值范围与 border-style 相同;color 定义分隔线的颜色,为任意可用于 CSS 的颜色值;transparent 定义边框透明显示。

column-rule 是一个复合属性,其派生的三个子属性也可以分别单独设置,包括 column-rule-width、column-rule-style、column-rule-color,各主流浏览器在使用时仍然需要添加私有前缀才可以支持。

6. 定义跨列显示 column-span

column-span 属性在多列布局中用于定义元素跨列显示，也可以设置元素单列显示，其语法格式如下：

```
column - span:1|all;
```

其中，1 为默认值，表示只在一列中显示；all 表示将横跨所有列，并定位在列的 Z 轴之上。目前只有基于 WebKit 引擎的浏览器支持-webkit-column-span 私有属性。如实例 7_35. html 中，统一为标签 h1 和 h2 设置了 column-span 属性值为 all，使文章标题跨列居中显示，并为内容设置了分隔线样式，代码如下：

```
< style type = "text/css">
body {
    - webkit - column - count:3;
    - moz - column - count:3;
    - webkit - column - gap:3em;
    - moz - column - gap:3em,
    line - height:1.5em;
    - webkit - column - rule:dashed 2px ♯F00;
    - moz - column - rule:dashed 2px ♯F00;}
h1 {background - color: ♯CC6;
    text - align:center;
    font - size:22px;
    - webkit - column - span:all;}
h2 {text - align:center;
    - webkit - column - span:all;}
</style>
</head>
< body >
< h1 >飞狐外传和鹿鼎记</h1 >
< h2 >金庸</h2 >
<p>她慢慢站起身来，柔情无限地唯一为之动情的一幕。</p>
< img src = "img/pic19.jpg">
<p>韦小宝大赞她聪明机灵……不能失去。</p>
</body >
```

在 Chrome 浏览器中的运行效果如所示。

7. 定义栏目高度 column-fill

如果网页中的元素上定义了 height 属性，同时也希望将内容分散到多列中，在 CSS 3 中可以利用 column-fill 属性实现这种效果。如果浏览器支持该属性，且该属性值为 balance，则浏览器会根据内容较多的列来平衡列的高度，这时元素中定义的 height 属性无效。

column-fill 取值有 auto 和 balance 两种，auto 表示各栏目的高度随着内容的多少而自动变化；balance 表示各栏目的高度根据内容最多的列的高度进行统一。如实例 7_36. html 所示，在页面中添加了三张图片，通过 CSS 样式定义 column fill 属性实现各列高度统一，代码如下：

269

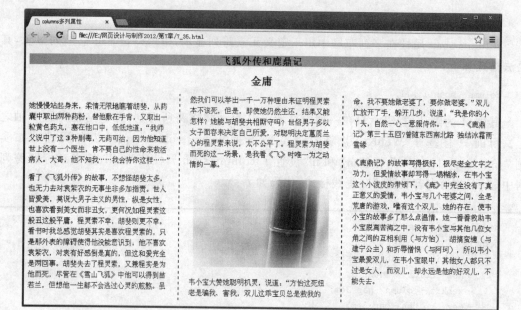

图 7-42　标题跨列并设置分隔线效果

```
< style type = "text/css">
body {
    - webkit - column - count:3;
    - moz - column - count:3;
    - webkit - column - gap:0.5em;
    - moz - column - gap:0.5em;
    - webkit - column - rule:dashed 2px ＃F00;
    - moz - column - rule:dashed 2px ＃F00;
    - webkit - column - fill:auto;
    - moz - column - fill:auto;
    column - fill:auto;}
＃p1 {width:100％;height:600px;background:＃FC6;}
＃p2 {width:100％;height:600px;background:＃CC6;}
＃p3 {width:100％;height:600px;background:＃FC6;}
</style>
</head>
< body >
< div id = "p1"> < img src = "img/pic20_1.jpg" width = "100％" height = "600"/> </div>
< div id = "p2"> < img src = "img/pic20_2.jpg" width = "100％" height = "362"/> </div>
< div id = "p3"> < img src = "img/pic20_3.jpg" width = "100％" height = "445"/> </div>
</body>
```

在 Chrome 浏览器中的运行效果如图 7-43 所示。

多列布局与盒布局的区别：使用多栏布局时，各栏宽度必须是相等的，若要指定每栏宽度，也只能为所有栏指定一个统一的宽度，栏和栏之间的宽度不可能是一样的。多栏布局一般不指定栏中显示什么内容，因此比较适合使用在显示文章内容，而不适合安排整个网页中各元素组成的网页结构。

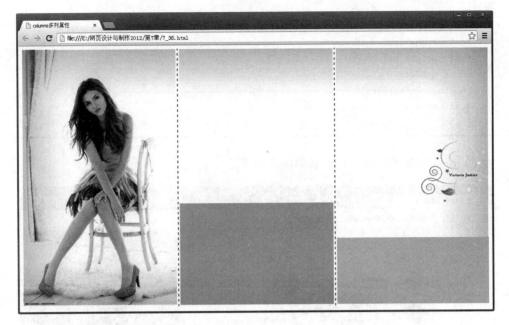

图 7-43　column-fill 属性设置栏目高度统一

7.4　CSS 3 页面美化

7.4.1　文本和字体样式

在文本和字体样式控制方面,CSS 3 做出了较大的革新,新增了阴影、描边和发光效果。在排版溢出及文字换行也进行了良好的改善,同时完善了颜色控制功能,实现了对不透明效果的支持。新增的文本属性包括 text-shadow、text-overflow、word-wrap 等,下面逐一进行说明。

1. 文本阴影 text-shadow 属性

text-shadow 属性用于为页面上的文字添加阴影效果,其语法格式如下:

```
text-shadow: x-shadow y-shadow opacity color;
```

其中,x-shadow 和 y-shadow 分别用于指定水平方向和垂直方向上相对于文字本身阴影偏移的距离,可以为负值;opacity 指定阴影效果模糊的距离,值越大模糊范围越大,省略时表示模糊作用距离为 0,即没有模糊效果;color 指定阴影的颜色,3 个数值参数的顺序不可颠倒。

如实例 7_37. html 所示,为属性 text-shadow 设置水平和垂直均为 16px 的阴影效果,模糊半径为 4px,阴影颜色为♯663,代码如下:

```
<style type="text/css">
body{
    background:url(img/pic21.jpg) center top no-repeat;}
```

```
p{
    font – family: "黑体";
    font – size:72px;
    font – weight:bold;
    color: ♯F00;
    padding – left:100px;
    text – shadow:16px 16px 4px ♯663;}
</style>
```

在 Chrome 浏览器中的运行效果如图 7-44 所示。

图 7-44 文字阴影效果

利用 text-shadow 属性,还可以实现显示多个阴影的效果,并针对不同方向阴影设置不同参数,具体在使用时以逗号分隔的阴影列表作为该属性的值。如果同时在上下左右 4 个方向设置多个阴影,且不设置模糊半径,即不设置模糊效果,就可以实现文字的描边效果,样式代码如下:

```
text – shadow: – 2px 0 ♯663,0 – 2px ♯663,2px 0 ♯663,0 2px ♯663;
```

运行效果如图 7-45 所示。

图 7-45 文字描边效果

如果不设置 text-shadow 属性的水平和垂直偏移,仅设置模糊半径,就可以通过修改模糊值来实现强度不同的文字发光效果。借助阴影效果列表机制,还可以设计出更加丰富的文字效果,样式代码如下:

```
text – shadow:0 0 4px ♯FFF,
        0 – 5px 4px ♯FF3,
        2px – 10px 6px ♯FD3,
        – 2px – 15px 11px ♯F80,
        2px – 25px 18px ♯F20;}
```

运行效果如图 7-46 所示。

图 7-46　文字燃烧发光效果

2. 文本溢出处理 text-overflow 属性

布局良好的网页往往需要给栏目限定宽度。当实际内容超过宽度时,就会导致文本溢出,打乱页面的整体布局,为此,常常需要对内容进行截取显示。之前多是使用 JavaScript 脚本来完成,而在 CSS 中新增了文本溢出处理的属性 text-overflow,可以轻松地解决这个问题。

text-overflow 属性语法格式如下:

text – overflow: clip|ellipsis;

其中,参数 clip 表示直接截取超出宽度的内容文本;参数 ellipsis 表示文本溢出时,在最后显示省略号标记。如实例 7_39.html 所示,通过设置文本外围的宽度、溢出内容为 hidden,并强制文本单行显示(white-space:nowrap),实现溢出文本显示省略标记的效果,代码如下:

```
<title>文本溢出处理</title>
< style type = "text/css">
body{background:url(img/pic22.jpg) center top no – repeat;}
ul { margin:100px auto; width:400px; text – align:center; padding – left:30px;}
li { list – style:none;
```

```
        line - height:28px;
        border - bottom:1px solid ♯C60;
        overflow:hidden;
        white - space:nowrap;
        text - overflow:ellipsis;}
</style>
< body >
< ul >
< h2 >回眸</h2>
< li >人生只能在路上……样不舍,谁又能拾回旧时光?</li>
< li >·蓦然回首,相遇……温柔地埋葬那一段清音流年。</li>
< li >·芳华流年,刹……错过,一旦错过,就永远错过;</li>
< li >·人生如故事……不断有人走进,又不断有人走出。</li>
< li >·我喜欢……的感觉,喜欢与你在一起的每时每刻。</li>
< li >·爱如梦,在……沉淀在我心底成了无法触摸地疼!</li>
< li >·都说前世的……又需前世的几次回眸才能换来呢?</li>
</ul>
</body >
```

在 Chrome 浏览器中的运行效果如图 7-47 所示。

图 7-47　文本溢出处理效果

3. 文本换行显示 word-wrap 和 word-break 属性

word-wrap 和 word-break 属性在 CSS 3 之前是 IE 浏览器的私有属性,不被其他浏览器支持。CSS 3 将其标准化后,用于确定当内容到达容器边界时的显示方式,可以是换行或者断开,目前在主流浏览器中都可以使用。

word-wrap 语法格式如下:

```
word - wrap: normal|break - word;
```

其中,参数 normal 为默认的连续文本换行,允许内容超出边界;参数 break-word 表示内容将在边界内换行。

word-break 设置或检索容器内文本的字内换行行为,尤其在出现多种语言时,对于中文,应该使用 break-all 属性值。其语法格式如下:

```
word - break: normal|break - all|keep - all;
```

如实例 7_40.html 所示,设置换行属性为 break-word,当连续的文本过长时,则会在边界内换行显示,效果如图 7-48 所示。

图 7-48 边界内换行

4. 外部字体引入@font-face 规则

@font-face 规则在 CSS 3 规范中属于字体模块,该规则的推出对于网页设计可以说是最具创新的一项功能。在传统的网页设计中,设计师必须考虑每位浏览者的系统中是否安装了所用的字体,对于没有安装字体的用户而言,虽然可以指定替代字体,但也看不到真正的文字样式。因此,设计师总是避免使用各种艺术字体,甚至常规字体也是非常小心使用的。CSS 3 新增的字体自定义功能,通过@font-face 规则来引用互联网任一服务器中存在的字体类型源,而不管用户客户端是否安装该字体,设计的网页都可以正常的显示。

@font-face 严格来说是一个选择器,CSS 3 为其提供了独有的属性,其语法规则如下:

```
@font - face {属性: 值;}
```

其可用属性包括 font-family 定义字体名称;src 定义该字体的 URL 地址;font-style 设置文本样式;font-weight 设置字体粗细;font-stretch 设置文本是否横向的拉伸变形;

font-size 设置文本字号大小。其中,font-family 和 src 属性是必需的,其他属性则可以选择性使用。

实例 7_41. html 演示了@font-face 的使用方法,使用名称 myfont 作为服务器端字体 veteran_typewriter. ttf 的引用,如果需要在样式中使用它,还必须通过 font-family 属性进行引用。src 中的 format 为可选项,这里指定字体类型为 opentype,还可以指定为 truetype。样式代码如下:

```
< style type = "text/css">
body{background:url(img/pic22.jpg) center top no-repeat;}
@font-face {
    font-family:myfont;
    src:url(font/veteran_typewriter.ttf) format("opentype");}
div {
    margin:100px auto;
    width:900px;
    padding:10px;
    text-align:center;
    font-family:myfont;
    color: #F00;}
p { font-size:28px; color: #800;}
</style>
```

在 Chrome 浏览器中的运行效果如图 7-49 所示。

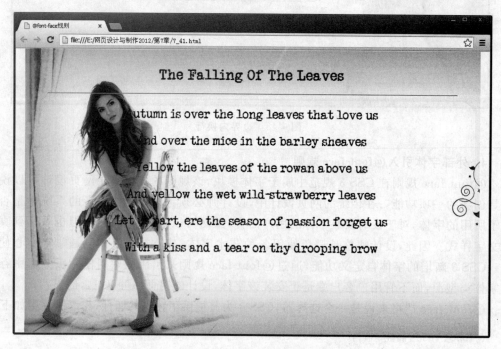

图 7-49   自定义字体效果

这里要提醒读者的是,通过@font-face 规则使用服务器字体,不建议应用于中文网站。因为中文字体文件都是几个兆字节到十几兆字节,这么大的字体文件会严重影响网页的加载速度。因此,对于中文来说,建议使用图片来代替。而英文的字体文件一般只有几十千字节,和一幅图片差不多,适合使用@font-face 规则。

7.4.2 新增色彩模式

在 CSS 3 之前,在样式中指定的颜色值只能是 RGB 颜色模式,并且只能通过 opacity 属性来设置元素的透明度。CSS 3 中新增了三种色彩模式:RGBA 色彩模式、HSL 色彩模式及 HSLA 色彩模式,并且允许通过设定 alpha 通道的方法来更加容易地实现将半透明文字与图像互相重叠的效果。

RGBA 色彩模式是 RGB 色彩模式的延伸,在红(red)、绿(green)、蓝(blue)三原色的基础上增加了不透明度参数 alpha,其语法格式为:

rgba(r,g,b,alpha);

其中,r、g、b 分别表示红、绿、蓝三原色所占的比重,取值一般为 0～255 的正整数;alpha 表示不透明度,取值在 0～1 之间,取值为 1 时,与 RGB 色彩模式效果相同。

HSL 色彩模式是工业界的一种颜色标准,通过对色调(Hue)、饱和度(Saturation)、亮度(Lightness)三个颜色通道的改变以及他们相互之间的叠加来获得各种颜色,其语法格式为:hsl(<hue>,<saturation>,<lightness>);

其中<hue>表示色调,衍生于色盘,取值可以为任意值。该值除以 360 所得到的余数 0 表示红色,60 表示黄色,120 表示绿色,180 表示青色,240 表示蓝色,300 表示洋红色;<saturation>表示饱和度,表示色彩的浓度,即色彩的深浅程度,取值为 0%～100%,0%表示灰色,即没有使用该颜色,100%说明该颜色最鲜艳;<lightness>表示亮度,取值为 0%～100%,0%最暗,显示为黑色,100%最亮,显示为白色。

HSLA 色彩模式是 HSL 色彩模式的延伸,在色调、饱和度、亮度三要素基础上增加了不透明度参数 alpha,alpha 取值在 0～1 之间,取值为 1 时,与 HSL 色彩模式效果相同。

如实例 7_42.html 所示,为页面设置了一个背景图像,使用 HSLA 色彩模式设置 p 元素的背景颜色不透明度逐步增加,核心样式代码如下:

```
< style type = "text/css">
body{background:url(img/pic22.jpg) center top no-repeat;}
p { font-size:28px; color: #800;}
p:nth-child(3) { background:hsla(40,60%,40%,0.1);}
p:nth-child(4) { background:hsla(40,60%,40%,0.2);}
p:nth-child(5) { background:hsla(40,60%,40%,0.4);}
p:nth-child(6) { background:hsla(40,60%,40%,0.6);}
p:nth-child(7) { background:hsla(40,60%,40%,0.8);}
p:nth-child(8) { background:hsla(40,60%,40%,1);}
</style>
```

在 Chrome 浏览器中运行效果如图 7-50 所示。读者也可以利用 RGBA 色彩模式自行修改查看效果。

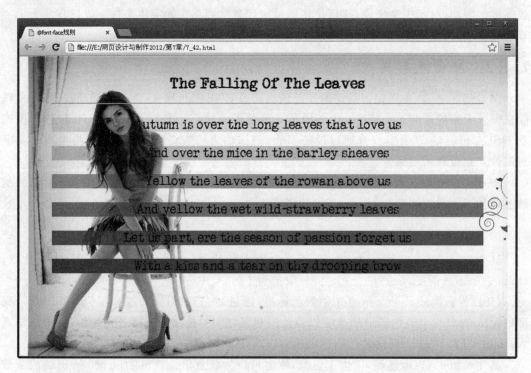

图 7-50　HSLA 半透明效果

这里要注意的是，在 CSS 3 中即可以通过 alpha 通道或专门的 opacity 属性设定透明度，其取值都在 0～1.0 之间，0 表示完全透明，1 表示不透明。使用 alpha 通道设定透明度时，可以单独针对元素的背景色和文字颜色等指定透明度，而 opacity 属性只能指定整个元素的透明度。如实例 7_43.html 所示，将实例 7_42.html 中利用 HSLA 色彩模式样式采用 opacity 属性修改如下：

```
< style type = "text/css">
body{background:url(img/pic22.jpg) center top no - repeat;}
p { font - size:28px; color: #800;}
p:nth - child(3) { opacity:0.1;}
p:nth - child(4) { opacity:0.2;}
p:nth - child(5) { opacity:0.4;}
p:nth - child(6) { opacity:0.6;}
p:nth - child(7) { opacity:0.8;}
p:nth - child(8) { opacity:1;}
</style >
```

在 Chrome 浏览器中的运行效果如图 7-51 所示，读者可对比看出两者的不同效果。

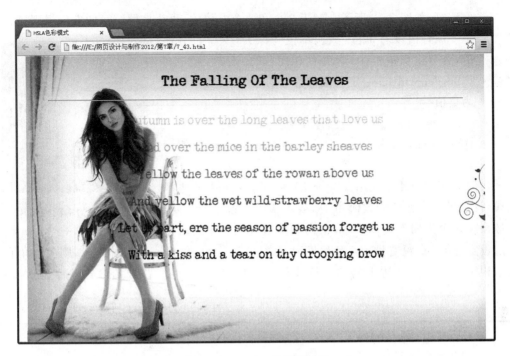

图 7-51　opacity 半透明效果

7.4.3　边框

网页中的边框是最常用的网页美化手法之一,在 CSS 3 之前,页面边框比较单调,一些丰富的边框效果通常都是利用背景或直接插入图片的方式来实现的。在 CSS 3 中新增了一些边框样式,用户可以直接实现诸如图像边框、圆角边框和多色边框等效果。

1. 图像边框 border-image

在 CSS 3 之前,如果要使用图像边框,通常的做法是将边框的每个角或每条边单独做成一张图,并转而使用背景图像的方式模拟实现边框,这种做法实质上没有涉及边框本身的属性。CSS 3 中新增了 border-image 属性,可以让处于动态的元素边框统一使用一个图像文件,浏览器在显示图像边框时,自动将所使用的图像按照"九宫格"模型分割进行处理,必要时还可以进行平铺或伸缩,如此一来,实现图像边框就容易得多。目前,主流浏览器在使用 border-image 时仍需要添加私有前缀才可以支持应用。

border-image 是一个复合属性,包含有多个派生子属性,类似于 CSS 2 中的 background 属性,用法比较复杂,其属性值包括图像源、剪裁位置、边框宽度和重复性等,语法格式如下:

border－image: < image－source>|< image－slice>|< border－width>|< image－repeat>;

取值说明如下。

- <image-source>:使用绝对或相对 URL 地址指定边框的图像源,也可以设置不使用图像,即默认值 none。

- <image-slice>:剪切边框图像大小。属性值通常包含 4 个参数,遵循 CSS 方位规则,按照上、右、下、左的顺时针方向逐个赋值剪切,即可定义出 9 个切片进行边框图像渲染,如图 7-52 所示。对于 2 个和 3 个参数的,也会按照统一的方位规则进行解释。属性值没有单位,默认单位为像素,支持百分比值,百分比总是相对于边框图像而言的。

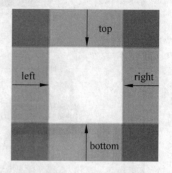

- <border-width>:定义图像边框的宽度,长度不可以为负值。
- <image-repeat>:定义图像边框的展现方式,包括拉伸(stretch)、平铺(round)和重复(repeat),默认值为拉伸。

图 7-52　边框图像切片

实例 7_44. html 中使用了一个 $72px \times 72px$ 大小的边框图像,设置了一个剪切参数值为 18,表示 4 个参数完全相同,图像会在 4 个方向上均以 18px 的内偏移量分割图像。边框宽度设置为 18px,没有设置切片的显示方式,默认值为 stretch,即拉伸显示,则 4 个角直接显示相应的切片,4 个边上的切片拉伸显示,中间的切片也以背景的形式拉伸显示,代码如下:

```
<title>图像边框</title>
< style type = "text/css">
body { background:url( img/pic22. jpg) top center no – repeat;}
h1 { font – size:48px;text – shadow:0 0 0.2em ♯F87,0 0 0.2em ♯F87;}
div {
    margin:0 auto;
    width:540px;
    height:360px;
    text – align:center;
    – webkit – border – image:url( img/borderimage1. png) 18/18px;
    – moz – border – image:url( img/borderimage1. png) 18/18px;}
</style>
< body >
< div > < h1 >图像边框</ h1 > </ div >
</ body >
```

在 Chrome 浏览器中的运行效果如图 7-53 所示。

由图 7-53 可以看出,在使用 border-image 属性的时候,仍然可以正常地使用背景图像,但是为了防止边框图像遮挡背景图像,需要使用中间为透明的边框图像,否则背景图像将会被边框图像中央遮挡一部分。

2. 圆角边框 border-radius

CSS 3 中新增了 border-radius 属性用来设计边框的圆角,比起传统的必须使用多张背景图片生成圆角的方案,使用该属性可以轻松实现圆角生成的功能。目前,部分主流浏览器不需要添加私有前缀即可支持该属性。其语法格式如下:

border – radius: none|< length >{1,4} [/< length >{1,4}];

其中,参数<length>由数字和单位标识符组成,不可为负值。该值分两组,每组可以

图 7-53 图像边框效果

设置 1~4 个值。如果"/"前后的值都存在,那么"/"前面的值为水平半径,"/"后面的值为垂直半径;如果没有"/",表示水平和垂直半径相等。所设置的 4 个圆角半径是按照 top-left、top-right、bottom-right、bottom-left 的顺序来设置的。如实例 7_45.html 中,设置 border-radius 值有两个,第一个值表示左上角和右下角的半径;第二个值表示右上角和左下角的半径,通过 border 设置边框种类为 dashed,代码如下:

```
< style type = "text/css">
body { background:url( img/pic22.jpg) top center no-repeat;}
h1 { font-size:48px;text-shadow:0 0 0.2em #F87,0 0 0.2em #F87;}
div {
    margin:0 auto;
    width:540px;
    height:360px;
    text-align:center;
    border:5px dashed #C60;
    border-radius:150px 50px;}
</style>
< body >
< div >< h1 >圆角边框</h1 ></ div >
</body >
```

在 Chrome 浏览器中的运行效果如图 7-54 所示。

3. 多色边框 border-color

border-color 属性在 CSS 中早有定义,用于设置边框的颜色,但在 CSS 3 中增强了该属

图 7-54　圆角边框效果

性的功能,使用它可以为边框设置更多的颜色,从而直接设计出渐变等丰富的边框效果。其语法格式如下:

border - color: <color>;

其中,属性值<color>是颜色值,支持不透明参数设置。不设置边框颜色时,默认为透明值 transparent。该属性本身可定义 1~4 种颜色,也可以利用派生子属性 border-top-color、border-right-color、border-bottom-color、border-left-color 分别为各个边框指定颜色,但指定多种颜色的功能,目前只有 Firefox 浏览器有私有属性支持。如实例 7_45. html 中,使用深色和浅色交错设计,模拟出凸凹的立体边框效果,样式代码如下:

```
<style type = "text/css">
div {
    margin:0 auto;
    width:540px;
    height:360px;
    text - align:center;
    border:15px solid;
    - moz - border - top - colors: #CCC #C93;
    - moz - border - right - colors: #C93 #CCC;
    - moz - border - bottom - colors: #C93 #CCC;
    - moz - border - left - colors: #CCC #C93;}
</style>
```

在 Chrome 浏览器中边框显示为黑色，在支持私有属性的 Firefox 浏览器中运行效果如图 7-55 所示。

图 7-55　Firefox 中多色立体边框效果

7.4.4　图像及背景

1. 图像

CSS 3 中可以为图像设计投影效果，即 CSS Reflections。这种效果在传统设计中只能够通过 Photoshop 等图像处理软件预先设计后再导入到网页中，而在 CSS 3 中编写一行代码就可以轻松实现。目前，CSS Reflections 仅获得基于 webkit 引擎浏览器的支持，其语法格式如下：

```
- webkit - box - reflect: <direction> <offset> <mask - box - image>;
```

其中，<direction>定义反射方向，取值包括 above、below、left 和 right；<offset>定义反射偏移的距离，取值可以为数值或百分比，如果省略则默认为 0；<mask-box-image>定义遮罩图像，该图像将覆盖投影区域；如果省略则默认为无遮罩图像，也可以设置渐变色覆盖或纯色覆盖。

不仅是图片可以设计投影，在网页中任何对象都可以应用 CSS Reflections，甚至包括视频等多媒体界面也支持该属性。当鼠标经过对象上时，也能够在投影中看到鼠标效果。如实例 7_46.html 所示，其核心样式代码如下：

```
< style type = "text/css">
div {
    marqin:0 auto;
    width:1000px;
    height:300px;
```

```
    text-align:center;
    background:url(img/pic22.jpg) top center no-repeat;
    -webkit-box-reflect:below;}
</style>
```

在 Chrome 浏览器中运行效果如图 7-56 所示。

图 7-56　投影效果

2. 背景

关于背景 background 属性的用法,相信读者都已经非常熟悉了。在 CSS 3 中依然保持以前的用法,并新增了三个派生的子属性,包括 background-clip、background-origin 和 background-size,下面重点阐述这三个子属性的应用。

background-clip 属性定义背景图像的显示范围或裁剪区域,其语法格式如下:

```
background-clip:border-box|padding-box|content-box;
```

其中,border-box 为默认值,表示背景从 border 区域向外裁剪,超出部分将被裁剪掉;padding-box 表示背景从 padding 区域向外裁剪,超出 padding 区域将被裁剪掉;content-box 表示背景从 content 区域向外裁剪,超出 content 区域将被裁剪掉。各种浏览器对该属性的兼容不同,部分浏览器仍需要添加私有前缀才可以获得支持。

如实例 7_47.html 所示,在页面中有三个带背景图像的 div 元素,使用 background-clip 不同属性值对比裁剪背景的功能,代码如下:

```
<style type="text/css">
body { text-align:center; color:#F00; line-height:1.5em;}
div {
```

```
        margin:0 auto;
        width:740px;
        height:180px;
        border:15px dashed #393;
        padding:15px;
        background:url(img/pic23.jpg);}
#clip1{-webkit-background-clip:border-box; background-clip:border-box;}
#clip2{-webkit-background-clip:padding-box; background-clip: padding-box;}
#clip3{-webkit-background-clip:content-box; background-clip: content-box;}
</style>
</head>

<body>
<div id="clip1"></div>属性值 border-box 效果<hr/>
<div id="clip2"></div>属性值 padding-box 效果<hr/>
<div id="clip3"></div>属性值 content-box 效果
</body>
```

在 Chrome 浏览器中的运行效果如图 7-57 所示。

图 7-57　background-clip 属性取值效果对比

background-clip 属性虽然非常实用，但通常情况下并不单独使用，常和 background-origin 属性一起使用。

background-origin 属性用来定义 background-position 属性的参考定位起点。在网页中，如果要给图像定位，可以使用 background-position 属性，但这个属性总是以元素左上角为坐标原点进行背景图像定位。使用 background-origin 属性可以任意定位图像的起始位置。它的语法格式如下。

background – origin: border – box|padding – box|content – box;

其中，border-box 为默认值，表示从边框区域开始显示背景；padding-box 表示从补白区域开始显示背景；content-box 表示仅在内容区域显示背景。

background-origin 和 background-clip 属性一样，都包含有 border-box、padding-box 和 content-box 三个参数，那么它们有什么区别呢？这里读者首先要明白的是，对于任何元素，都会包含 4 个区域和 4 个边沿，即边界区域、边框区域、补白区域和内容区域，以及边界边缘、边框边缘、补白边缘和内容边缘。

对于 background-clip 来说，它主要用于判断 background 是否包含 border 区域。如果取值为 border，则背景裁剪的是整个 border 区域；如果取值是 padding，则背景会忽略 padding 边缘，而且 border 是透明的。

对于 background-origin 来说，它主要用于决定 background-position 计算的参考位置。如果取值为 border，则在 border 边缘显示；如果取值是 padding，则背景图像的位置在 padding 边缘显示；如果取值是 content，则背景图像以内容边缘作为起点。

如果 background-clip 取值为 padding，background-origin 取值为 border，且 background-position 取值为"top left"默认值，则背景图左上角将会被裁剪掉部分，实例 7_48. html 通过对 div 元素指定背景图像样式进行了证明，代码如下：

```css
< style type = "text/css">
body { text – align:center; color:#F00; line – height:1.5em;}
div {
    margin:0 auto;
    width:540px;
    height:342px;
    border:10px dashed #393;
    padding:10px;
    background:url(img/pic24.jpg) top left no – repeat;}
#clip1 { – webkit – background – clip:padding; – webkit – background – origin:border – box;}
</style>
</head>
< body >
< div id = "clip1"> </div>
</body>
```

在 Chrome 浏览器中的运行效果如图 7-58 所示。

background-size 属性是 CSS 3 新增的比较实用的属性，用于指定背景图像的尺寸，使

图 7-58　background-clip 与 background-origin 综合使用

用它可以随心所欲地控制背景图像的显示大小,而在之前的 CSS 版本中,背景图像大小是不可控的,要填充元素背景区域只能通过设计更大背景图像或者平铺填充的方式。该属性在目前主流浏览器中通过添加私有前缀都可获得支持,其语法格式如下:

background - size: < length > | < percentage > | auto | cover | contain;

其中,<length>为数字和单位标识符组成的长度值,不可为负值,第一个值指定背景图像宽度,第二个值指定背景图像高度,如果只设置一个值,则第二个值默认为 auto;<percentage>为百分值;auto 为默认值,保持背景图像原有的宽度和高度;cover 保持图像本身的宽高比,将图像缩放正好完全覆盖所定义背景的区域;contain 保持图像本身的宽高比,将图像缩放到宽度或高度正好适应所定义背景的区域。

background-size 在使用时,如果要维持图像宽高比例的话,可以在设定图像宽度或高度一个参数的同时,将另一个参数设定为 auto 即可。

7.5　CSS 3 变形及过渡特效

在网页设计中,CSS 被习惯于理解为擅长表现静态样式,动态的元素必须借助于 Flash 或 JavaScript 才可以实现,CSS 3 将来改变这一思维方式。CSS 3 除了增加很多革命性的创新功能外,还提供了对动画的支持,可以实现显示旋转、缩放、移动、倾斜和过渡效果等,这些功能再一次证明了 CSS 功能的强大和无限潜能。

7.5.1　CSS 变形效果

CSS 3 实现元素变形的基础,来源于新增的 transform 属性,该属性可用于实现元素的旋转、缩放、移动、倾斜等变形效果。目前 WebKit 引擎支持-webkit-transform 私有属性,

Mozilla Gecko 引擎支持-moz-transform 私有属性,Presto 引擎支持-o-transform 私有属性,IE 浏览器支持-ms-transform 私有属性。transform 的语法格式如下:

```
transform: none|< transform - function >;
```

其中,none 为默认值,表示不设置元素变形;<transform-function>设置变形函数,可以是一个或多个变形函数列表,包括旋转(ratote())、缩放(scale())、移动(translate())、倾斜(skew())、矩阵变形(matrix())等,设置多个变形函数时用空格间隔。

这里要注意的是,元素在变形过程中,仅元素的显示效果变形,实际尺寸并不会改变,变形可能会超出原有的限定边界,但不会影响自身尺寸和其他元素的布局。

1. 旋转

ratote()函数能在二维空间内旋转指定的元素,其语法格式为:

```
ratote(< angle >);
```

通过接受一个单位为 deg 的旋转角度,从而实现对指定元素旋转一定幅度。旋转的对象可以是内联元素和块级元素,旋转角度为正时,表示顺时针选择;值为负时,表示逆时针旋转。如实例 7_49. html 所示,代码如下:

```
< title > CSS 变形之旋转</title >
< style type = "text/css">
body{background:url(img/pic25.jpg) top center no - repeat;}
ul {
    margin:60px auto;
    width:960px;
    text - align:center;
    list - style:none;
    line - height:32px;
    font - size:20px;}
li {
    width:150px;
    float:left;
    margin:2px;
    background: #DD2;
    line - height:32px;}
a {
    display:block;
    text - align:center;
    height:30px;
    color: #663;
    text - decoration:none;}
a:hover {
    background - color: #C90;
    color: #FFF;
    - webkit - transform:rotate(30deg);
    - moz - transform:rotate(30deg);
    transform:rotate(30deg);}
```

```
</style>
</head>
< body >
< ul >
< li > < a href = " # ">首页</a> </li >
< li > < a href = " # ">清音流年</a> </li >
< li > < a href = " # ">芳华流年</a> </li >
< li > < a href = " # ">匆匆过客</a> </li >
< li > < a href = " # ">每时每刻</a> </li >
< li > < a href = " # ">离别</a> </li >
</ul >
</body >
```

在 Chrome 浏览器中运行,当鼠标经过超链接时,菜单会旋转 30deg 的角度,显示效果如图 7-59 所示。

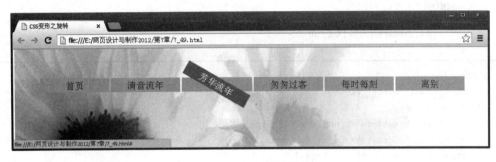

图 7-59　CSS 旋转效果

2. 缩放和翻转

scale()函数可以实现元素在二维空间的缩放和翻转,该函数有两个参数值,分别用来定义宽和高的缩放比例,语法格式为:

scale(< x >,< y >);

其中,< x >,< y >取值可为整数、小数和负数,当取值为负值时,元素会被翻转。如果< y >值省略,则垂直和水平方向缩放倍数相同。如实例 7_50.html 所示放大菜单的效果。当鼠标经过时,菜单会放大到原来的 1.25 倍,在垂直方向上放大并且翻转。核心样式代码如下:

```
a:hover {
    background - color: #C90;
    color: #FFF;
    - webkit - transform: scale(1.25, -1.25);
    - moz - transform:scale(1.25, -1.25);
    transform:scale(1.25, -1.25);}
```

在 Chrome 浏览器中运行效果如图 7-60 所示。

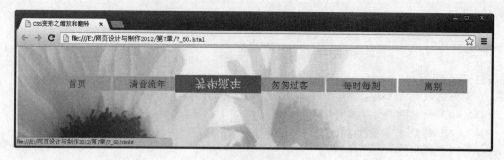

图 7-60   CSS 缩放及翻转效果

3. 移动

移动是指元素相对于原来坐标发生偏移,函数为 translate()。该函数包括两个参数值,分别表示元素在水平方向和垂直方向上的偏移距离,语法格式为:

translate(<dx>,<dy>);

如实例 7_51.html 所示,代码如下:

```
a:hover {
    background-color:#C90;
    color:#FFF;
    -webkit-transform:translate(10px,5px);
    -moz-transform:translate(10px,5px);
    transform:translate(10px,5px);}
```

在 Chrome 浏览器中运行效果如图 7-61 所示。

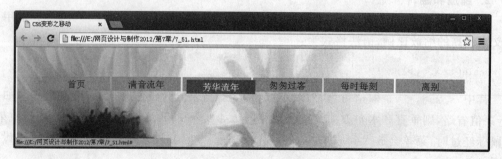

图 7-61   CSS 移动效果

4. 倾斜

skew()函数用于定义元素在二维空间的倾斜变形,其语法规则为:

skew(<angleX>,<angleY>);

其中,<angleX>,<angleY>分别表示元素在空间 X 轴和 Y 轴上的倾斜角度,角度单位为 deg。角度为正值时,表示顺时针旋转;角度为负值时,表示逆时针旋转。如果 <angleY>省略,则说明垂直方向上的倾斜角度默认为 0deg。如实例 7_52.html 所示,当鼠标经过时，显示一个倾斜的菜单效果，代码如下：

```
a:hover {
    background - color:#C90;
    color:#FFF;
    - webkit - transform: skew(30deg, - 10deg);
    - moz - transform:skew(30deg, - 10deg);
    transform:skew(30deg, - 10deg);}
```

在 Chrome 浏览器中运行效果如图 7-62 所示。

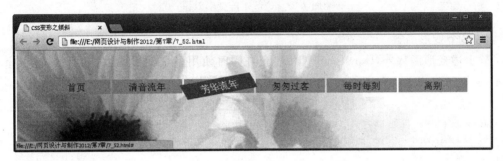

图 7-62　CSS 倾斜效果

5. 矩阵变形

CSS 3 中引入了 matrix() 函数，利用高等数学中的矩阵概念来实现各种变形效果。其语法格式如下：

```
matrix(< m11 >,< m12 >,< m21 >,< m22 >,< dx >,< dy >);
```

该函数中包括 6 个参数，均为可计算的数值，组成一个变形矩阵，与当前元素旧的参数运算，从而形成新的矩阵。该变形矩形的形式如下：

$$\begin{vmatrix} m11 & m21 & dx \\ m21 & m22 & dy \\ 0 & 0 & 1 \end{vmatrix}$$

矩形的变形比较复杂，读者需要了解相关数学运算知识，前面所讲授的旋转 $rotate(A)$，相当于矩阵 $matrix(cosA, sinA, -sinA, cosA, 0, 0)$，缩放 $scale(x, y)$ 相当于矩阵 $matrix(x, 0, 0, y, 0, 0)$，移动 $translate(dx, dy)$ 相当于矩阵 $matrix(1, 0, 0, 1, dx, dy)$。使用矩阵变形，使元素的变形更加灵活。如实例 7_53.html 演示了一个矩阵变形的菜单效果，代码如下：

```
a:hover {
    background - color:#C90;
    color:#FFF;
    - webkit - transform: matrix(1,0.4,0,1,0,0);
    - moz - transform:matrix(1,0.4,0,1,0,0);
    transform:matrix(1,0.4,0,1,0,0);}
```

在 Chrome 浏览器中的运行效果如图 7-63 所示。

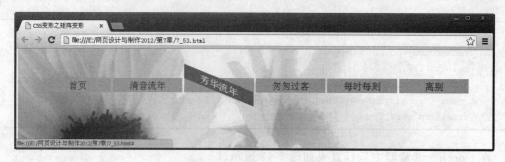

图 7-63　CSS 矩阵变形效果

6. 多个变形函数

除上述变形函数外,transform 属性还允许同时使用多个变形函数,如实例 7_54. html 所示,就同时应用了旋转和移动变形,样式代码如下:

```
a:hover {
    background - color: #C90;
    color: #FFF;
    - webkit - transform: rotate(15deg) translate(20px,10px);
    - moz - transform:rotate(15deg) translate(20px,10px);
    transform:rotate(15deg) translate(20px,10px);}
```

在 Chrome 浏览器中的运行效果如图 7-64 所示。

图 7-64　多个变形函数效果

7. 定义变形原点

transform 属性默认的变形原点是基于元素的中心点的,CSS 3 提供的 transform-origin 属性还可以指定这个变形原点的位置,这个位置可以是元素中心点以外的任意位置,其语法格式如下:

transform - origin: <x - axis> <y - axis>;

其中,<x-axis>和<y-axis>分别用于定义变形原点的横坐标和纵坐标位置,默认值均为 50%。<x-axis>取值包括 left、center、right、百分比及长度值,<y-axis>取值包括 top、middle、bottom、百分比及长度值。百分比是相对元素本身的宽度和高度而言的,该坐标位置的计算,是以元素左上角为坐标原点进行计算的。目前,各主流浏览器在使用该属性使仍然需要添加私有前缀获得支持。如实例 7_55.html 所示,同样矩阵变形,修改定义元素变形的原点为元素的左上角位置,代码如下:

```
a {
    display:block;
    text - align:center;
    height:30px;
    color: #663;
    text - decoration:none;
    - webkit - transform - origin:0 0;
    - moz - transform - origin:0 0;
    transform - origin:0 0;}
a:hover {
    background - color: #C90;
    color: #FFF;
    - webkit - transform: matrix(1,0.4,0,1,0,0);
    - moz - transform:matrix(1,0.4,0,1,0,0);
    transform:matrix(1,0.4,0,1,0,0);}
```

在 Chrome 浏览器中的运行效果如图 7-65 所示。

图 7-65　定义变形原点

7.5.2　CSS 过渡特效

7.5.1 节中的 transform 属性所实现的元素变形,只能呈现变形结果,而 CSS 3 提供的 transition 属性呈现的是一种过渡,简单地说,就是一种动画的转换过程,使元素变形变得比较平滑。其语法格式如下:

transition: transition - property | transition - duration | transition - timing - function | transition - delay;

其中,transition-property 用于指定过渡的属性;transition-duration 用于指定过渡过程需要的时间;transition-timing-function 用于定义过渡的方式;transition-delay 用于指定过渡延时。transition 属性定义一组过渡效果,需要同时设置 4 个方面的参数,而且各个参数的顺序不可以颠倒,必须按顺序定义。还可以同时定义多组过渡效果,每组用逗号间隔。

目前 WebKit 引擎支持-webkit-transition 私有属性,Mozilla Gecko 引擎支持-moz-

293

transition 私有属性,Presto 引擎支持-o-transition 私有属性,IE 浏览器暂不支持该属性。

如实例 7_56. html 中,为超链接的样式变化设置了过渡特效,并在:hover 事件中设置了矩阵变形,核心样式代码如下:

```css
< style type = "text/css">
a {
    display:block;
    text - align:center;
    height:30px;
    color: #663;
    text - decoration:none;
     - webkit - transform - origin:0 0;
     - moz - transform - origin:0 0;
    transform - origin:0 0;
     - webkit - transition:all 1000ms linear 100ms;
     - moz - transition:all 1000ms linear 100ms;
    transition:all 1000ms linear 100ms;}
a:hover {
    background - color: #C90;
    color: #FFF;
     - webkit - transform: matrix(1,0.4,0,1,0,0);
     - moz - transform:matrix(1,0.4,0,1,0,0);
    transform:matrix(1,0.4,0,1,0,0);}
</style >
```

在 Chrome 浏览器中可以查看运行效果如图 7-66 所示。有了过渡效果,元素才算实现了动画变形效果。

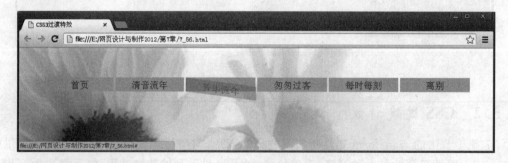

图 7-66　过渡过程效果

transition 是一个复合属性,其包括了 4 个子属性：transition-property 属性、transition-duration 属性、transition-timing-function 属性和 transition-delay 属性,每个属性都可以单独定义过渡效果的一部分,下面分别举例阐述。

1. 指定过渡的属性 transition-property

transition-property 子属性用来定义过渡的 CSS 属性名称,其语法格式如下：

```css
transition - property: none|all|< property >;
```

其中,none 表示没有任何 CSS 属性有过渡效果;all 为默认值,表示所有 CSS 属性都有过渡效果;<property>指定有过渡效果的 CSS 属性列表,多个属性之间用逗号隔开。如实例 7_57.html 指定有过渡效果的属性为背景颜色,当鼠标经过 div 对象时,背景从一种颜色♯FC3 过渡到另一种颜色♯960,过渡过程所耗费的时间为 2s,代码如下:

```
< style type = "text/css">
div {
        margin:0 auto;
        width:600px;
        height:200px;
        background - color: ♯FC3;}
div:hover {
        background - color: ♯960;
        - webkit - transition - property:background - color;
        - moz - transition - property:background - color;
        - webkit - transition - duration:2s;
        - moz - transition - duration:2s;}
</style>
</head>
< body >
< div > </div >
</body >
```

背景过渡前后的效果对比如图 7-67 所示。

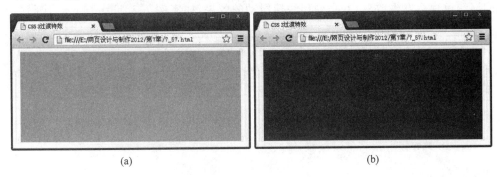

(a)   (b)

图 7-67　背景色过渡动画效果

2. 指定过渡的时间 transition-duration

transition-duration 子属性用于定义过渡过程中需要的时间,语法如下:

transition - duration: < time >;

其中,参数<time>为一个用逗号分隔的时间值列表,单位为秒(s)或毫秒(ms),默认情况下为 0,所以指定元素动画时,会看不到过渡的过程,看到的直接是结果。

3. 指定过渡的方式 transition-timing-function

transition-timing-function 子属性用于定义元素过渡的方式,是一个速度曲线。语法如下:

transition – timing – function: ease|linear|ease – in|ease – out|ease – in – out|cubic – bezier;

取值说明如下。

- ease：为默认值，表示过渡的速度先慢、再快、最后非常慢，是缓解效果，相当于 cubic-bezier(0.25,0.1,0.25,1)函数。
- linear：表示过渡一直是一个速度，是线性效果，相当于 cubic-bezier(0.0,0.0,1.0, 1.0)函数。
- ease-in：表示过渡的速度先慢、后越来越快，直至结束，是渐显效果，相当于 cubic-bezier(0.42,0,1.0,1.0)函数。
- ease-out：表示过渡的速度先快、后越来越慢，直至结束，是渐隐效果，相当于 cubic-bezier(0,0,0.58,1.0)函数。
- ease-in-out：表示过渡的速度在开始和结束时候都很慢，是渐显渐隐效果，相当于 cubic-bezier(0.42,0,0.58,1.0)函数。
- cubic-bezier 自定义贝塞尔曲线效果，由 4 个从 0～1 的数字作为参数。

4. 指定过渡延迟时间 transition-delay

transition-delay 用于定义过渡动画的延迟时间，其语法格式为：

transition – delay: < time >;

其中，<time>指定一个用逗号分隔的时间列表，单位是秒(s)或毫秒(ms)。默认情况下是 0，即没有时间延迟，立即开始过渡效果。

综合利用上面所讲授的各个过渡属性，完成一个纵向的菜单，当鼠标经过菜单时，菜单会加长，颜色也会发生改变，并呈现出快速滑动的效果，如实例 7_58.html 所示，代码如下：

```
< style type = "text/css">
body{background:url(img/pic26.jpg) top center no – repeat;}
ul{
    margin:100px;
    font – size:18px;
    list – style:none;
    width:350px;
}
li{
    width:200px;
    line – height:30px;
    height:30px;
    margin:1px;
    background – color: #F4BB2C;
    text – align:left;
    border – radius:0 15px 15px 0;
    border – left:5px solid #03C;
    – webkit – transition:all 1s ease – out;
    – moz – transition:all 1s ease – out;}
li a{
    display:block;
    text – decoration:none;
```

```
        font - size:18px;
        padding - left:20px;
        color: ♯333;}
li:hover{
        background - color: ♯39F;
        width:280px;
        - webkit - transition:all 200ms linear;
        - moz - transition:all 200ms linear;}
li:hover a{
        color: ♯FFF;}
</style >
< body >
< ul >
< li > < a href = "♯">首页</a > </li >
< li > < a href = "♯">清音流年</a > </li >
< li > < a href = "♯">芳华流年</a > </li >
< li > < a href = "♯">匆匆过客</a > </li >
< li > < a href = "♯">每时每刻</a > </li >
< li > < a hret = "♯">离别</a > </li >
</ul >
</body >
```

在 Chrome 浏览器中的运行效果如图 7-68 所示。

图 7-68　纵向滑动菜单效果

7.5.3　CSS 动画效果

　　CSS 3 除了支持元素变形和过渡特效外,还提供了 animation 属性支持更为复杂的动画效果。与过渡效果类似,CSS 3 动画效果都是通过不断改变元素的属性值来实现动画效果的。它们的区别在于,使用过渡效果只能通过属性指定开始状态和结束状态,而不能对过渡中间的状态进行控制;而使用 animation 属性则可以通过关键帧来定义动画中的各个状态,从而实现对复杂动画效果的控制。

在使用动画效果之前,必须先定义关键帧,一个关键帧就是动画过程中的一个状态。CSS 3 通过@keyframes 属性来创建关键帧的集合,其语法格式如下:

```
@keyframes animationname{
        keyframes - selector { css - styles;}
        }
```

其中,animationname 表示当前动画的名称,是作为引用与动画属性 animation 绑定时的唯一标识,不能为空;keyframes-selector 为关键帧选择器,指定动画持续时间的百分比,也可以是 from 和 to。from 和 0%效果相同表示动画的开始,to 和 100%效果相同表示动画的结束。一旦使用百分比,必须定义一个才能实现动画效果。css-styles 用于定义当前关键帧所对应的动画状态,由 CSS 样式属性定义,多个属性之间用分号分隔,不能为空。

目前,对于 WebKit 引擎浏览器需要使用@-webkit-keyframes 属性,对于 Gecko 引擎浏览器需要使用@-moz-keyframes 属性。如下代码即为定义一个淡入淡出动画效果。

```
@keyframes myslip {
        from,to {opacity: 0;}
        20%,80%{opacity: 1}
        }
```

动画在开始和结束时元素完全透明不可见,然后渐渐淡入,在动画的 20%时变得完全不透明,可见状态一直保持到 80%,再慢慢淡出。

使用@keyframes 属性创建好动画关键帧之后,然后就可以利用 animation 属性应用到任何页面元素上了。animation 是一个复合属性,包含的子属性主要有 animation-name、animation-duration、animation-timing-function、animation-delay、animation-iteration-count、animation-direction。下面分别进行阐述。

1. animation-name 属性

animation-name 属性用来指定动画名称,该名称是一个动画关键帧名称,由@keyframes 规则定义。语法格式为:

animation - name:<keyframesname>|none;

如果动画关键帧的名称是 none,则不会显示任何动画效果。

2. animation-duration 属性

animation-duration 属性用于指定整个动画完成所需要的时间,即动画播放的周期时间。语法格式为:

animation – duration: < time >;

其中,参数<time>单位为秒(s)或毫秒(ms),默认值为 0,表示没有动画。

3. animation-timing-function 属性

animation-timing-function 属性用于定义动画的播放方式,其参数取值及含义与 transition-timing-function 属性相同,可以为 ease、linear、ease-in、ease-out、ease-in-out 和 cubic-bezier。

4. animation-delay 属性

animation-delay 属性用于定义执行动画效果之前延迟的时间,时间长度单位为秒(s)或毫秒(ms),默认值为 0,表示没有延迟。

5. animation-iteration-count 属性

animation-iteration-count 属性用于定义动画循环播放的次数,其参数是一个整数,默认值为 1,表示动画只播放一次,如果该参数为 infinite,则表示动画无限地重复播放。

6. animation-direction 属性

animation-direction 属性用于定义当前动画效果循环播放的方向,其语法格式为:

animation – direction: normal|alternate;

其中,normal 为默认值,表示动画按照关键帧设定的方向播放;如果值为 alternate,表示动画播放到最后位置时将反向播放,即从最后状态逆向播放到最初状态。

如实例 7_59. html 中,借助 animation 属性设计图片自动翻转效果,核心样式代码如下:

```
< style type = "text/css">
@ – webkit – keyframes x – spin{
    0 % { – webkit – transform:rotateX(0deg);}
    50 % { – webkit – transform:rotateX(180deg);}
    100 % { – webkit – transform:rotateX(360deg);}}
div {
    margin:0 auto;
    width:634px;
    height:396px;
    background:url(img/pic27. jpg) center no – repeat;
     – webkit – transform – style:preserve – 3d;
     – webkit – animation – name:x – spin;
     – webkit – animation – duration:20s;
     – webkit – animation – iteration – count:infinite;
     – webkit – animation – timing – function:linear;}
</style>
```

在 Chrome 浏览器中运行效果如图 7-69 所示。

图 7-69　CSS 3 动画效果

7.6　上机实践

（1）利用所给出的文字和图片，完成如图 7-70 所示的多列版式布局效果。

图 7-70　多列版式布局效果

（2）请设计如图7-71所示的一个管理员登录页面，当鼠标经过输入框时，利用 HSLA 色彩模式改变颜色。

图 7-71　管理员登录页面

（3）利用盒布局完成如图7-72所示的一个典型的网页布局设计，要求当改变窗口大小时，能继续保持网页总体布局的完整性。

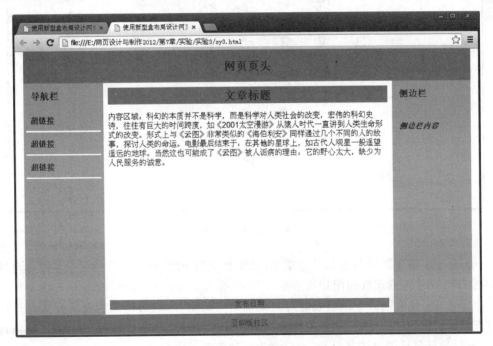

图 7-72　典型的网页布局设计

（4）设计如图 7-73 所示的一个登录窗口，要求当鼠标单击登录区域和按钮时，均显示黄色外轮廓线，并允许用户改变登录窗口的大小。

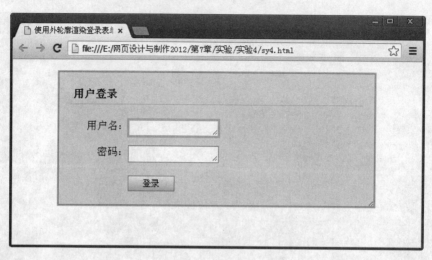

图 7-73　登录窗口

（5）利用给定的 sy5.ttf 字体文件，使用 @font-face 规则修饰字体，制作完成如图 7-74 的网页效果。

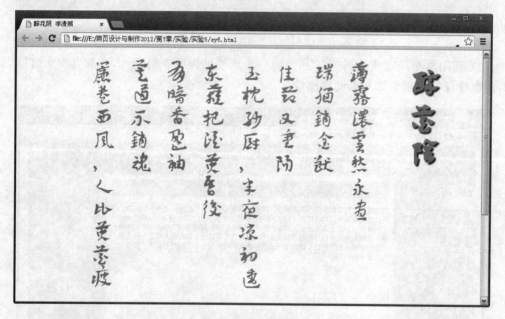

图 7-74　网页效果

（6）利用本章中所学到的 CSS 3 变形、过渡及动画知识，利用给定的背景和图片素材完成如图 7-75 所示随意摆放的图片墙效果。

提示步骤：先在网页中以列表的形式添加给定的图片，然后再设置背景样式盒整体的尺寸布局，设置链接显示为块级元素方便变形，接着设置链接默认的倾斜和变形、动画过渡效果，最后设计鼠标划过链接时，图片调整为正常角度并放大显示。

图 7-75 随意摆放的图片墙效果

第8章 JavaScript

随着 Web 应用的发展和网页技术的不断进步,浏览器对网页的要求不再是简单的被动浏览,更希望进行人机交互,这就迫切地需要基于网络的程序的参与。网页中的程序分为服务器端程序和客户端(浏览器)程序,服务器端程序运行在网页服务器中,如 ASP、PHP 等;客户端(浏览器)程序则通过网页加载到客户端的浏览器后,才开始运行并显示效果。由 Netscape 公司开发的 JavaScript 就是一种基于对象和事件驱动的描述性脚本语言,可以非常自由地嵌入到 HTML 文件中,从而弥补了 HTML 只能提供静态资源的缺陷,实现可交互的 Web 网页。本章将提供 JavaScript 语言的学习,以 JavaScript 的使用方法和事件响应为主,力求让读者能够在自己的网页中使用脚本文件并能够理解它们的工作原理,从而形成通用的编程概念。

本章学习要点:
- JavaScript 简介
- JavaScript 的使用方法
- JavaScript 编程基础
- JavaScript 对象模型
- JavaScript 事件响应

8.1 JavaScript 简介

JavaScript 是目前最为流行的一种基于对象和事件驱动并具有安全性能跨平台的解释型脚本语言,通过将程序代码自由地嵌入 HTML/XHTML 文件中,从而用于开发交互性 Web 页面,主要用在客户端,由浏览器解析并运行。

JavaScript 采用的是小程序段的编程方式,与 HTML/XHTML 标识结合在一起,其语法构成与 C、C++、Java 类似,都包括 if 语句、while 循环、分支选择及顺序等结构,但仅是语法上的相似,与 C、C++,尤其是 Java 有着根本性的差别。JavaScript 语言的前身是 LiveScript,由 Netscape 公司引进了 Sun 公司有关 Jave 的程序概念,将自己原有的 LiveScript 重新进行设计,并改名得到 JavaScript。

JavaScript 主要基于客户端运行,浏览者打开带有 JavaScript 的网页,网页里的 JavaScript 就传送到浏览器进行处理,不需要和 Web Server 发生任何数据交换,从而不会增加服务器的负担。但是为了能够在浏览器中工作,浏览器需要启用 JavaScript,目前主要的浏览器都不会禁用 JavaScript,但部分较低版本浏览器仍然需要通过设置才能启用。

JavaScript 主要用于检测网页中的各种事件,并对事件的触发作出响应,而不需要经过 Web 服务程序,其主要功能包括以下几项。

- 响应事件进行交互。用户在浏览器中的操作称为事件，JavaScript 可以调用一段程序代码来响应这些事件。
- JavaScript 可以为 HTML 页面添加动态内容，可以实现动态的在网页中输出内容，还可以在网页中实现很多特效，如文字特效、控件特效、图片特效、页面特效等。
- JavaScript 可以操作表单，通过动态控制表单里的各种选项，实现不同的效果。一般用户输入的表单内容检测是否合法都是通过 JavaScript 来实现验证，这样可以减轻服务器的负担。
- JavaScript 可以创建 Cookie。Cookie 用于记录浏览者的有关信息，JavaScript 通过读取 Cookie 或表单的隐藏域的值，来记录浏览者的当前状态，从而为用户订制个性化的服务。

8.2 JavaScript 的使用及注释

8.2.1 JavaScript 的使用

JavaScript 脚本需要添加到网页的＜script＞…＜/script＞标签中。起始标签＜script＞中的 type 特性指示该元素的脚本语言的类型，对于 JavaScript 需要将该特性的值设置为 text/javascript。当浏览器解析到＜script＞标签时，计算机会自动调用 JavaScript 脚本引擎来解析代码内容，直至遇到＜/script＞标签为止。

一个网页文档能够包含的脚本数量是没有限制的，在网页中加入 JavaScript 有两种方法：直接在 HTML 中使用和调用外部 JavaScript 文档。下面分别针对这两种方法举例说明。

1. 直接在 HTML 中使用

JavaScript 代码直接在 HTML 中使用时可以放置在网页的＜head＞部分，脚本将在事件触发它们时被调用。也可以放置在网页的＜body＞部分，脚本将在网页加载时运行。如实例 8_1.html 所示，其代码如下：

```
< html >
< head >
< meta http - equiv = "Content - Type" content = "text/html; charset = UTF - 8">
< title >实例 8_1</title >
</head >
< body >
< script type = "text/javascript">
document.write("第一个 JavaScript 实例!")
</script >
< p >该行文本不属于 JavaScript 哦~</p >
</body >
</html >
```

该代码在浏览器中运行后的效果如图 8-1 所示。

代码中的 JavaScript 放置在＜body＞部分的＜script＞与＜/script＞标签之间，网页使

305

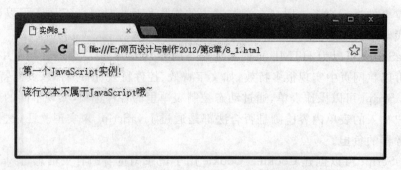

图 8-1　插入 JavaScript 代码

用 JavaScript 语言中 document 对象的 write()方法,该方法的作用是在网页中输出一行文字。write()方法不属于 HTML,只有调用了 JavaScript 脚本解析时才能够实现响应。如图 8-1 中第一行文本是 JavaScript 代码输出的文字,第二行则是 HTML 代码输出的文字。

这里要注意的是,和 C、C++、Java 等传统的编程语言不同,JavaScript 程序中每一行语句结束的分号是可选的,且 JavaScript 代码对大小写敏感,习惯了 HTML 中大小写混用的读者在编写代码时尤其要注意。

在运行 JavaScript 程序时,安全级别设置较高的浏览器会阻止网页中代码的运行,部分浏览器会提示一些警告信息,如图 8-2 所示。这时需要读者对警告信息作出一个响应,允许浏览器阻止的内容运行即可。

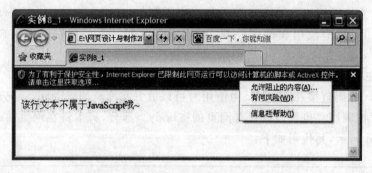

图 8-2　允许被浏览器阻止的代码运行

2. 调用外部 JavaScript 文档

有时候为了提高 JavaScript 代码的利用率,可以将 JavaScript 写在一个扩展名为.js 的外部文档中。这种做法类似于在 HTML 中编写一个外部样式表,在网页文档中通过调用这个 js 文件来实现动态效果。由于 JavaScript 放置在一个外部文件中,需要使用<script>元素的 src 属性来指向一个包含该脚本文件的 URL 地址。调用格式如下:

```
< script src = "xxx/xxx.js" type = "text/javascript">…</script>
```

在外部 js 文件内部直接保存的是 JavaScript 脚本文件,而不用再添加<script>标签。如果脚本需要在多个网页中使用,采用扩展名为 js 的外部文档就不需要在每个网页中重复所使用的脚本。如果希望更新脚本,通过外部 js 文件则只需要在一个位置修改即可。同时,调用外部 js 文件的方法也使网页文档结构更加清晰,更加容易阅读。如实例 8_2.html

所示，将实例 8-1.html 中的脚本文件存放在一个 myscript.js 的外部文档中，在 HTML 中调用 myscript.js，代码如下。

```
< html >
< head >
< meta http - equiv = "Content - Type" content = "text/html; charset = UTF - 8">
< title >实例 8_1</title >
< script src = "myscript.js" type = "text/javascript"> </script >
</head >
< body >
<p>该行文本不属于 JavaScript 哦～</p>
</body >
</html >
```

该代码运行后的效果同实例 8_1.html，如图 8-1 所示。

8.2.2　JavaScript 的注释

对 JavaScript 脚本代码添加注释，可以提高其阅读性。添加注释的方式有两种，单行的注释以两条正斜杠即"//"开始，多行注释以"/ * "开始，以" * /"结束。代码如下。

```
< script type = "text/javascript">
document.write("第一个 JavaScript 实例!");//这里是单行注释语句
/ *
这里是多行注释语句。
多行注释以"/ * "开始，以" * /"结束。
 * /
document.write("第一个 JavaScript 实例!");
</script >
```

8.3　JavaScript 编程基础

8.3.1　标识符、数据类型及变量

1. 标识符

JavaScript 的标识符分为用户自定义标识符和保留字。其中，用户自定义标识符一般用于变量名称、函数名、对象名等标识，而保留字是具有特定含义的单词，可以完成相应的 Web 功能，编程人员对关键字只能使用，不能修改，在自定义的各种名称中不能使用保留字。

一般情况下，编写 JavaScript 代码必须满足以下要求。

- JavaScript 是严格区分大小写的，因此标识符 myVar2 和名称为 MYVAR2 的标识符是不同的。
- JavaScript 的标识符第一个字符必须是字母、下划线或美元符号($)，其他字符可以是字母、下划线、美元符号或数字，但不能有空格或其他字符。

308

- 用户自定义标识符不能和保留字同名,且标识符使用时必须在同一行。
- 与 HTML/XHTML 一样,JavaScript 忽略额外的空格,因此可以在脚本中添加一些空白,使脚本具有更好的可读性。
- 对于单引号、双引号、";"和"&"等特殊字符,因为在 JavaScript 中具有特殊的含义,故在代码中插入时要利用反斜杠"\"放置在特殊字符前。
- 在 JavaScript 语句中,代码末尾的分号是可选的,除非希望在一行中放置多条语句。

2. 数据类型

JavaScript 语法比较松散,并不严格区分数据类型,可以对不同的数据类型进行自动转化。JavaScript 的数据类型分为基本数据类型和复合数据类型。基本数据类型是 JavaScript 语言中最小、最基本的元素,包括数值型(整型和浮点型)、字符串型(必须由引号定界)、布尔型(取值 true 或 false)等,也包括空值型(null)和未定义型(undefined);而复合数据类型包括对象、数字等。JavaScript 数据在赋值或使用时不需要声明,直接确定其数据类型。如果需要查看数据的数据类型,可以使用 typeof 运算符,编写方法为:typeof(数据),返回一个字符串,内容是所操作数据的数据类型。

3. 变量

变量是用来存储信息的容器,在 JavaScript 中变量的值可以更改,可以使用变量名来获取或者修改它的值。变量名只能由字母、数字和下划线组成,且第一个字符必须为字母或下划线。变量名大小写敏感,大写和小写字母是两个不同的字符。在没有赋予变量数据值时,其默认值为 undefined,不能参与程序的运算。

变量在 JavaScript 程序中使用前必须先声明,声明的方法很简单,需要使用 var 关键字,声明的方法如下:

```
var 变量名;
var 变量名 1,变量名 2,变量名 3; …;
var 变量名 = 变量值;
```

8.3.2 运算符和表达式

运算符就是完成操作的一系列符号,主要包括算术运算符、赋值运算符、逻辑运算符、关系运算符、条件运算符等。不同的运算符对应的操作数个数也不同,根据操作数的个数,运算符又可以分为一元运算符、二元运算符和三元运算符。

表达式就是运算符和操作数的组合,例如 a+b/c−d 等。表达式主要包括算术表达式、赋值表达式、条件表达式以及布尔表达式等。

1. 算术运算符

算术运算符包括加法(+)、减法(−)、乘法(＊)、除法(/)、求余(％)、自增(++)、自减(−−)等,其优先级按照先乘除后加减的顺序进行运算。

2. 赋值运算符

赋值运算符(=)的作用是将一个数值赋给一个变量、数组元素或对象的属性等。除了最简单的赋值运算符外,JavaScript 还支持一种带操作的赋值运算符,这种运算符是在简单赋值运算符前加二元运算符构成,主要包括＋＝、−＝、＊＝、/＝、％＝、＞＞＝、＜＜＝、&＝、|＝、^＝,其运算过程是将左边的操作数与右边的操作数进行加、减、乘、除、求余、位右

移、位左移、位与、位或、位异或运算后,将结果赋值给左边的操作数。如:

```
x + = y    等价于    x = x + y
x& = y     等价于    x = x&y
```

3. 逻辑运算符

逻辑运算符包括逻辑与(&&)、逻辑或(‖)和逻辑非(!)三个运算符,用于执行布尔运算,其中逻辑与(&&)和逻辑或(‖)是二元运算符,逻辑非(!)是一元运算符。逻辑运算符的运算结果返回 true 或 false,它们的优先级大小关系式:逻辑非(!)>逻辑与(&&)>逻辑或(‖)。

逻辑与(&&)运算规则是:只有两侧的操作数都为 true 时,运算结果才为 true,否则结果为 false。

逻辑或(‖)运算规则是:只要两侧的操作数有一个为 true 时,运算结果就为 true,否则结果为 false。

逻辑非(!)是一元运算符,对操作数布尔值取反,即若原操作数为 true 时,取反结果为 false。

4. 关系运算符

关系操作符主要包括等于(= =)、不等于(! =)、大于(>)、小于(<)、大于等于(>=)、小于等于(<=)。它们用于测试操作数之间的关系,如大小比较、是否相等,并根据比较结果返回一个布尔值 true 或 false。关系运算符的操作数可以是数值型、字符型、布尔型的数据,也可以是对象。

5. 条件运算符

条件运算符可以给基于条件的变量赋值,它是一个三元运算符,要求有三个操作对象。语法如下:

(条件)?值 1: 值 2

例如,"(a>b) a:b"为一个条件表达式,执行顺序为:如果(a>b)满足条件,则条件表达式的值为 a,否则取值为 b。

8.3.3 流程控制

为了使程序的条理性更强,在程序语言中进行流程控制是必须的。在 JavaScript 中,常用的流程控制结构主要包括选择和循环两种。

1. 选择语句

选择语句是 JavaScript 中的一种基本控制语句,可以完成程序通过判断表达式是否成立来选择跳转执行相应的程序块的功能,选择的依据取决于条件表达式的布尔值。常见的选择语句包括 if 语句和 switch 语句。

1) if 语句

if 语句的基本语法如下:

```
if(条件表达式) {
    代码段 1;
    }else{
        代码段 2; }
```

　　语句的执行过程是：条件语句先对括号内的条件表达式进行判断，若条件成立（即表达式的值为 true），则执行代码段 1；否则将跳过代码段 1，直接执行代码段 2。else 子句是 if 语句的一部分，它不能作为语句单独使用，必须与 if 配对使用。当然，程序中可能需要判断多个条件表达式，这将产生更多的执行路线。有多个条件表达式的基本语法如下：

```
if(条件表达式 1) {
    代码段 1;
    }else  if(条件表达式 2){
        代码段 2;
        }else {
            代码段 3; }
```

　　通过 if 和 else 的组合可以对多个条件进行判断，以选择不同的程序执行路线。如实例 8_3.html 所示，代码如下：

```
<!DOCTYPE HTML>
<html>
<head>
<meta http-equiv="Content-Type" content="text/html; charset=utf-8">
<title>if...else 分支结构</title>
</head>
<body>
<script type="text/javascript">
var txts = prompt("请选择输入你的个人爱好(读书、微博、游戏)");
if(txts == "读书"){
    document.write("你选择了读书作为个人爱好!～");
}else if(txts == "微博"){
    document.write("你选择了微博作为个人爱好!～");
}else if(txts == "游戏"){
    document.write("你选择了游戏作为个人爱好!～");
}else {
    document.write("原来这三个选项你都不爱好!～");}
</script>
</body>
</html>
```

　　浏览效果如图 8-3 所示。浏览用户填入提示文字中的选择项，程序会根据输入条件的不同产生不同的网页效果，如输入"微博"，浏览效果如图 8-4 所示。

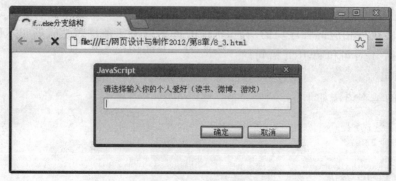

图 8-3　条件输入提示

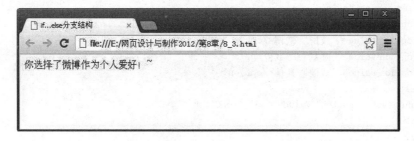

图 8-4　条件成立运行结果

2) switch 语句

虽然 if 语句可以完成条件的逻辑控制,但当判断条件过多时,代码格式将变得混乱,条理性差,因此,JavaScript 提供了 switch 语句作为代替。在有多个判断条件的情况下,switch 语句编写更为方便。其语法格式为:

```
switch(条件表达式){
    case  值 1: 代码段 1;break;
    case  值 2: 代码段 2;break;
    case  值 3: 代码段 3;break;
    …
    default: 代码段 n;
    }
```

switch 语句相对于 if 语句,更加工整、条理清晰,编写代码时也不易出错。其执行过程并不复杂,判断条件表达式的值,如果条件表达式的值和某一个 case 后面的值相匹配,则执行后面相应的代码段,break 代表其他语句全部跳过,以此类推。如果条件表达式和以上值都不匹配,则执行 default 后面的代码段 n。例如,实例 8_3. html 中个人爱好选项通过一个下拉列表框选择,通过调用 myChoice()函数判断条件选择项并给出相应的提示,代码如下:

```
<! DOCTYPE HTML >
< html >
< head >
< meta http − equiv = "Content − Type" content = "text/html; charset = utf − 8">
< title > switch 多分支</title >
< script type = "text/javascript">
function myChoice(){
    var selValue = myForm1.mySelect.value;
    switch(selValue){
        case "读书":alert("你选择了读书作为个人爱好!~");break;
        case "微博":alert("你选择了微博作为个人爱好!~");break;
        case "游戏":alert("你选择了游戏作为个人爱好!~");break;
        default: alert("原来这三个选项你都不爱好!~");}
    }
</script >
</head >
< body >
< form name = "myForm1">
```

```
< select name = "mySelect">
    < option value = "读书">读书</option>
    < option value = "微博">微博</option>
    < option value = "游戏">游戏</option>
    < option value = "其他">其他</option>
</select>
< input type = "button" value = "确定" onClick = "myChoice()">
</form>
</body>
</html>
```

浏览用户在下拉列表框中选择对应的值,则浏览效果如图 8-5 所示。如果浏览用户选择"其他"选项,则会执行 default 后的语句。

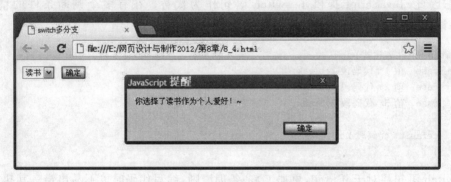

图 8-5　switch 语句应用

2. 循环语句

在编写程序的时候,经常需要程序重复多次执行类似的代码,直到某个条件成立。JavaScript 提供了各种循环语句完成这项功能,善用循环,代码结构将得到最大的简化。JavaScript 中的循环语句包括 while 语句、do…while 语句、for 语句等。

1) while 语句

在 while 循环中,执行规则是先判断后执行,如果条件为真就执行代码块,并且只要条件为真,代码块就将持续执行,直到条件表达式的值为 false,循环才停止,继续执行后面的语句。while 循环语句一般用于不知道循环次数的情况,其语法格式如下:

```
while(条件表达式) {
    循环代码块;
    }
```

实例 8_5.html 为 while 循环的一个应用实例,代码如下。

```
<! DOCTYPE HTML >
< html >
< head >
< meta http - equiv = "Content - Type" content = "text/html; charset = utf - 8">
< title > while 循环</title>
< style type = "text/css">
```

```
body{text-align:center;}
</style>
</head>
<body>
<script type="text/javascript">
var i=1;
while(i<7){
    document.write("——"+"星期"+i+"——");
    i++;}
</script>
</body>
</html>
```

本例的作用是将"星期 i"按 1～6 的顺序重复显示,使用变量 i 作为计数器,i 的初始值为 1,循环的条件是 i<7,通过 i++ 每次自增 1,直到 i=7 停止。浏览效果如图 8-6 所示。

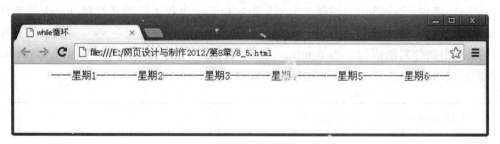

图 8-6　while 语句循环

2) do-while 语句

do-while 循环和 while 循环很类似,只是把条件表达式的判断放在后面,其语法格式如下:

```
do{
循环体
}while(条件表达式);
```

do-while 循环首先执行代码块一次,然后检查条件,只要条件为真,它就将继续循环。因此,无论条件是什么,循环至少执行一次。在实例 8_5.html 中,将 while 循环体修改如下,则浏览效果相同,代码如下:

```
<script type="text/javascript">
var i=1;
do{    document.write("——"+"星期"+i+"——");
    i++;}while(i<7);
</script>
```

3) for 语句

for 语句是代码块执行指定的次数。当需要指定代码块执行所需要的次数时,使用 for 循环相对 while 循环更方便,结构更清晰。其语法格式如下:

```
for(表达式 1;表达式 2;表达式 3) {
    循环体; }
```

其中,表达式 1 用于循环变量的初始化;表达式 2 用于循环条件的判断;表达式 3 用于循环变量的更新。如实例 8_7.html 所示,浏览效果与上例相同,代码如下:

```
< script type = "text/javascript">
var i;
for(i = 1;i < 7;i++){
    document.write("——" + "星期" + i + "——");}
</script >
```

3. break 和 continue 语句

循环语句的执行过程中,如果需要根据情况不同作出循环执行顺序的变化,就需要合理地控制循环语句。JavaScript 提供了 break 和 continue 语句进行循环控制,break 语句用于终止当前的循环,程序将执行循环后面的语句。break 语句也可以在 switch 选择语句中使用,用于跳出条件判断语句。而 continue 语句则可以终止本次循环,即不执行 continue 语句后面的代码段,直接进入下一轮循环。如实例 8_8.html 所示,代码如下:

```
< script type = "text/javascript">
var i;
for(i = 1;i < 7;i++){
    if(i % 2 == 0){continue;}
    else if(i == 5){break;}
    document.write("——" + "星期" + i + "——");}
</script >
```

本例利用条件分支语句判断变量 i 的特性,当 i 为偶数时,执行 continue 语句,跳转至下一个循环,即不会在页面上显示偶数的星期。当 i 为 5 时,执行 break 语句,即跳出循环,不再显示后面的星期。在页面中浏览结果如图 8-7 所示。

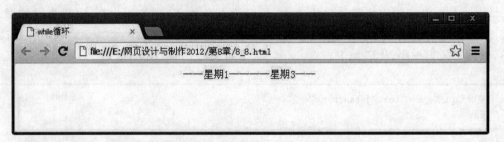

图 8-7　循环控制语句

8.3.4　函数

函数是可以完成某种特定功能的一系列代码的集合,在函数被调用前函数体内的代码并不执行而独立于主程序,如前面学习过的 document 对象的 write()方法,本身就是一个内置的函数。可以将主程序中大部分可重复利用的功能拆解成一个个函数，使 JavaScript 程序代码结构清晰，易于理解和维护。函数定义的方法一般如下：

```
function 函数名(参数 1,参数 2,…){
    函数代码段;
    }
```

一般定义函数都是在网页的头部信息部分，如果使用外部 js 文档调用的方法，也可以把函数定义于 js 文件中，实现多个网页共享函数的定义，共同调用函数，从而可以节约大量的代码编写。如实例 8_7. html 中，将循环功能实现定义为一个函数 week()，通过函数调用也可以实现同样的页面效果，代码如下：

```
< head >
< script type = "text/javascript">
function week(){
var i;
for(i = 1;i < 7;i++){
    document.write("——" + "星期" + i + "——");}
}
</script >
</head >
< body >
< script type = "text/javascript">
week();
</script >
</body >
```

通常，希望函数调用时，主调用函数能得到一个确定的值，这就是函数的返回值。函数的返回值是通过函数中的 return 语句获得的，需要返回某个值的函数必须使用 return 语句。

函数在调用过程中，几乎都需要传递参数，函数将根据不同的参数实现不同的功能。定义函数时所声明的参数叫做形式参数，形式参数在函数体内参与代码的运算，而实际调用函数时需要传递相应的数据给形式参数，这些数据称为实际参数。

8.4 JavaScript 对象

JavaScript 是一种基于对象和事件驱动的脚本语言，原因在于 JavaScript 没有提供抽象、继承、重载等面向对象语言的相关特征，而是把其他语言所创建的复杂对象统一起来，从而形成一个非常强大的对象系统。对象在 JavaScript 中是一种特殊的数据，每个对象都有它自己的属性、方法和事件。属性反映对象的某些特征，如字符串的长度、图像的宽度、文本框里的文字等；而方法则反映该对象可以完成的一些功能，如表单的"提交"、窗口的"滚动"等；对象的事件则是指能响应发生在对象上的事件，如表单的提交事件、按钮或超链接的单击事件等。引用对象的任何一种特性，可以采用"对象名. 性质名"的方式，如 txt. length 代表引用 txt 字符串对象的 length 属性。

根据对象的作用范围，JavaScript 主要提供了两大类对象：基本内置对象和宿主对象。

8.4.1　内置对象

内置对象简单来说就是 JavaScript 定义的类，主要包括字符串对象、数组对象、日期对象、数学对象、逻辑对象、正则表达式对象等。本节只介绍最常用的几个核心对象。

1. 字符串对象

字符串对象（String）提供对字符串处理的支持，它有两种形式，即基本数据类型和对象实例形式（String 对象实例），基本数据类型字符串可以在程序中直接赋值，String 对象实例通常通过 new 操作符来创建。创建这两种形式的字符串对象的基本格式如下：

```
var str1 = "First String";
var str2 = new String("First String");
```

当 String()和运算符 new 一起作为构造函数使用时，它返回一个新创建的用于存放字符的 String 对象。

字符串对象的属性只有两个，一个是 length 属性，用于获取对象中字符的个数，返回一个整数值。要注意的是，即使字符串中包含有双字节字符（一个汉字占两个字节，一个英文单词只占一个字节），每个字仍然也算一个字符。另一个属性是 prototype，用于扩展对象的属性和方法，在一般的网页编程中，该属性的使用机会不是很多。如实例 8_10. html 即为 String 对象属性的应用案例，代码如下：

```
< script type = "text/javascript">
var str1 = "First String";
var str2 = new String("第一个字符串!");
document.write(str1 + "的长度为: " + str1.length + "< br/>");
document.write(str2 + "的长度为: " + str2.length + "< br/>");
</script >
```

本例通过两种不同的方法为 str1 和 str2 进行了赋值，然后通过 str1. length 和 str2. length 属性获取字符的数量。浏览效果如图 8-8 所示。

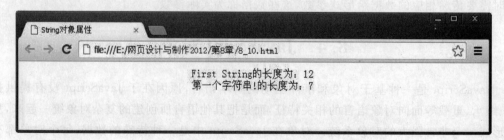

图 8-8　字符串 length 属性

String 类定义了大量操作字符串的方法，主要用于字符在网页中的显示、字体、检索、拼接、大小写转换、定位和匹配等，调用方法与调用属性的规则类似。

2. 日期对象

日期对象是比较常用的一种内置对象,主要作用是在页面中显示和处理当前的系统时间。日期对象中的日期可以分为两部分,第一部分是日期,第二部分是时间。日期包括年、月、日和星期,时间包括小时、分钟、秒和毫秒。为了获取系统的日期和时间,JavaScript 提供了专门用于时间和日期的对象类型,即通过 new 运算符和 Date() 构造函数就可以创建日期对象。

1) 创建日期对象

日期对象可以获取系统的日期和时间,并通过对象的方法进行日期和时间的相关操作。但必须先创建一个日期对象,创建的方法如下:

```
var d1 = new Date();                    //创建一个日期对象,自动获取当前时间,注意 Date() 的大小写
var d2 = new Date("Jan 1,2013");        //将字符串转换为日期对象
var d3 = new Date(2013,1,1,20,30,40);   //给定时间创建日期对象
var d4 = new Date(400000);              //距离 GMT 时间 1970 年 1 月 1 日之间相差的毫秒数
```

需要注意的是,由于 JavaScript 程序运行于浏览器端,所以系统的日期时间都是来自于客户端系统,而不是来自于网页服务器的日期时间。如果不指定时区,都采用 UTC(世界时区),与格林威治 GMT 在数值上是一致的。

实例 8_11.html 即为 Date() 对象的应用实例,代码如下:

```
< script type = "text/javascript">
var d1 = new Date();
var d2 = new Date("Jan 1,2013");
var d3 = new Date(2013,1,1,20,30,40);
var d4 = new Date(400000);
document.write("当前时间是: " + d1.toLocaleString() + "< br/>");
document.write(d2.toLocaleString() + "< br/>");
document.write(d3.toLocaleString() + "< br/>");
document.write(d4.toLocaleString() + "< br/>");
</script >
```

程序运行的浏览效果如图 8-9 所示。

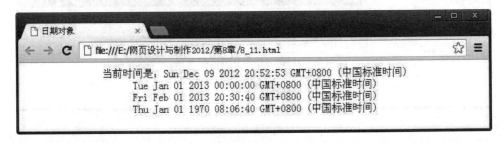

图 8-9 日期对象

2) 获取日期和时间

日期对象的内置方法有很多,网页设计者可以很方便地利用这些方法操作日期时间数

据。通过 get 前缀的方法可以获取系统日期时间或者日期时间的部分数据，这些方法如表 8-1 所示。

表 8-1 日期对象的 get 前缀方法

方　　法	说　　明
getFullYear(),getUTCFullYear()	返回 4 位数字年份
getMonth(),getUTVMonth()	返回月份(0～11),其中 0 代表 1 月
getDate(),getUTCDate()	返回日期中的天数(1～31)
getDay(),getUTCDay()	返回一周中的星期几 (0～6),0 为星期一
getHours(),getUTCHours()	返回小时值(0～23)
getMinutes(),getUTCMinutes()	返回分钟值(0～59)
getSeconds(),getUTCSeconds()	返回秒数值(0～59)
getMilliseconds(),getUTCMilliseconds()	返回毫秒值(0～999)
getTime()	返回距 1970 年 1 月 1 日的毫秒数
getTimezoneOffset()	返回本地与格林威治时间的分钟差

通过应用 get 前缀的日期对象方法，可以局部取时间段，再拼接成自定义日期时间格式，如实例 8_12.html 所示，代码如下：

```
<script type="text/javascript">
var d1 = new Date();
document.write("当前日期时间是：" + d1 + "<hr>");
document.write("今天的日期是：" + d1.getFullYear() + "年" + (d1.getMonth() + 1) + "月" + d1.
getDate() + "日　星期" + d1.getDay() + "<hr>");
document.write("当前本地时间是：" + d1.getHours() + "：" + d1.getMinutes() + "：" + d1.
getSeconds());
</script>
```

这里要注意的是，月份要加上 1 才能符合实际生活习惯。在浏览器中运行效果如图 8-10 所示。

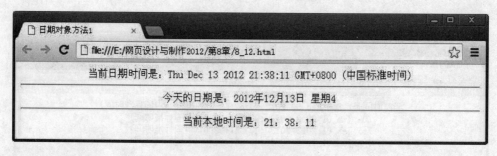

图 8-10 日期对象的 get 前缀方法

3) 设置日期和时间

通过日期对象 set 前缀的方法还可以设置对象的日期和时间部分，这些方法如表 8-2 所示。

表 8-2　日期对象 set 前缀方法

方　　法	说　　明
setFullYear( ),setUTCFullYear( )	设置 4 位数字年份
setMonth( ),setUTVMonth( )	设置月份(0～11),其中 0 代表 1 月
setDate( ),setUTCDate( )	设置月份的某一天(1～31)
setHours( ),getUTCHours( )	设置小时值(0～23)
setMinutes( ),getUTCMinutes( )	设置分钟值(0～59)
setSeconds( ),getUTCSeconds( )	设置秒数值(0～59)
setMilliseconds( ),setUTCMilliseconds( )	设置毫秒值(0～999)
setTime( )	以毫秒设置 Date 对象

利用 set 前缀方法创建实例 8_13.html,核心代码如下:

```
< script type = "text/javascript">
var d1 = new Date();
document.write("今天的日期是: " + d1.getFullYear( ) + "年" + (d1.getMonth( ) + 1) + "月" + d1.
getDate( ) + "日　星期" + d1.getDay( ) + "< hr >");
d1.setFullYear(2020,11,12);
document.write("设置以后的日期是: " + d1.getFullYear( ) + "年" + (d1.getMonth( ) + 1) + "月" +
d1.getDate( ) + "日　星期" + d1.getDay( ));
</script >
```

网页程序代码在浏览器中的运行效果如图 8-11 所示。

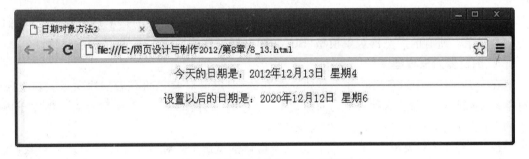

图 8-11　日期对象的 set 前缀方法

3. 数学对象

数学运算对象(Math)的作用是执行普通的数学任务,通过提供多种算术值类型和函数,辅助完成计算功能。数学对象没有构造函数 Math( ),不能像 Date 和 String 那样用 new 操作符来创建,其所有的属性和方法都可以直接进行访问。

Math 对象的属性大多为数学中的常数值,只能读取而不能写入,其常用的属性及说明如表 8-3 所示。

表 8-3　常用 Math 对象的属性和说明

属　　性	说　　明
Math.E	返回算术常量 e,即自然对数的底数,约 2.718
Math.LN2	返回 2 的自然对数,约 0.693
Math.LN10	返回 10 的自然对数,约 2.302
Math.LOG2E	返回以 2 为底的 e 的对数,约 1.414
Math.LOG10E	返回以 10 为底的 e 的对数,约 0.434
Math.PI	返回圆周率,约 3.14159
Math.SQRT1_2	返回 2 的平方根的倒数,约 0.707
Math.SQRT2	返回 2 的平方根,约 1.414

Math 对象的方法比较多,其中常用的方法及说明如表 8-4 所示。

表 8-4　常用的 Math 对象的方法和说明

方　　法	说　　明
Math.abs(x)	返回数的绝对值
Math.cos(x)	返回数的余弦
Math.sin(x)	返回数的正弦
Math.log(x)	返回数的自然对数(底为 e)
Math.exp(x)	返回 e 的指数
Math.sqrt(x)	返回数的平方根
Math.random()	返回 0～1 之间的随机数
Math.tan(x)	返回角的正切
Math.toSource()	返回该对象的源代码

8.4.2　宿主对象

在 JavaScript 中,所有的非本地对象都是由 ECMAscript 实现的宿主环境提供的,它们为宿主对象。所有的浏览器对象模型(BOM)和文档对象模型(DOM)都是宿主对象。

1. 浏览器对象模型

在 JavaScript 中对象之间并不是独立存在的,对象与对象之间有着层次关系。浏览器对象模型就是用于描述这种对象与对象之间层次关系的模型,该对象模型提供了独立于内容的、可以与浏览器窗口进行互动的对象结构。

BOM 由多个对象组成,其中代表浏览器窗口的 window 对象是 BOM 的顶层对象,其他对象都是该对象的子对象。每一个 window 对象代表一个浏览器窗口,用于访问其内部的其他对象。设计者可以利用该对象的属性、方法和事件驱动程序控制浏览器窗口显示的各个元素。本节只着重介绍 window 对象。

window 对象是属于客户端的对象,不需要使用 new 操作符来创建对象,而直接调用属性和方法。与其他对象类似,window 对象也是通过“.”来调用属性和方法。由于 window 对象是程序的全局对象,在引用其属性和方法时可省略对象名称,即引用 window 对象的属性和方法时,不需要用“window.xxx”这种形式,而直接使用“xxx”即可。例如要弹出一个消息框,可只写为 alert(),而不必写为 window.alert()。

1) window 对象的属性

window 对象的属性大多是对浏览器中存在的各种窗口特有的属性,其主要属性如表 8-5 所示。

表 8-5　window 对象的属性

属　　性	说　　明
closed	返回窗口是否已被关闭
defaultStatus	设置或返回窗口状态栏中的默认文本
document	对 document 对象的只读引用
history	对 history 对象的只读引用
length	设置或返回集合中对象的数目
location	用于窗口的 location 对象
name	设置或返回窗口的名称
navigator	对 navigator 对象的只读引用
opener	返回对创建此窗口的引用
pageXOffset	设置或返回当前页面相对于窗口显示区左上角的 X 位置
pageYOffset	设置或返回当前页面相对于窗口显示区左上角的 Y 位置
self	返回对当前窗口的引用,等价于 window 属性
status	设置窗口状态栏的文本
top	返回最顶层的祖先窗口

2) window 对象的方法

window 对象的方法主要用来提供信息或输入数据以及创建一个新的窗口,其主要的方法如表 8-6 所示。

表 8-6　window 对象的方法

方　　法	说　　明
alert()	显示带有一段信息和一个"确认"按钮的警告框
blur()	键盘焦点从顶层窗口移开
clearInterval()	取消周期性执行代码
clearTimeout()	取消超时的操作
close()	关闭浏览器窗口
confirm()	显示带有一段信息以及"确认""取消"按钮的对话框
focus()	将键盘焦点给予一个窗口
moveBy()	窗口相对当前位置移动指定的像素
moveTo()	移动浏览器窗口左上角位于用户屏幕指定坐标(x,y)处
open()	打开一个新的浏览器窗口或查找一个已命名的窗口
prompt()	显示可提示用户输入的对话框
resizeTo()	把窗口的大小调整为指定宽度和高度(不能为负数)
resizeBy()	相对当前窗口大小调整宽度和高度
scroll()	滚动窗口中的文档
scrollBy()	按照指定的像素值来滚动内容
scrollTo()	把内容滚动到指定的坐标
setInterval()	指定周期性执行代码(以毫秒计)
setTimeout()	在指定的毫秒数后调用函数或计算表达式
print()	打印当前窗口的内容

例如实例 8_14. html 使用了 prompt()、alert()、confirm()三种不同的弹出对话框方法。首先弹出 prompt()输入窗口,输入完成后单击"确定"按钮弹出 alert()方法的窗口提示,用户再单击"确定"按钮后又弹出 confirm()窗口以供确认操作,具体代码如下:

```
< body >
< script type = "text/javascript">
var str = window. prompt("请输入您的姓名: ","");
alert(str + "您好,这是演示 alert()方法\n 显示一些提示信息!");
if(confirm("是否确认要执行跳转操作?")){
    location. href = "http://www. baidu. com";};
</script>
</body>
```

在 Chrome 浏览器中浏览网页,依次打开的窗口如图 8-12~图 8-14 所示。

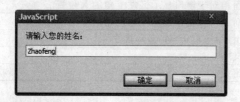

图 8-12　prompt()方法的输入窗口

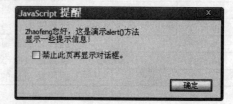

图 8-13　alert()方法的提示窗口

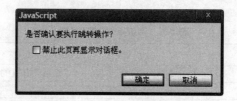

图 8-14　confirm()方法的确认窗口

实例 8_15. html 演示了利用 open()方法打开一个新的浏览器窗口,然后利用 close()方法关闭一个窗口。open()方法语法格式如下:

window. open(url,窗口名称,窗口属性);

其中,url 用于指定在新建的窗口中所要显示的网页的地址;窗口名称表示新开窗口的名称,可以用来作为 HTML 相关标签 target 属性的值;窗口属性是一个以逗号分隔的参数列表,用于指定窗口的大小和外观等,实例代码如下:

```
< script type = "text/javascript">
var win;
function openw(){
    win = window. open("http://www. baidu. com","百度","width = 500,height = 300");}
function closew(){
    win. close();}
```

```
</script>
</head>
<body>
<a href = "#" onclick = "openw()">打开窗口</a><br/>
<a href = "#" onclick = "closew()">关闭窗口</a>
</body>
```

在 Chrome 浏览器中单击"打开窗口"超链接文本,则在一个新的浏览器窗口中打开指定网页,单击"关闭窗口"超链接文本将关闭打开的新窗口,效果如图 8-15 所示。

图 8-15 open()和 close()方法

这里要注意的是,调用 open()方法的方式总是 window. open()。原则上 window 对象名可以省略,但是由于后文中的 document 对象也有 open()方法,为了使这两种方法不混淆,最好用 window. open(),不要省略 window。

window 对象有两种方法来调整浏览器窗口的大小,语法格式分别为:

```
window. resizeTo(x, y)
window. resizeBy(x, y)
```

resizeTo(x, y)方法将窗口调整到一个指定大小,参数 x 和 y 分别表示窗口的宽度和高度,不能为负值;resizeBy(x, y)方法是相对当前窗口大小增加或减少相应的宽度和高度,参数 x 和 y 表示要增加或减少的宽度和高度,可以为负值,负值表示减少宽度或高度。

3)window 子对象

window 对象是 BOM 对象模型中的顶层对象,其他对象都是 window 的子对象,主要包括以下几类。

- screen 对象：JavaScript 运行时自动产生的对象，主要用来描述计算机屏幕的尺寸、颜色等信息，这些属性是静态且只读的，如 screen.width 可以获取屏幕有效宽度。

- navigator 对象：包含浏览器信息(如浏览器的名称、版本号等)，如 navigator.appName 提供浏览器名称的官方字符串表示；navigator.userAgent 检查浏览器版本等。

- history 对象：用来存储客户端浏览器窗口最近浏览过的历史网址，支持 3 种方法在浏览器窗口中前进和后退，其中 forward()和 back()表示前进到下一个或返回到上一个访问过的网址，如 window.history.go(−1) 表示后退一页；go()则可以直接跳转到一个已经访问过的网址，其参数数字可为正也可为负，分别表示执行 forward()和 back()的次数。history.go(0)则相当于刷新当前网页。

- location 对象：代表浏览器窗口中当前显示的文档的 URL，通过地址对象可以访问当前文档的 URL 的各个部分。如 location.href = "http://www.baidu.com"表示导航跳转到新页面 baidu；location.replace("http://www.baidu.com")表示用 baidu 代替当前文档。

2. 文档对象模型

文档对象模型是 W3C 组织推荐的处理可拓展置标语言的标准编程接口，可利用其属性、方法操作 HTML/XML 的结构，并定义了与 HTML 相关联的对象，是通过编程直接操纵网页内容的途径。文档对象模型主要包括 document 对象、body 对象、button 对象、form 对象、frame 对象、image 对象和 object 对象等，这里主要介绍 document 对象。

document 对象又称为文档对象，是 window 对象的一个子对象。window 对象代表浏览器窗口，而 document 对象则代表浏览器窗口中的文档，在 JavaScript 的对象模型中占据着非常重要的地位。它可以更新正在载入和已经载入的文档，并使用 JavaScript 脚本访问其属性和方法来操作已加载文档中所包含的 HTML 元素，并将这些元素当作具有完整属性和方法的元素对象来引用。

JavaScript 会为每个 HTML 文档自动创建一个 document 对象。document 对象主要包括 HTML 文档中<body></body>内的内容，HTML 文档的 body 元素被载入时，才创建 document 对象。

1) document 对象的属性

document 对象的属性主要用于描述 HTML 文档中的标题、颜色、图片、链接、表单元素等，相同的属性在不同的浏览器中会有部分差异，其常用的属性如表 8-7 所示。

表 8-7　document 对象的属性

属　　性	说　　明
title	设置文档标题，等价于 HTML 的 title 标签
bgColor	设置页面背景色
fgColor	设置网页中文本的默认颜色
linkColor	设置网页中默认链接颜色属性
alinkColor	设置被激活(焦点在此链接上)的链接颜色
vlinkColor	设置已单击过的链接颜色

属　　性	说　　明
url	设置 URL 属性从而在同一窗口打开另一网页
fileCreatedDate	显示文件建立日期,只读属性
fileModifiedDate	显示文件修改日期,只读属性
lastModified	显示文档最近修改时间,只读属性
fileSize	显示文件大小,只读属性
cookie	设置和读取 Cookie
charset	设置字符集为 GB2312 简体中文

实例 8_16.html 通过程序的访问,动态改变了 document 对象的 bgColor 属性、fgColor 属性和 linkColor 属性,分别可以设置网页背景颜色、网页默认文字颜色及默认超链接颜色。读取 document 对象的 lastModified 属性、title 属性及 URL 属性,并通过 write()方法写入到 HTML 文档中显示查看文档最后修改时间、网页文档标题以及地址等,具体的代码如下:

```html
<! DOCTYPE HTML >
< html >
< head >
< meta http - equiv = "Content - Type" content = "text/html; charset = utf - 8">
< title > document 对象属性</title>
< style type = "text/css">
body {text - align:center;}
</style>
< script type = "text/javascript">
function dom(x){
    var a = document.getElementById("a").value;
switch(x){
    case 1:document.bgColor = a;break;
    case 2:document.fgColor = a;break;
    case 3:document.linkColor = a;break;
    default:document.bgColor = "♯ffffff";}
}</script >
</head >
< body >
< script type = "text/javascript">
document.write("本文档的最后修改时间: " + document.lastModified + "< br/>");
document.write("本文档的标题: " + document.title + "< br/>");
document.write("本文档的地址: " + document.URL);
</script >
< hr/>
< input type = "text" id = "a" value = "♯00ff00"/> < br/>
< button onClick = "dom(1);">背景色</button >
< button onClick = "dom(2);">文本颜色</button >
< button onClick = "dom(3);">默认超链接颜色</button >
< p > < a href = "♯">document 对象的属性</a>主要用于描述 HTML 文档中的标题、颜色、图片、链接、
表单元素等,相同的属性在不同的浏览器中会有部分差异……</p>
</body >
</html >
```

实例在 Chrome 浏览器中显示效果如图 8-16 所示。

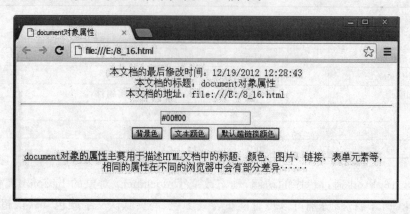

图 8-16　document 对象属性的应用

2) document 对象的方法

document 对象操作文档的方法并不多，主要包括以下几个。

- open()方法：用于打开一个新文档以便 JavaScript 能在文档的当前插入位置写入数据。通常这种方法在需要的时候由 JavaScript 自动调用。
- close()方法：表示关闭文档，停止写入数据。如果用了 write()或 clear()方法，就一定要用 close()方法来保证所做的更改能够显示处理。
- clear()方法：表示清空当前文档。
- write()/writeln()方法：用于向文档写入数据，所写入的内容会被当成标准文档 HTML 来处理。write()与 writeln()方法的不同点在于 writeln()方法在写入数据以后会加一个换行，但这个换行只是在 HTML 中换行，换行效果实际能不能显示要看插入 JavaScript 的位置而定。如在<pre>标记中插入，换行就会体现在文档中。

实例 8_17. html 为 document 对象方法的应用实例，其详细代码如下：

```html
<!DOCTYPE HTML>
<html>
<head>
<meta http-equiv="Content-Type" content="text/html; charset=utf-8">
<title>document 对象方法</title>
<style type="text/css">
body{text-align:center;}
</style>
<script type="text/javascript">
function dom(x){
    var a;
switch(x){
    case 1: a=window.open("","a","height=300,width=500");
            a.location="8_16.html";break;
    case 2: a.document.focus();
            a.document.open();
            a.document.write("这是新文档流的页面内容.");
```

```
              break;
        default:document.bgColor = "#ffffff";}
}</script>
</head>
<body>
<pre>
<script type = "text/javascript">
document.writeln("pre 标记内插入 writeln()方法");
document.writeln("测试换行");
</script>
</pre>
<script type = "text/javascript">
document.writeln("脚本中插入 writeln()方法");
document.writeln("测试换行");
</script>
<hr/>
<button onClick = "dom(1);">打开新窗口</button>
<button onClick = "dom(2);">打开新文档流</button>
</body>
</html>
```

在 Chrome 浏览器中的显示如图 8-17 所示。

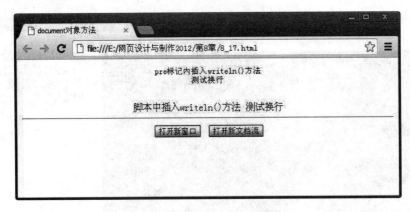

图 8-17　document 对象方法的应用

3）document 子对象

　　document 对象除了拥有大量的属性和方法外，还拥有很多子对象，包括表单对象 form、图像对象 image、链接对象 link、定位对象 location 和 applet 小程序对象，这些子对象可以用来控制 HTML 文档中的图片、链接、表单等。

　　document 对象中的 location 对象与 window 对象中的 location 对象完全相同，都是用来表示当前窗口的地址，但是不推荐使用 document 对象中的 location 对象，尽量使用 window 对象中的 location 对象。applet 小程序对象代表网页中的小程序，并不是严格意义上的 JavaScript 对象。本节主要介绍 image 图像子对象。

　　JavaScript 加载网页文档时，会自动创建一个 image[]数组，这个数组中的每一个元素都代表网页中的一幅图片。要引用网页中的图片，采用如下方式：

328

```
document.images[i]          //利用数组下标(下标从 0 开始)方式调用
document.imgname            //直接调用< img >标签的 name 属性值
```

图像对象是 document 对象的子对象,除了继承 document 对象的属性外,还拥有自己的属性,主要用来描述图片的宽度、高度、边框、地址等,具体代码参考实例 8_18.html,代码如下:

```
< img src = "bird.jpg" hspace = "30" vspace = "10" border = "5" name = "bird" align = "left"
lowsrc = "bird_low.jpg"/>
< script type = "text/javascript">
document.write("图像的宽度是: " + document.bird.width + "像素< br/>");
document.write("图像的高度是: " + document.bird.height + "像素< br/>");
document.write("图像的名称是: " + document.bird.name + "< br/>");
document.write("图像的边框宽度是: " + document.bird.border + "像素< br/>");
document.write("图像与文字水平方向间距是: " + document.bird.hspace + "像素< br/>");
document.write("图像与文字垂直方向间距是: " + document.bird.vspace + "像素< br/>");
document.write("图像的地址是: " + document.bird.src + "< br/>");
document.write("图像的低质量代替图像地址是: " + document.bird.lowsrc);
</script >
```

在 Chrome 浏览器中的显示效果如图 8-18 所示。

图 8-18　图像对象属性

可以利用图像对象所支持的事件在程序代码中修改图像的属性值来动态改变图像的大小,如实例 8_19.html 在页面中分别用两个按钮控制图像的放大和缩小,分别利用 onclick()事件调用定义的函数,每次将图像的宽度和高度分别放大和缩小 20%,从而达到放大和缩小图像的效果。核心代码如下:

```
< script type = "text/javascript">
function larger(){
```

```
    //图像宽度和高度放大 20%
    document.images.bird.width = document.images.bird.width * 1.2;
    document.images.bird.height = document.images.bird.height * 1.2;}
function smaller(){
    //图像宽度和高度缩小 20%
    document.images.bird.width = document.images.bird.width * 0.8;
    document.images.bird.height = document.images.bird.height * 0.8;}
</script>
</head>
<body>
<img src="bird.jpg" hspace="30" vspace="10" border="5" name="bird" align="left"
lowsrc="bird_low.jpg"/>
<hr/>
<input type="button" value="放大图像" onClick="larger()"/>
<input type="button" value="缩小图像" onClick="smaller()"/>
```

在 Chrome 浏览器中的显示效果如图 8-19 所示。

图 8-19　图像事件改变属性

图像对象所支持的事件很多,具体如表 8-8 所示。

表 8-8　图像对象的事件

事件	说　　明	事件	说　　明
abort	用户放弃加载图像时激发	keyup	释放键盘上的键时激发
click	在图像上单击鼠标左键时激发	mousedown	在图像上单击鼠标键时激发
dbclick	在图像上双击鼠标左键时激发	mouseup	在图像上释放鼠标键时激发
error	加载图像发生错误时激发	mouseover	把鼠标移动到图像上时激发
load	加载图像成功时激发	mousemove	在图像上移动鼠标时激发
keydown	按下键盘上的键时激发	mouseout	把鼠标从图像上移开时激发
keypress	按下并释放键盘上的键时激发		

329

8.5 JavaScript 事件响应

8.5.1 事件响应简介

1. 事件和事件处理程序

从实例 8_19.html 可以看出,事件的使用使得页面程序变得非常灵活,事件响应是对象化编程的一个重要环节,没有事件响应,程序就会变得僵硬。事件的发生与 HTML 文档的载入速度无关,一般来说,网页载入后会发生多种事件,触发事件后执行一定的代码程序是 JavaScript 事件响应的常用模式。

JavaScript 的程序使用事件驱动模型进行网页的动态交互。网页中的每个元素都可以产生某些可以触发 JavaScript 函数的事件,只有在触发事件后才处理的程序被称为事件处理程序。例如,用户鼠标单击 submit 按钮时产生一个 onClick()事件来触发某个函数。事件响应的过程分为三个步骤,即发生事件→启动事件处理程序→事件响应程序作出反应。其中,要使事件处理程序能够启动,必须先告诉对象,如果发生什么事情,就要启动什么程序,否则这个流程就不能进行下去。

要让浏览器可以调用合适的 JavaScript 程序,必须先设置 HTML 文档中响应事件的元素,再设置元素响应事件的类型,最后设置响应事件的程序。事件处理程序并不写在<script></script>中,而是写在能触发该事件的 HTML 标签属性中,编写方法如下:

< HTML 标签 事件属性 = "事件处理程序">

这种编写方法使得事件处理程序成为程序和 HTML 之间的接口,避免了程序与 HTML 代码混合编写,有利于代码维护。

2. HTML 文档事件

HTML 文档事件是指用户从载入目标页面开始直到该页面被关闭期间,浏览器的动作及该页面对用户操作的响应,主要分为浏览器事件和 HTML 元素事件两大类。

浏览器事件指从载入文档到该文档被关闭期间的浏览器事件,如浏览器载入文档事件 onload、关闭该文档事件 onunload、浏览器失去焦点事件 onblur、获得焦点事件 onfocus 等。

HTML 元素事件是指页面载入后,发生在页面中按钮、链接、表单、图片等 HTML 元素上的用户动作以及该页面对此动作所作出的响应。如鼠标单击按钮事件,元素为 button,事件为 click,事件处理器为 onclick()。

HTML 文档将元素的常用事件当作属性捆绑在 HTML 元素上。当该元素的特定事件发生时,对应于特定事件的事件处理器就被执行,并将结果返回给浏览器。事件捆绑导致特定的代码放置在其所处对象的事件处理器中。

8.5.2 几种常用事件

1. 鼠标事件

鼠标事件是在 JavaScript 页面操作中使用最频繁的事件之一,通过鼠标对事件进行触发,可以实现一些特殊的效果,一般用于图像 image、链接 link 及各类按钮对象如 radio、button、checkbox 等,所包含的事件处理器主要有 onclick、onmousedown、onmouseup、 onmousemove、onmouseover、onmouseout、ondbclick 等。实例 8_20. html 以 onclick、onfocus 和 onmouseover 为例,介绍鼠标事件的应用,代码如下:

```
<title>鼠标事件</title>
<script type = "text/javascript">
  function Event(x){
    var txt;
    switch(x){
    case 1:
      txt = event.srcElement.name + "【发生了" + event.type + "事件】";
    break;
    case 2:
      txt = event.srcElement.name + "【发生了" + event.type + "事件】";
      txt + = "<br/>上一个对象是:" + event.fromElement.name;
    break;
    }
    document.getElementById("txt").innerHTML = txt;
  }
</script>
<style type = "text/css">
  #txt{font-weight:bold;}
</style>
</head>
<body>
提示文字:<span id = "txt"></span>
<hr/>
<input type = "text" id = "a" name = "文本输入框"  onfocus = "Event(1);"/>
<button name = "按钮元素" onmouseover = "Event(2);" onclick = "Event(1);">按钮元素
</button>
</body>
```

在 Chrome 浏览器中的显示效果如图 8-20 所示。

图 8-20　鼠标事件

2. 键盘事件

键盘事件就是当使用键盘操作时触发的事件,例如按下键盘键、释放键盘键等。常用的键盘事件有 onkeyup、onkeydown、onkeypress 等,其中 onkeyup 事件是键盘上的某个键被按下后松开时触发的事件,onkeydown 事件是键盘上的某个键被按下时触发的事件,这两个事件一般可用于设置组合键的操作。onkeypress 事件一般用于键盘的单键操作,表示键盘上的某个按键被按下再释放时触发的事件。

键盘事件所支持的 JavaScript 脚本对象包括：文档、图像、链接及文本等。以 onkeydown 为例，其语法结构为：

onkeydown = "当事件发出时所执行的脚本"

实例 8_21. html 为键盘事件的一个实例，代码如下。

```html
<! DOCTYPE HTML >
< html >
< head >
< meta http - equiv = "Content - Type" content = "text/html; charset = utf - 8">
< title >键盘事件</title >
< script type = "text/javascript">
  function refresh(){
    if(window. event. keyCode = 99){
        location. reload(); }
  }
  document. onkeypress = refresh;
</script >
</head >
< body >
< img src = "child. jpg"/>
</body >
</html >
```

该实例中，当按下键盘上的"C"键时，实现页面的刷新。在代码中先定义一个按下键盘中的"C"键能实现页面刷新的功能函数 refresh()，然后将其值传给文档对象的 onkeypress 属性，用 document. onkeypress＝refresh 语句实现该功能。浏览效果如图 8-21 所示。

图 8-21　键盘事件

键盘事件也可以记录用户用键盘对文本框进行操作或者输入所按下的键值,当用户按下键盘时,会显示所按键的键码值,如实例 8_22.html 所示。这里要注意的是,IE 用 event、keycode 来获取被按下的按键值,而其他浏览器用的则是 event.which,代码如下:

```
< html >
< head >
< meta http - equiv = "Content - Type" content = "text/html; charset = UTF - 8">
< title > 8_22 </title>
< script type = "text/javascript">
function KeyEventTest(e)
{
if (window.event)//IE 浏览器
{   document.write("你触发键盘的键值为: " + e.keyCode);
} else if(e.which)//其他浏览器
{   document.write("你触发键盘的键值为: " + e.which);}
}
</script>
</head>
< body >
< form > < input type = "text" onkeydown = "return KeyEventTest(event)"/>
</form>
</body>
</html>
```

3. 表单事件

表单事件中,最常用的主要是对元素获得或失去焦点的动作进行控制,如获得焦点事件 onfocus,是对当某个元素获得焦点时触发的事件,失去焦点事件 onblur 是当某个元素失去焦点时触发的事件,失去焦点修改事件 onchange 是当前元素失去焦点并且元素的内容发生改变时触发的事件,还有文本选中事件 onselect 则是当文本框或文本域中的内容被选中时触发的事件。如实例 8_23.html 所示,当任意一个事件被触发时,调用 alert() 弹出提示框,在 Chrome 浏览器中的显示效果如图 8-22 所示。

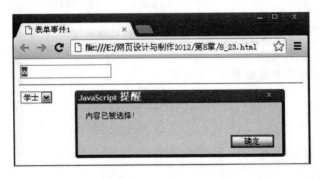

图 8-22　表单事件 1

该实例的核心代码如下:

```
< script type = "text/javascript">
```

```
function favour(){
 alert("选择成功!");   }
</script>
</head>
< body >
< form >
< input type = "text" name = "change" value = "a" onChange = alert("内容已被修改!") onSelect =
alert("内容已被选择!")>
</form>
< hr/>
< form >
< select name = "学位" onFocus = "favour()">
< option >学士</option>
< option >硕士</option>
< option >博士</option>
</select >
</form >
</body>
```

除上述事件外，经常使用的事件还有表单提交事件、表单重置事件等。表单提交事件是在用户提交表单时触发的事件，通常该事件用来验证用户在表单中输入的内容是否正确，如果不正确，则可以返回相应信息阻止表单的提交，如实例 8_24.html 就是一个提交密码验证表单的实例。表单重置事件主要是将表单中的内容设置为初始值，该事件主要用来清空表单中的文本内容，代码如下：

```
< html >
< head >
< title >提交表单</title>
</head >
< body >
< script type = "text/javascript">
function rec(form){
    var a = form.text1.value;
    var b = form.textf.value;
    var c = form.texts.value;
    if(c == b) alert("恭喜您 修改密码成功");
    else alert("对不起 两次输入新密码不一致!");}
function re(form){
    form.text1.value = "";
    form.textf.value = ""
    form.texts.value = ""}
</script >
< form name = "form1" method = "post" action = "">
  < table width = "400" border = "1" cellspacing = "0" cellpadding = "0">
    < tr > < td colspan = "2">用户密码修改</td> </tr>
    < tr >
      < td width = "138" align = "right">旧密码: </td>
      < td width = "256"> < label for = "text1"> </label>
```

```
       < input type = "password" name = "text1" id = "text1"> </td>
    </tr>
    <tr>
       < td align = "right">新密码: </td>
       < td > < label for = "textf"> </label >
       < input type = "password" name = "textf" id = "textf"> </td>
    </tr>
    <tr>
       < td align = "right">再次输入新密码: </td>
       < td > < label for = "texts"> </label >
       < input type = "password" name = "texts" id = "texts"> </td>
    </tr>
    <tr>
       < td >  </td>
       < td > < input type = "submit" name = "button" id = "button" value = "提交" onClick = "rec
(this.form)">
       < input type = "reset" name = "reset" id = "reset" value = "重置" onClick = "re(this.
form)"> </td>
    </tr>
  </table > </form>
</body > </html>
```

在 Chrome 浏览器中运行效果如图 8-23 所示。

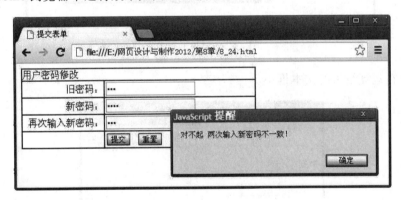

图 8-23　提交表单验证事件

8.6　上 机 实 践

（1）试采用多种 JavaScript 代码调用方式,在页面中显示"欢迎学习 JavaScript!"文本,如图 8-24 所示。

（2）制作一个具有数据检测功能的注册页面,如图 8-25 所示,要求对用户名（username）和密码（password）、确认密码（repassword）文本框的内容不能为空,且密码和确认密码文本框的内容必须相同才允许提交表单内容。若不能满足要求,则弹出警告信息框。

（3）根据文本框及按钮的属性事件,编写一个简单的计算器,页面效果如图 8-26 所示。要求在数据 1 和数据 2 的文本框中输入数值后,单击"加"、"减"、"乘"、"除"按钮,都能将计

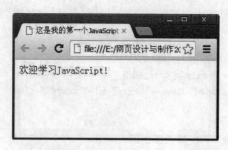

图 8-24　多种方式调用 JavaScript 代码

图 8-25　表单验证实验

算结果显示在运算结果的文本框中。

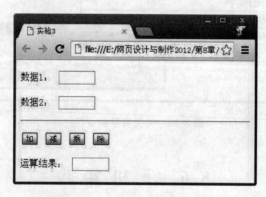

图 8-26　简单计算器

　　注意：由于运算符"＋"既可以作加法，也可以作字符串的连接符号，为了使两个数据做加法运算，可以将数据 1 和数据 2 都乘以 1。

　　（4）利用 JavaScript 完成一个"返回上一页"网页特效。

　　（5）试将如下代码添加到页面中，利用 gif 文件夹中给定的图片和代码体验鼠标事件的简单应用效果。

```
< html >
< head >
< script type = "text/javascript">
    function mouseOver(){
        document. mouse. src = "gif/mouse_over. jpg"
    }
    function mouseOut() {
        document. mouse. src = "gif/mouse_out. jpg"
    }
    function mousePressd(){
        if (event. button == 2){
            alert("您点击了鼠标右键!")
        }else{
            alert("您点击了鼠标左键!")
        }
    }
</script >
</head >
< body onmousedown = "mousePressd()">
    < img border = "0" src = "gif/mouse_out. jpg" name = "mouse"
            onmouseover = "mouseOver()" onmouseout = "mouseOut()"/>
</body >
</html >
```

HTML 5 中增加的标记符

标　记　符	描　　述
<article>	定义一篇文章
<aside>	定义页面内容之外的内容
<audio>	定义声音内容
<canvas>	定义图形
<command>	定义命令按钮
<datagrid>	在树状列表中定义数据
<datalist>	定义下拉列表
<datatemplate>	定义一个数据模板
<details>	定义元素的细节
<dialog>	定义一个交流用对话框
<embed>	定义外部交互内容或插件
<eventsource>	为服务器发出的事件定义目标
<figure>	定义媒介内容的分组,以及它们的标题
<footer>	定义 section 或 page 的页脚
<header>	定义 section 或 page 的页眉
<mark>	定义有记号的文本
<meter>	定义预定义范围内的度量
<nav>	定义导航链接
<nest>	在数据模板中定义嵌套点
<output>	定义输出的一些类型
<progress>	定义某种任务的进展程度
<rule>	定义修改模板的规则
<section>	定义一个部分
<source>	定义媒体资源
<time>	定义一个日期/时间
<video>	定义一段视频

HTML 5 中删除的标记符

标 记 符	描 述
＜acronym＞	定义首字母缩写
＜applet＞	定义一个小程序
＜basefont＞	定义基本字体
＜big＞	定义大号文本
＜center＞	定义居中的文本
＜dir＞	定义目录列表
＜font＞	定义字体样式
＜frame＞	定义框架子窗口
＜frameset＞	定义框架的集
＜isindex＞	定义单行的输入域
＜noframes＞	定义无框架部分
＜s＞	定义加删除线的文本
＜strike＞	定义加删除线的文本
＜tt＞	定义打字机字符文本
＜u＞	定义下划线文本
＜xmp＞	定义预格式文本

使用属性的元素	在 HTML 5 中废除或替代属性
html	version
head	profile
a	rev　charset　shape　coords
img	name align hspace vspace
object	archive classid　codebase codetype　declare align border　hspace　vspace
param	valuetype type
caption input div hn p	align
body	alink link text vlink background bgcolor
table	align bgcolor border cellpadding cellspacing width frame
td th	align bgcolor char height nowrap valign width
tr	align bgcolor char nowrap valign
ol ul li	compact　type
menu	compact
hr	align noshade size width
iframe	align frameborder scrolling　marginheight marginwidth

CSS 3 新增选择器汇总表

选　择　器	类　型	说　明
E[att^ = "val"]	子串匹配的属性选择器	匹配具有 att 属性、且值以 val 开头的 E 元素
E[att $ = "val"]	子串匹配的属性选择器	匹配具有 att 属性、且值以 val 结尾的 E 元素
E[att * = "val"]	子串匹配的属性选择器	匹配具有 att 属性、且值中含有 val 的 E 元素
E:root	结构性伪类	匹配文档的根元素。在 HTML 中,根元素永远是 HTML
E:nth-child(n)	结构性伪类	匹配父元素中的第 n 个子元素 E
E:nth-last-child(n)	结构性伪类	匹配父元素中的倒数第 n 个结构子元素 E
E:nth-of-type(n)	结构性伪类	匹配同类型中的第 n 个同级兄弟元素 E
E:nth-last-of-type(n)	结构性伪类	匹配同类型中的倒数第 n 个同级兄弟元素 E
E:last-child	结构性伪类	匹配父元素中最后一个 E 元素
E:first-of-type	结构性伪类	匹配同级兄弟元素中的第一个 E 元素
E:only-child	结构性伪类	匹配属于父元素中唯一子元素的 E
E:only-of-type	结构性伪类	匹配属于同类型中唯一兄弟元素的 E
E:empty	结构性伪类	匹配没有任何子元素(含 text 节点)的元素 E
E:target	目标伪类	匹配相关 URL 指向的 E 元素
E:enabled	UI 元素状态伪类	匹配所有用户界面(form 表单)中处于可用状态的 E 元素
E:disabled	UI 元素状态伪类	匹配所有用户界面(form 表单)中处于不可用状态的 E 元素
E:checked	UI 元素状态伪类	匹配所有用户界面(form 表单)中处于选中状态的元素 E
E::selection	UI 元素状态伪类	匹配 E 元素中被用户选中或处于高亮状态的部分
E:not(s)	否定伪类	匹配排除子结构元素 s 的结构元素 E
E~F	通用兄弟元素选择器	匹配 E 元素之后的 F 元素

参 考 文 献

1. 赵锋. 网页设计与制作. 北京：清华大学出版社,2010.

2. 杨习伟. HTML 5+CSS 3 网页开发实战精解. 北京：清华大学出版社,2013.

3. 赵振方,魏红芳等. HTML 5+CSS 3 网站布局应用教程. 北京：北京希望电子出版社,2012.

4. Faithe Wempen. HTML 5 从入门到精通. 方敏等译. 北京：清华大学出版社,2012.

5. Jon Duckett. HTML、XHTML、CSS 与 JavaScript 入门经典. 王德才等译. 北京：清华大学出版社,2011.

6. 王津涛. 网页设计与开发——HTML、CSS、JavaScript. 北京：清华大学出版社,2012.

7. 李军. 网页制作教程——HTML、CSS、JavaScript. 北京：清华大学出版社,2012.

8. 叶青等. 网页开发手记：HTML+CSS+JavaScript 实战详解. 北京：电子工业出版社,2011.

9. 聂小燕等. 美工神话 CSS 网站布局与美化. 北京：人民邮电出版社,2007.

10. 曾顺. 精通 DIV+CSS 网页样式与布局. 北京：人民邮电出版社,2007.

图书资源支持

感谢您一直以来对清华版图书的支持和爱护。为了配合本书的使用，本书提供配套的资源，有需求的读者请扫描下方的"书圈"微信公众号二维码，在图书专区下载，也可以拨打电话或发送电子邮件咨询。

如果您在使用本书的过程中遇到了什么问题，或者有相关图书出版计划，也请您发邮件告诉我们，以便我们更好地为您服务。

我们的联系方式：

地　　址：北京市海淀区双清路学研大厦 A 座 701

邮　　编：100084

电　　话：010-83470236　　010-83470237

资源下载：http://www.tup.com.cn

客服邮箱：tupjsj@vip.163.com

QQ：2301891038（请写明您的单位和姓名）

资源下载、样书申请

书圈

扫一扫，获取最新目录

课程直播

用微信扫一扫右边的二维码，即可关注清华大学出版社公众号"书圈"。